高等学校风景园林教材

风景园林生态学

廖飞勇　主编
何　平　主审

中国林业出版社

图书在版编目（CIP）数据

风景园林生态学/廖飞勇　主编.—北京：中国林业出版社，2009.10（2022.8重印）
高等学校风景园林教材
ISBN 978-7-5038-5459-0

Ⅰ.风… Ⅱ.廖… Ⅲ.园林植物－植物生态学－高等学校－教材　Ⅳ.S688.01

中国版本图书馆 CIP 数据核字(2009)第 195129 号

中国林业出版社
策划、责任编辑：李　顺
电话：83143569

出版	中国林业出版社（100009　北京西城区刘海胡同7号）
电话	83145500
发行	中国林业出版社
印刷	三河市祥达印刷包装有限公司
版次	2010年1月第1版
印次	2022年8月第5次
开本	787mm×1092mm　1/16
印张	18.5
字数	462千字
定价	46.00元

序

随着环境问题的日益增多、环境质量的下降、人们对环境质量关注程度的增加和经济的快速发展，使得园林行业得到了快速发展。如何发挥城市中有限的园林绿地的作用，营建出有利于人们休闲、放松和居住的环境是现在园林设计者所面临的最紧迫的任务之一。

现代园林学是一门协调人类经济、社会发展及自然环境关系的科学和艺术，它的任务是保护和合理利用自然资源，创造生态健全、景观优美、反映时代文化和可持续发展的人类生活环境，在环境生态效益、经济效益和社会效益等方面发挥较为重要的作用。如何在生态学理论的指导下，构建和维护结构科学的园林生态系统，以便用最低的费用维持良好的景观，以最小的代价创造最大的效益是现代园林的目标，也是风景园林生态学这门新兴的边缘学科的最终目标。

园林是一门应用学科，需要不断借鉴其他学科的知识和理论来指导园林实践，但是由于学科的关系，往往是园林人对于生态学思想把握不透彻，而生态学科的学者对于园林学科又不是很了解，所以造成了现在生态学思想在园林规划设计和应用不到位的情况。廖飞勇副教授是生态学博士，毕业后一直从事园林专业的教学和科研，对于如何将生态学思想应用于园林有自己独特的见解，这也是风景园林生态学能出版最重要的原因。他首先简述了风景园林生态学的基本概述、发展简史，然后阐述了风景园林生态学的基本理论及其与其他生态系统不一致的地方，最后对如何在园林规划中应用风景园林生态学的基本理论进行阐述，并辅以实例图片，是一部内容丰富、涉及面广、观点新颖，具有重要理论和实践价值的论著。

现在全国的园林专业都开设了《园林生态学》，但是理论和实践结合得很好的教材很少。本书的出版必将推动我国园林学科的发展，也会促使园林生态学的理论更加完善。愿此书的出版受到广大园林工作者的欢迎，带来理论上的提高和实践上的指导。

前　言

人类社会已进入21世纪，传统的造园艺术正面临着前所未有的挑战，园林学的内涵和外延远远超出了传统造园的界限。现代园林学的范围已不再拘泥于传统意义上的皇家园林、私人宅园和庭园，其领域已涵盖传统园林学、城市绿地系统规划和景观规划3个层次，和国际上 landscape architecture 的性质、业务领域相当。现代园林学是一门协调人类经济、社会发展及自然环境关系的科学和艺术，它的任务是保护和合理利用自然资源，创造生态健全、景观优美，反映时代文化和可持续发展的人类生活环境，在环境生态效益、经济效益和社会效益等方面发挥着重要的作用。

生态学是一门指导人们与自然和谐相处的经济学，它的目的是使人们在改造和利用自然的过程中花费最小的代价获得最大的利益，同时保证自然的可持续性。

园林从其本质上来说是非自然的，不可能完全按照自然规律来构建，而只能在自然规律的指导下按照人们的需要进行建设。因而现代园林的目标是如何在生态学理论的指导下，构建和维护景观园林生态系统，以最低的费用维持良好的景观，以最小的代价创造最大的效益，也是风景园林生态学这门新兴学科的最终目标。正因如此，风景园林生态学在极短的时间内得以迅速发展，其理论在园林设计和园林景观设计、维护过程中得以迅速应用。但是本学科的发展必须基于生态学、环境生态学、恢复生态学、生态系统生态学等多门学科的理论，并应用于园林的实践才得真正发展，其理论体系才能更加完善，才能实现风景园林生态学的飞跃。

本教材就是在借鉴生态学各分支学科的理论并结合园林学科的实践的基础上编写而成的。本书主要从6个方面进行论述：绪论简要概述了生态学和风景园林生态学的基本定义和发展简史；前面三章为生态学的基本原理及其在园林生态系统中的应用；后面二章为风景园林生态学理论在园林规划设计实践中的应用。在编写过程中，部分图片来源于书后所列的参考文献，还有部分资料来源于网络和其他学者的教学课件，由于收集时间较久，无法一一查明出处，感谢原作者辛勤的劳动，并致谢！同时，在本书的编写过程中，得到了中南林业科技大学沈守云教授、陈月华副教授、覃事妮副教授的大力支持，并帮助审稿，十分感谢！在写作过程中研究生周君丽、刘亭亭等帮助校对文字。也得到了中南林业科技大学教务处的支持，在此致谢。

风景园林生态学涉及学科多、综合性强、实践性强且发展迅速，由于编者水平有限且时间仓促，难免有不足之处，敬请读者批评指正。

作　者

目 录

序
前 言
绪 论 ··· (1)
  一、环境问题使人们重视生态学 ·· (1)
  二、生态学的定义 ·· (4)
  三、生态学的研究对象 ·· (5)
  四、生态学的发展简史 ·· (7)
  五、当前生态学研究的主要热点问题 ·· (10)
  六、风景园林生态学的定义及其发展 ·· (11)
  七、风景园林生态学研究对象及其主要内容 ··· (12)

第一章 风景园林生态系统是一个复杂的功能系统 ·· (13)
  第一节 生态系统组成 ·· (13)
    一、生态系统的概念及特点 ·· (13)
    二、生态系统的组成成分 ··· (14)
    三、生态系统的主要类型 ··· (14)
    四、生态系统基本特征 ·· (16)
    五、风景园林生态系统的基本特征 ··· (21)
  第二节 生态系统的能量流动 ··· (27)
    一、生物生产的基本概念 ··· (27)
    二、生态系统中的分解 ·· (30)
    三、生态系统的能流过程 ··· (31)
    四、生态系统按能量来源的分类 ·· (37)
    五、风景园林生态系统的能量流动 ··· (37)
  第三节 生态系统的物质循环 ··· (38)
    一、植物体内的养分元素 ··· (38)
    二、生物地化循环的概念 ··· (39)
    三、水循环(aquatic cycle) ··· (40)
    四、气体型循环(gaseous cycle) ·· (42)
    五、沉积型循环(sedimentary cycle) ·· (46)
    六、有毒物质的迁移和转化 ·· (48)
    七、放射性核素循环 ··· (50)
    八、生物地化循环与人体健康 ··· (52)
    九、风景园林生态系统中养分循环的主要特点及其应用 ······························ (54)
  第四节 自然生态系统 ·· (56)

一、自然生态系统格局 …………………………………………………………… (56)
　　二、森林生态系统 ………………………………………………………………… (57)
　　三、草原生态系统 ………………………………………………………………… (60)
　　四、荒漠和苔原生态系统 ………………………………………………………… (62)
　　五、湿地生态系统 ………………………………………………………………… (62)

第二章　风景园林生态系统的自然环境 ……………………………………………… (65)

第一节　生态因子作用分析 …………………………………………………………… (65)
　　一、环境 …………………………………………………………………………… (65)
　　二、生态因子的概念 ……………………………………………………………… (66)
　　三、生态因子作用的一般特征 …………………………………………………… (66)
　　四、生态因子的限制性作用 ……………………………………………………… (68)

第二节　光因子 ………………………………………………………………………… (74)
　　一、太阳辐射特性及时空变化 …………………………………………………… (74)
　　二、光强度的生态作用与生物的适应 …………………………………………… (75)
　　三、光质的生态作用与生物的适应 ……………………………………………… (78)
　　四、生物对光周期的适应 ………………………………………………………… (78)
　　五、光因子对园林植物的影响 …………………………………………………… (80)

第三节　温度因子 ……………………………………………………………………… (83)
　　一、温度的地理和时间变化 ……………………………………………………… (83)
　　二、温度因子的生态作用 ………………………………………………………… (85)
　　三、生物对极端温度的适应 ……………………………………………………… (86)
　　四、温度与生物的地理分布 ……………………………………………………… (90)
　　五、温周期现象及其对园林植物的生态作用 …………………………………… (91)
　　六、物候节律 ……………………………………………………………………… (92)
　　七、休眠 …………………………………………………………………………… (93)
　　八、园林植物对城市气温的调节作用 …………………………………………… (93)
　　九、温度的调控在园林中的应用 ………………………………………………… (94)

第四节　水分因子 ……………………………………………………………………… (96)
　　一、水的不同形态 ………………………………………………………………… (96)
　　二、水因子的生态作用（水的重要性） …………………………………………… (96)
　　三、生物对水因子的适应 ………………………………………………………… (97)
　　四、植被的水文调节作用 ………………………………………………………… (99)
　　六、水分对风景园林生态系统的影响 …………………………………………… (101)

第五节　土壤因子 ……………………………………………………………………… (103)
　　一、土壤因子的生态作用 ………………………………………………………… (103)
　　二、植物对土壤养分的适应 ……………………………………………………… (108)
　　三、植物对土壤酸碱性的适应 …………………………………………………… (108)
　　四、土壤中的含盐量及植物的适应 ……………………………………………… (108)
　　五、土壤沙化 ……………………………………………………………………… (109)

第六节　风因子 …………………………………………………………………… (111)
　　　一、风的主要类型 ……………………………………………………………… (111)
　　　二、风对园林植物的生态作用 ………………………………………………… (112)
　　　三、风对生态系统的影响 ……………………………………………………… (112)
　　　四、园林植物对风的影响及适应 ……………………………………………… (113)
　　第七节　大气因子 ………………………………………………………………… (113)
　　　一、大气的组成 ………………………………………………………………… (113)
　　　二、大气污染对园林植物的影响 ……………………………………………… (114)
　　　三、园林植物对大气污染的净化作用 ………………………………………… (116)
　　　四、园林植物对大气污染的抗性 ……………………………………………… (117)
第三章　风景园林生态系统的生物成分 …………………………………………… (119)
　　第一节　生物种群 ………………………………………………………………… (119)
　　　一、种群的概念 ………………………………………………………………… (119)
　　　二、种群统计学 ………………………………………………………………… (120)
　　　三、种群增长模型 ……………………………………………………………… (127)
　　　四、自然种群的数量变化 ……………………………………………………… (130)
　　　五、种群调节 …………………………………………………………………… (133)
　　　六、种内关系 …………………………………………………………………… (134)
　　　七、种间关系 …………………………………………………………………… (139)
　　　八、种群的生态对策 …………………………………………………………… (146)
　　第二节　生物群落 ………………………………………………………………… (148)
　　　一、生物群落的概念及特征 …………………………………………………… (148)
　　　二、群落的种类组成 …………………………………………………………… (152)
　　　三、群落的结构 ………………………………………………………………… (156)
　　　四、影响群落结构和组成的因素 ……………………………………………… (161)
　　　五、群落的动态 ………………………………………………………………… (168)
　　第三节　风景园林生态系统的生物成分及其特点 ……………………………… (178)
　　　一、风景园林生态系统的植物种群 …………………………………………… (178)
　　　二、园林植物群落 ……………………………………………………………… (181)
第四章　风景园林生态系统构建与管理 …………………………………………… (185)
　　第一节　风景园林生态系统构建 ………………………………………………… (185)
　　　一、构建依据的生态学原理 …………………………………………………… (185)
　　　二、构建时应遵循的基本原则 ………………………………………………… (191)
　　　三、园林植物的生态配置 ……………………………………………………… (192)
　　　四、动物种群的引进和利用 …………………………………………………… (196)
　　　五、地形的改造和利用 ………………………………………………………… (198)
　　第二节　风景园林生态系统的管理 ……………………………………………… (198)
　　　一、风景园林生态系统的平衡 ………………………………………………… (198)
　　　二、风景园林生态系统健康及其管理 ………………………………………… (200)

三、生态系统服务 ……………………………………………………………… (207)
　　四、风景园林生态系统服务 …………………………………………………… (213)
　　五、风景园林生态系统效益评价 ……………………………………………… (214)
 第三节　风景园林生态系统的退化与恢复 ………………………………………… (218)
　　一、生态系统退化 ……………………………………………………………… (218)
　　二、生态恢复 …………………………………………………………………… (221)
　　三、生态恢复与风景园林生态系统建设 ……………………………………… (224)
　　四、生态系统的可持续发展 …………………………………………………… (225)

第五章　生态学思想在园林绿地构建中的应用 ……………………………………… (230)
 第一节　园林绿地类型及生态学评价 ……………………………………………… (230)
　　一、城市园林绿地的类型及功能 ……………………………………………… (230)
　　二、园林绿地的生态学评价 …………………………………………………… (232)
 第二节　公园绿地的生态建设 ……………………………………………………… (239)
　　一、公园的作用 ………………………………………………………………… (239)
　　二、公园绿地的环境特点 ……………………………………………………… (240)
　　三、公园绿地的生态评价 ……………………………………………………… (240)
　　四、公园绿地的生态建设 ……………………………………………………… (244)
　　五、公园绿地实例 ……………………………………………………………… (246)
 第三节　附属绿地的生态建设 ……………………………………………………… (252)
　　一、附属绿地的作用 …………………………………………………………… (252)
　　二、附属绿地的环境特点 ……………………………………………………… (253)
　　三、附属绿地生态评价的指标体系 …………………………………………… (254)
　　四、附属绿地的生态建设 ……………………………………………………… (254)
　　五、附属绿地的生态建设实例 ………………………………………………… (258)
 第四节　生产绿地的生态建设 ……………………………………………………… (274)
　　一、生产绿地的作用 …………………………………………………………… (274)
　　二、生产绿地的生态性评价 …………………………………………………… (274)
　　三、生产绿地存在的问题及对策 ……………………………………………… (275)
 第五节　防护绿地的生态建设 ……………………………………………………… (275)
　　一、防护绿地的作用 …………………………………………………………… (275)
　　二、防护绿地的生态评价指标 ………………………………………………… (276)
　　三、防护绿地存在的问题及对策 ……………………………………………… (276)
 第六节　风景名胜区的生态建设 …………………………………………………… (276)
　　一、风景名胜区绿地的环境特点 ……………………………………………… (276)
　　二、风景名胜区的生态评价的指标 …………………………………………… (277)
　　三、风景名胜区实例 …………………………………………………………… (277)
中文—拉丁名检索表 …………………………………………………………………… (280)
参考文献 ………………………………………………………………………………… (285)

绪 论

[**主要知识**] 人们对环境问题的反应；生态学的概念；生态学的研究对象；生态学发展史；生态学发展的三次飞跃；当前生态学研究的主要热点问题；风景园林生态学的定义；风景园林生态学的发展；风景园林生态学研究对象及其主要内容。

在人类没有进入工业革命以前，人类与自然基本上是和平共处、协同进化的。当人类经历了两个多世纪的工业化过程后，许多宝贵的资源已过度消耗，如物种灭绝、部分矿产资源的耗尽，更为严重的是人类制造和排放了大量污染物，使人类赖以生存的基本条件受到严重的破坏。随着经济的发展，人们对于环境质量的要求也越来越高，于是园林行业得到了蓬勃发展。在发展过程中，由于缺乏生态学思想的指导，出现了许多不和谐的景观，与人们想亲近自然、感受自然野趣的愿望存在较大的差距。于是园林行业和整个社会反思，如何才能在园林建设过程中使得我们的景观更接近自然？如何才能使我们的环境既具有较强的观赏性又适合居住？风景园林生态学就是为了解决这些问题。

一、环境问题使人们重视生态学

在人类社会的发展过程中，伴随着许多环境问题，特别是在工业革命以后，环境问题已极大的影响到了人类的生产和生活。

1. 世界上的八大公害事件

在工业发展的过程中所产生的"三废"严重影响世界各地的环境，其中20世纪的八大公害事件至今仍影响着人们。

比利时马斯河谷烟雾事件 1930年12月1~5日，比利时马斯河谷工业区内13个工厂排放的大量烟雾弥漫在河谷上空无法扩散，使河谷工业区内有上千人发生胸疼、咳嗽、流泪、咽喉痛、呼吸困难等，一周内有60多人死亡，许多家畜也纷纷死去，这是20世纪最早记录下的大气污染事件。

美国多诺拉烟雾事件 1948年10月26~31日，美国宾夕法尼亚州多诺拉镇持续雾天，而这里是硫酸厂、钢铁厂、炼锌厂的集中地，工厂排放的烟雾被封锁在山谷中，导致6000人突然发生眼痛、咽喉痛、流鼻涕、头痛、胸闷等不适，其中20人很快死亡。这次烟雾事件主要由二氧化硫等有毒有害物质和金属微粒附着在悬浮颗粒物上，人们在短时间内大量吸入了这些有害气体，以致酿成大灾。

伦敦烟雾事件 1952年12月5~8日，伦敦城市上空高压，大雾笼罩，连日无风。而当时正值冬季燃煤取暖期，大量煤烟粉尘和湿气积聚在大气中，使许多城市居民都感到呼吸困难、眼睛刺痛，仅四天的时间便死亡了4000多人，在之后的两个月内，又有8000人陆续死亡，这是20世纪世界上最大的由燃煤引发的城市烟雾事件。

美国洛杉矶光化学烟雾事件 从20世纪40年代起，已拥有大量汽车的美国洛杉矶城上空开始出现由光化学烟雾造成的黄色烟幕。它刺激人的眼睛、灼伤喉咙和肺部、引起胸闷等，还使植物大面积受害、松林枯死、柑橘减产。1955年，洛杉矶因光化学烟雾引起的呼吸系统衰竭死亡的人数达到400多人，这是最早出现的由汽车尾气造成的大气污染事件。

日本水俣病事件　从1949年起，位于日本熊本县水俣镇的日本氮肥公司开始制造氯乙烯和醋酸乙烯。由于制造过程要使用含汞（Hg）的催化剂，大量含汞的废水未经过处理被排放到了水俣湾。1954年，水俣湾开始出现一种病因不明的怪病，叫"水俣病"，患病的是猫和人，症状是步态不稳、抽搐、手足变形、精神失常、身体弯弓高叫，直至死亡。经过近十年的分析，科学家才确认工厂排放废水中的汞是"水俣病"的起因。汞被水生生物食用后在体内转化成甲基汞（CH_3Hg），这种物质通过鱼虾进入人体和动物体内后，会侵害脑部和身体的其他部位，引起脑萎缩、小脑平衡系统被破坏等多种危害，毒性极大。在日本，食用了水俣湾中被甲基汞污染的鱼虾人数达数十万。

日本富山骨痛病事件　19世纪80年代，日本富山县平原神通川上游的神冈矿山实现现代化经营，成为从事铅、锌矿的开采、精炼及硫酸生产的大型矿山企业。然而在采矿过程及堆积的矿渣中产生的含有镉等重金属的废水却直接长期流入周围的环境中，在当地的水田土壤、河流底泥中产生了镉等重金属的沉淀堆积。镉通过稻米进入人体，首先引起肾脏障碍，逐渐导致软骨症，在妇女妊娠、哺乳、内分泌不协调、营养性钙不足等诱发原因存在的情况下，使妇女得上一种浑身剧烈疼痛的病，叫痛痛病，也叫骨痛病，重者全身多处骨折，在痛苦中死亡。从1931年到1968年，神通川平原地区被确诊患此病的人数为258人，其中死亡128人，至1977年12月又死亡79人。

日本四日市哮喘病事件　1955年日本第一座石油化工联合企业在四日市上马，1958年在四日市海湾捕捞的鱼开始出现有难闻的石油气味，使当地海产品的捕捞开始下降。1959年由昭石石油公司投资186亿日元的四日市炼油厂开始投产，四日市很快发展成为"石油联合企业城"。然而，石油冶炼产生的废气使当地天空终年烟雾弥漫，烟雾厚达500m，其中漂浮着多种有毒有害气体和金属粉尘，很多人出现头疼、咽喉疼、眼睛疼、呕吐等不适。从1960年起，当地患哮喘病的人数激增，一些哮喘病患者甚至因不堪忍受疾病的折磨而自杀。到1979年10月底，当地确认患有大气污染性疾病的患者人数达775 491人，典型的呼吸系统疾病有：支气管炎、哮喘、肺气肿、肺癌。

日本米糠油事件　1968年日本九州爱知县一个食用油厂在生产米糠油时，因管理不善，操作失误，致使米糠油中混入了在脱臭工艺中使用的热载体多氯联苯，造成食物油污染。由于当时把污染米糠油中的黑油用做鸡饲料，造成了九州、四国等地区的几十万只鸡中毒死亡的事件。随后，九州大学附属医院陆续发现了因食用被多氯联苯污染的食物而得病的人。病人初期症状是皮疹、指甲发黑、皮肤色素沉着、眼结膜充血，后期症状转为肝功能下降、全身肌肉疼痛等，重者会发生急性肝坏死、肝昏迷，以至死亡。1978年，确诊患者人数累计达1684人。

八大公害事件使人们认识到我们不能只发展经济而不顾工业对于环境的影响，同时环境的破坏对人类的影响时间长，且有些影响具有滞后性。八大公害事件及其他环境污染事件使人们对于环境保护的意识得到加强。

2. 美国的生物圈二号计划

面对大自然的复杂结构和功能，科学家们想通过人工方式来了解自然界中各组分的相互关系。为此，1991年美国部分科学家想通过努力来构建一个人为环境，这个环境中包括了一般生态系统中的生物成分和非生物环境（表0-1，图0-1），这就是"生物圈二号"。"生物圈二号"开始运转18个月后，系统严重失去平衡：氧气浓度从21%降至14%，不足以维持研究者的生命，输入氧气加以补救也无济于事；原有的25种小动物有19种灭绝；为植物传播花粉的昆虫全部死亡，植物也无法繁殖。事后的研究发现：细菌在分解土壤有机质的过程中，耗费了大量氧气。细菌释放出的二氧化碳经过化学作用，被"生物圈二号"的混凝土墙所吸收，又打破了碳循环，最终"生物圈二号"以失败告终。

表0-1　"生物圈二号"内各个组成部分及结构参数一览表

区域	面积/m²	体积/m³	土壤/m³	水分/m³	大气/m³
集约农业区	2000	38 000	2720	60	35 220
居住区	1000	11 000	2	1	10 997
热带雨林	2000	35 000	6000	100	28 900
热带草原/海洋/沼泽	2500	49 000	4000	3400	41 600
沙漠	1400	22 000	4000	400	17 600
"西肺"	1800	15 000	0	0	15 000
"南肺"	1800	15 750	0	750	15 000

注：上述两"肺"的体积仅为其完全膨胀的50%

左图为外部景观；右图为各构成部分的比例及示意（1. 雨林　2. 疏林/海洋/沼泽　3. 沙漠　4. 密集的农耕地　5. 研究者居住地　6、7. 人造肺　8. 能源中心　9. 冷却塔）

图0-1　"生物圈二号"的基本组成图

"生物圈二号"的失败使我们明白：①生物与环境的相互作用非常复杂，人类对自然界的理解还很有限；②生态学与人类的生活密切相关；③人类不能主宰自然，技术不是万能的；④掌握生态学的基础知识十分重要，要实现"迷你地球"，人类还需不断探索。

3. 园林设计中生态学思想的应用

（1）常见的问题

在园林设计过程中，如何使我们的植物景观既具有较高的观赏性，又做到生态、自然，如何来评价我们的设计是否优秀。这些问题集中起来有以下几方面：

① 园林设计中能应用的生态学原理有哪些？
② 如何构建一个生态的风景园林生态系统？包括哪些部分？
③ 如何判断一个园林设计是生态的？
④ 如何评价一个园林设计中园林植物配置的好坏？

⑤ 如何判断一个风景园林生态系统是健康的？

要回答这些问题，必须首先掌握生态学基本原理，然后再结合园林的环境，将生态学基本原理应用于实践，使我们的园林环境更加自然、和谐和生态。

(2) 对一个园林规划设计说明的分析

园林规划设计实际上是在生态学基本原理的指导下，将植物、建筑材料、地形和水体艺术处理的过程。下面是某个项目的规划设计说明：

Ⅰ 规划原则

A 地方性原则

充分考虑到胶南地域气候及地理条件，尊重当地乡土文化，因地制宜，科学选取乡土树种。

B 生态多样性原则

配置上，乔木、灌木、花草、地被相结合，乔:灌:地 = 6:2:2，常绿与落叶相穿插，常绿量约占40%，并且色相和季相巧妙搭配，形成复层结构植物群落。同时，引入高速公路中的缝合理论，增加楔形绿地的数量，尽可能增加道路两边生境的联系，更好地发挥道路生态廊道作用，构成一个和谐、稳定、健康，具有生态效益的植被系统，创造出生动的绿色生态景观。

C 特色鲜明原则

突出植物造景，设计从整体着手，宏观明确基本构架及格调，选定基调树种，同时着力丰富细部景观，细部特色分明，通过道路节点间的有机联系，使各个标段自成特色又相互衔接，达到整体和谐。绿地形式以直线为主，简洁流畅。植物成片配置，层次清晰，重点突出，色彩对比明显，景观丰富而有序。

Ⅱ 规划总体构思

道路主题为"林海·绿韵"，用植物汇成绿的海洋，通过绿色谱写生命的韵律，是一条绿色的生态大道。

规划风格：简洁、明快、现代、大气。

这个规划设计中的所有内容都涉及到生态学的基本思想，虽然没有全部应用，但是在具体的植物配置过程中，肯定会应用其他的生态学原理。因而，一个好的园林规划实际上是生态学基本原理在设计中的应用。

我们如何解决园林设计过程中所遇到的问题，又如何将生态学的基本原理应用于园林规划与设计，这是风景园林生态学的理论框架，也是本书要重点讲述的内容。

二、生态学的定义

Ecology(生态学)一词来源于希腊语，eco - 表示住所或栖息地，logos 表示学问。因此，就字面而言，生态学是研究生物栖息环境的科学。生态学这个词中的 eco - 与经济学(economics)的 eco 是同一词根。经济学最初是研究"家庭管理"的，生态学与经济学有密切关系，生态学可理解为有关生物的经济管理科学。

"生态学是研究有机体与其周围环境——包括非生物环境和生物环境相互关系的科学。"这是 Haeckel 最初所给的定义。非生物环境是指光、温、水、营养物等理化因素，生物环境则是同种和异种的其他有机体。该定义强调相互作用，包括有机体与环境的相互作用、有机体之间的相互作用。

Haeckel 所赋予生态学的定义很广泛，引起许多学者的争议。因此，不同学者根据自己对生态学的理解，提出了其他定义：英国生态学家 Elton(1927)在最早的一本《动物生态学》中，把生态学定义为"科学的自然历史"（Scientific Natural History）。澳大利亚生态学家 Andrewartha(1954)认为，生态学是"研究有机体的分布和多度的科学"。他的著作《动物的分布与多度》是当时被广泛采用的动物生态学教材，他强调种群生态学。植物生态学家 Warming (1909)提出植物生态学是研究"影响植物生活的外在因子及其对植物的影响；地球上所出现的植物群落及其决定因子"，这里既包括个体，也包括群落。

20 世纪 60~70 年代，动物生态学和植物生态学趋向汇合，生态系统的研究日益受到重视，并与系统理论交叉。在环境、人口、资源等世界性问题的影响下，生态学的研究将重点转向生态系统，又有一些学者提出了新的定义。美国生态学家 Odum(1956)提出的定义是：生态学是研究生态系统的结构和功能的科学。他的著名教材《生态学基础》（1953，1959，1971）与以前的有很大区别，它以生态系统为中心，对大学生生态学教学和研究有很大的影响，他本人因此而荣获美国生态学的最高荣誉——泰勒生态学奖。我国著名生态学家马世骏（1980 年）提出的定义是：生态学是研究生命系统和环境系统相互关系的科学。

虽然每个学者对于生态学下的定义不同，但归纳起来可分为三类：第一类是个体生态学；第二类是种群生态学和群落生态学；第三类是生态系统生态学。这三个类型代表了生态学发展史上的三次飞跃，分别强调不同的基础生态学的分支领域。

奥德姆在其著作《生态学基础》引言中提到：从长远来看，对这个内容广泛的学科领域，最好的定义可能是最短的和最不专业的，例如"环境的生态学"。

三、生态学的研究对象

1. 生态学是研究生物与环境、生物之间相互关系的一门生物学基础分支学科

生物学各分支学科的关系，犹如切多层蛋糕，水平切法表示把生物学按研究生命现象的各个方面加以划分，例如生理学、形态学、遗传学、进化论等各有其特殊的研究对象，而生态学研究的则是活生物在自然界中与环境的相互作用和生物之间的相互作用。垂直切法则是按系统分类，把生物学划分为动物学、植物学、细菌学等。由此可见，生态学不仅是生物学的基础分支学科之一，也是每一门分类学科的一个重要组成部分（图0-2）。同时，生态与其他生物学科的交叉就形成新的交叉学科和边缘学科，如植物生理生态学、风景园林生态学、分子生态学、行为生态学等，这些越来越受到人们的重视。

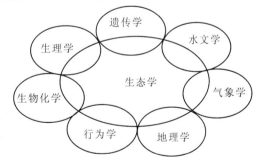

图 0-2　生态学与其他学科之间的关系

2. 生态学是研究以个体、种群和生态系统为中心的宏观生物学

现代生物学从生物角度按层次可分为基因、细胞、器官、个体、种群和群落；从系统的角度按层次从低到高可分为基因系统、细胞系统、器官系统、有机体系统、种群系统和生态系统。生态学研究的主要是种群、群落和生态系统 3 个方面，因而生态学属于宏观生物学的范畴（图0-3，图0-4）。

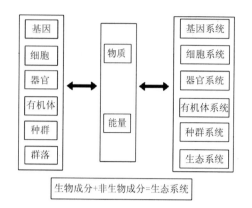

图0-3 生态学的研究对象　　　　图0-4 生态学研究范围

经典生态学研究的最低层次是个体，按其研究的大部分问题来看，当前的个体生态学应属于生理生态学的范畴，这是生理学与生态学的边缘学科。当代，一些生理生态学家偏重于个体从环境中获得资源与资源分配用于维持、生殖、修复、保卫等方面的研究上；而生态生理学家则偏重于对各种环境条件的生理适应及其机制上。

种群（population）是栖息在同一地域中同种个体组成的复合体。种群是由个体组成的群体，并在群体水平上形成一系列新的群体特征，这是个体层次上所没有的。例如，种群有出生率、死亡率、增长率，年龄结构和性别比、种内关系和空间分布格局等。

生物群落（biotic community）是栖息在同一地域中的动物、植物和微生物的总和。同样，当群落由种群组成为新的层次结构时，也产生了一系列新的群体特征，诸如，群落和结构、演替、多样性、稳定性等。植物群落生态学是20世纪60年代以前植物生态学的主体。

生态系统（ecosystem）是在同一地域中的生物群落和非生物环境的复合体，它与生物地理群落同义。由于世界人口、环境、资源等威胁人类生存的挑战性问题，生态系统研究也发展成为生态学研究的主流。

生物圈是指地球上的全部生物和一切适合于生物栖息的场所，它包括岩石圈上层、全部水圈和大气圈下层（图0-5）。岩石圈是所有陆生生物的立足点，岩石圈的土壤中还有植物的地下部分、细菌、真菌、大量的无脊椎动物和掘土脊椎动物，但它们主要分布在土壤上层几十厘米之内。深到几十米以下，就只有少数植物的根系才能达到。在更深的地下水下（超过100多米），可以发现棘鱼等动物。岩石圈中最深的生命极限可达到2500～3000m处，在那里生存着石油细菌。在大气圈中，生命主要集中于最下层。

图0-5 生物圈

随着环境问题日益受到重视，如温室效应、酸雨、臭氧层破坏、全球性气候变化，全球生态学（global ecology）已应运而生，并成为人们普遍关注的领域。

3. 生态学研究的重点在于生态系统和生物圈中各组成成分之间，尤其是生物与环境、

生物与生物之间的相互作用

生态学在研究生物与自然环境的相互作用时，还必须依靠生物学以外的其他自然科学，诸如气象学、气候学、海洋学、湖沼学、土壤学等，在研究生态系统时尤其重要。值得一提的是，不仅生态学在其发展过程中提出了包括自然环境和一切生物的生态系统和生态系统生态学的概念，而且在上述这些自然科学发展中也提出了所谓海洋生态系统、农业生态系统、森林生态系统和土壤生态系统等研究方向。生态学的一些原理，已经深入到许多自然科学学科之中，并被广泛接受。学科间的相互渗透，发展边缘科学，建立学科间的综合性研究，是现代科学发展的特点，也是生态学发展的特点。在近代的生态系统研究中，如国际性的 IBP（国际生物学计划）、SCOPE（环境问题的科学委员会）、MAB（人与生物圈计划）和 IGBP（国际地圈生物圈计划），都是主要从事多学科综合研究。

四、生态学的发展简史

1. 生态学的萌芽时期——朴素的生态学知识（公元 16 世纪前）

（1）中国古代的朴素生态学知识

公元前 1200 年，《尔雅》中有草和木两章，记载了 176 种木本植物和 50 多种草本植物的形态与环境。公元前 200 多年前，古籍《管子—地员篇》记载江淮平原上沼泽植物与水文土质的生态关系。公元前 200 年（西汉时期），刘安撰写的《淮南子》记载有："欲知地道，物其树"（要了解土地性质，应观察生长在上面的树木），提出当地树木可以指示当地的环境。《群芳谱》记载有农业知识和植物生态的内容。公元前 100 年前后，我国农历已确立了 24 个节气，它反映了作物、昆虫等生物现象与气候之间的关系。

《禽经》记述了许多动物的行为。公元 500 年，北魏贾思勰的《齐民要术》记载有"凡栽一切树木，欲其阴阳，不令转易"。公元 1500 年前，晋朝嵇含的《南方草木状》记载有："柘宜山石，柞宜山阜，楮宜涧谷，柳宜下田，竹宜高平之地"（柘树适宜生长在多石砾的山地，柞木适宜生长在山地丘陵，构树适宜生长在山涧谷地，柳树适宜生长在低洼湿地，竹类适宜生长在高燥平地）。1578 年李时珍的《本草纲目》，描述了不同药草的不同生境特点。2000 多年前《庄子—山木篇》记载有"螳螂捕蝉，黄雀在后"（食物链关系）。

（2）国外的朴素生态学知识

公元前 400 年左右，希腊人 Hippocrates 著有《空气、水及场地》一书，谈及植物与季节和环境的关系。公元前 200 多年，Aristole 著的《自然史》描述了生物竞争、生物对环境的反应，涉及动物习性与环境的关系，按栖息地把动物分为陆栖、水栖两大类，按食性分为肉食、草食、杂食及特殊食性 4 类。公元前 383～322 年，Theophrastus 著《植物群落》，描写陆生植物群落型及其与环境的关系。1492 年 Colmbu 发现新大陆，生物学由古典叙述转化到实物观测。

2. 生态学的建立时期——生态学的诞生（17 世纪～19 世纪末）

1670 年，R. Boyle 发表低气压对动物效应的试验，是动物生理生态学的开端。1735 年，Reaumur 发现，一个物种发育期间的气温总和对任一物候期都是一个常数，成为研究积温与昆虫发育生理的先驱。1855 年，Al. de Candolle 将积温引入植物生态学。1792 年，C. L. Willdenow 在《草学基础》中讨论了气候、水分与高山深谷对植物分布的影响。1807 年，A. Humboldt 发表专著《植物地理学知识》，提出植物群落、外貌等概念，并指出等温线对植物分布的意义。1798年，T. Malthus发表《人口论》。1859年，Darwin发表《物种起源》。1859年，G. S. Hilaire首先提出生态学(Oekologie)一词，用以表示研究生物与环境之间的关系。1868年，Reiter介绍生态学(Oekologie)一词是来自希腊文，Oiko代表家庭，logos代表研究。1869年，E. Haekel将生态学定义为：研究有机体与环境相互关系的科学。

1895年，E. Warming发表了划时代著作《以植物生态地理为基础的植物分布学》，1909年翻译为英文，改名为《植物生态学》。1898年，A. F. W. Schimper出版专著《以生理为基础的植物地理学》，这两本书标志生态学作为生物学的分支学科正式诞生。

3. 生态学的巩固时期(20世纪初~20世纪50年代)

1906年Jennings发表《无脊椎动物的行为》；1913年V. E. Shelford发表《温带美洲的动物群落》；1903年G. Klebs发表《随人意的植物发育的改变》；1910年C. Cowels发表《生态学》；1907年F. E. Clements发表《生态学及生理学》；1904年F. E. Clements发表《植被的结构与发展》；1911年A. G. Tansley发表《英国的植被类型》；1925年A. J. Lotka提出有关种群增长的数学模型；1931年R. N. Chapman出版《动物生态学》；1927年C. Elton出版《动物生态学》；1929年V. E. Shelford出版《实验室及野外生态学》；1937年费鸿年发表《动物生态学纲要》；1949年W. C. Allee出版《动物生态学原理》，动物生态学进入成熟期；1921年Du Rietz出版《近代植物社会学方法论基础》；1928年Braun-Blanquet出版《植物社会学》；1923年A. G. Tansley出版《实用植物生态学》；1916年F. E. Clements出版《植物的演替》；1929年F. E. Clements和J. E. Weaver合著《植物生态学》；1908年苏卡乔夫出版《植物群落学》；1945年苏卡乔夫出版《生物地理群落学与植物群落学》。

由于各地地理条件、植物区系、植被性质及开发利用的差异，植物生态学在研究方法、研究重点等方面都有所不同，形成了不同学派：欧美学派、俄国学派和英美学派。

(1) 欧美学派(西欧学派或大陆学派)

北欧学派(Uppsala学派)　国家有瑞典、挪威、丹麦，由瑞典Uppsala大学的R. Sernauder所建，代表人物为Du Rietz，主要研究对象为森林，特点是生态分析比较方法，注重群落分析。

西欧学派(法瑞学派，苏黎世—蒙伯利埃学派)　国家有瑞士、法国，两个中心分别在瑞士的Zurich和法国的Montpellier，代表人物为J. Braun-Blanquet，研究对象为地中海和阿尔卑斯山区以及人为破坏的植被，特点是强调区系成分，以特征种和区别种划分群落类型，代表作为《植物社会学》。

(2) 俄国学派

生态学派(乌克兰学派)　代表人物为波格来勃涅克，特点是以土壤养分和水分为划分立地条件类型的主要依据，结合优势种和林下植物划分林型和立地类型。

生物地理群落学派(列宁格勒瑞学派)　代表人物为苏卡乔夫，着重草场利用、沼泽开发以及北极地区的开发利用和土地资源评价等，1942年提出生物地理群落的概念，与英美学派A. G. Tansley 1935年提出的生态系统概念相似。

(3) 英美学派(动态学派)

英国学派　代表人物为A. G. Tansley，主要研究对象为森林、草甸和海滨植物及其利用，代表作为《普通植物生态学》和《大不列颠岛的植被》，第一次提出生态系统和生态平衡的概念，关于植物群落分类方面提出了多元演替顶极理论。

美国学派 代表人物 F. E. Clements，对植物消长分析很细，提出了单元演替顶极，认为在一定的气候区内，植被由两极向中生性的生境发展，最后到达中生性的单元顶极。

4. 现代生态学时期

研究层次上向宏观和微观两极发展：生态学的研究层次已囊括了分子、基因、个体直到整个生物圈。

研究手段不断更新，自计电子仪、同位素示踪、稳定性同位素、"3S"（全球定位系统〈GPS〉、遥感〈RS〉与地理信息系统〈GIS〉）、生态建模、系统论等技术和理论都被引入和应用到生态学中。

研究范围在不断拓展，包括人类活动对生态过程的影响，从纯自然现象研究扩展到自然—经济—社会复合系统的研究。

现代生态学的发展有3个显著的特点：

（1）以研究生态系统服务，促进生态系统健康为特点

生态系统是人类生存的基础，给人类全方位，综合性的服务。可是，人们没有能正确对待，使得生态系统遭受损害和破坏，出现了全球性的生态危机。为此，我们应全面研究和正确评价生态系统服务，在此基础上，确定目标，调整人与生态系统的关系，维护和促进生态系统健康。

（2）加强结构与功能为主的基础性研究

应加强对不同地区的不同生态系统，如森林、草原、湿地、荒漠等生态系统形成网络进行调控研究，探索不同生态系统稳定性的规律。对脆弱生态系统（如黄土高原水土流失区，西南石灰岩发育区）恢复机理及开发中的石油、煤炭、矿山土地生产力恢复、重建问题加以研究，从整体上加以整治，提高环境质量。

（3）采用建模与实验相结合的方法

针对生态系统建立多种模型，通过对模拟结果与实验数据的分析、检验、考察，运用模型进行生态系统变化和发展趋势的预测。

5. 生态学发展的三次飞跃

（1）个体生态学向种群生态学的过渡

生态学早期的发展阶段主要是个体生态学，是以生理生态学为基础，主要研究生物个体、物种与环境的相互关系。研究生物个体对环境变化的反应。研究生物有机体通过特定的形态和生理对环境适应的机制。

自20世纪30年代起，种群生态学成为生态学中的一个主要领域。种群虽然是在一定空间内同一物种个体的集合，但是通过种内关系的调节，组成一个新的群体。它具有个体所没有的特征，如出生率、死亡率、年龄结构、空间分布、密度等。

生态学提出了许多不同的学说来解释种群生态的机理。有的强调外因，如气候和生物学派；有的强调内因，如自我调节学派。

（2）种群生态学向群落生态学的过渡

生物群落是某一地域中不同生物有机地集合。它是自然界生物种集合、生活、发展演替和提供生物生产力的基本单元。一般来说，一个群落中，有多个物种，但植物群落学和动物群落学的研究发展不平衡。

群落结构、生理机制和生态习性、群落的多样性和稳定性是群落生态学研究的重点课题。

（3）从群落生态学向生态系统生态学的过渡

从20世纪60年代开始，生态学研究开始以生态系统生态学为中心，这是生态学发展史上的第三次飞跃，也是比前两次更为深刻的变革。

五、当前生态学研究的主要热点问题

1. 自然生态系统的保护和利用

自然生态系统是指目前地球上保持最完整，几乎没有或很少遭受人为干扰和破坏的生态系统。良性循环是自然生态系统的特征，同时具有较高的物种多样性和群落稳定性。一个健康的生态系统比一个退化的生态系统更具有价值，它具有较高的生产力，能满足人类物质的需求，还给人类提供生存的优良环境。

这类生态系统重点研究其形成、发展的过程，以寻求这类生态系统的合理机制；研究生物与其外围环境之间关系和作用规律；自组织的内在规律性以及研究人类自身应用的伦理行为的约束，以防止人类活动对自然生态系统造成不良后果而制订必要措施，为有效保护自然资源，合理利用提供科学依据。

2. 生态系统调控机制的研究

生态系统是一个自动调控系统，研究的主要内容为：加强对自然、半自然和人工等不同生态系统自动调控阈值的研究，以维持其正常运行机制；研究自然和人类活动引起局部和全球环境变化带来的一系列生态效应；研究生物多样性、群落和生态系统与外部限制因素间的作用效应及其机制。

3. 生态系统退化机理、恢复模型及其修复的研究

由于人为干扰和其他因素的影响，有大量生态系统处于不忍受状态；承载着超负荷的人口和环境负担；水源枯竭；荒漠化和水土流失加重等。

重点研究由于人类活动而造成逆向演替或生态系统结构、重要生物资源退化机理及其恢复途径；研究防止人类与环境关系的失调；研究发展生态农业的途径；研究自然资源综合利用以及研究污染物的处理等问题，使这一类生物系统恢复成为清洁和健康的系统。

4. 全球性生态问题的研究

许多全球性的问题威胁着人类的生存和发展，这需要靠全人类的共同努力才能解决，如臭氧层破坏、温室效应、全球变化等，21世纪将面临全球环境大变化的挑战。

用卫星遥感(RS)、全球定位系统(GPS)、地理信息系统(GIS)及生态系统研究网络(ERN)等对全球生态系统进行跟踪监测，掌握全方位信息的同时，要预测未来。还要重点研究全球变化对生物多样性发展和生态系统的影响及其反应；生存环境历史演变的规律；敏感地带和生态系统对气候变化的反应；气候与生态系统相互作用的模拟，建立适应全球变化的生态系统发展模型；提出全球变化中应采取的对策和措施等。

5. 生态系统可持续发展的研究

重点研究生态系统资源的分类、配置、替代及其自身维持模型；发展生态工程和高新技术的农业工厂化；探索自然资源利用的新途径，不断增加全球物质的现存量；研究生态系统科学管理的原理和方法，把生态规划和生态设计结合起来；加强生态系统管理、保持生态系统健康和维持生态系统服务，创建和谐、高效、健康的可持续发展的生态系统。

六、风景园林生态学的定义及其发展

1. 园林学的含义

在一定的地段范围内，利用并改造天然山水地貌或者人为地开辟山水地貌，结合植物的栽植和建筑的布置，从而构成一个供人们观赏、游憩、居住的环境。创造这样一个环境的全过程（包括设计和施工在内）一般称之为"造园"，研究如何去创造这样一个环境的科学，就是传统的园林学。

造园活动是在原有地形的基础上，经过生态学思想的指导而进行的一种活动，这种活动的目的是使周围环境接近自然环境，并且是一种非生态的活动，但是这种活动对于改善城市环境具有十分重要的作用，因为在城市建设过程中，对周围环境的破坏十分强，通过造园活动，可以最大程度地改善和美化环境，为人们的生产、生活和休闲提供良好的环境。

2. 风景园林生态学和风景园林生态系统的定义

风景园林生态系统指在园林绿地空间范围内，生物成分和非生物成分通过物质循环和能量流动互相作用、互相依存而构成的一个基本生态学功能单位，该功能单位称为风景园林生态系统。

风景园林生态学是以生态学原理为指导，研究风景园林生态系统的结构、功能及其与其他生态系统相互作用和相互关系的一门科学。是研究人工栽植的各种园林树木、花卉、草等植物和自然的或半自然的植物群体等所共同组成的园林生物群落与其相应的环境之间的相互关系的科学。

风景园林生态学是随着人们对其生存环境要求的逐渐提高而出现的一门新兴的边缘学科，涉及多学科门类，如生态学基础、植物生态学、城市生态学、景观生态学、环境科学、植物生理学、气象学、土壤学、园林树木学、花卉学等，而且随着认识的深入，学科种类在不断增多。

3. 风景园林生态学产生的背景及发展

现在，传统的造园艺术正面临着前所未有的挑战。园林学的内涵和外延远远超出了传统造园的界限。如日本的"造园"已渐渐被景观环境设计、绿地环境规划、绿地生态设计、地域环境生态学所取代。

现在园林学的业务范围已不再拘泥于传统意义上的皇家园林、私人宅园、庭园，现代园林学的领域已涵盖传统园林学、城市绿地系统规划和景观规划 3 个层次，和国际上 landscape architecture 的性质、业务领域相当。

现代园林学是一门协调人类经济、社会发展及自然环境关系的科学和艺术，它的任务是保护和合理利用自然资源，创造生态健全、景观优美、反映时代文化和可持续发展的人类生活环境，在环境生态效益、经济效益和社会效益等方面发挥着重要的作用。在这种情况下，如何在生态学理论的指导下，构建和维护风景园林生态系统，以便以最低的费用维持同样良好的景观，以最小的代价创造最大的效益是现代园林的目标，也是风景园林生态学这门新兴的边缘学科的最终目标。也正是基于这一目标，风景园林生态学在极短的时间内才得以迅速发展，其理论也在园林设计和园林景观设计、维护过程中得以迅速应用。但是本学科的发展必须借鉴生态学、环境生态学、恢复生态学、生态系统生态学等多门学科的理论，并应用于园林的实践才能真正发展，其理论体系才能更加发展，才能实现风景园林生态学的飞跃。

七、风景园林生态学研究对象及其主要内容

1. 对象及范围

风景园林生态学研究对象是：风景园林生态系统内植物、动物和微生物；风景园林生态系统中非生物环境和生物与非生物环境间的相互作用、相互影响。

风景园林生态系统的范围就是城市中各类园林绿地、风景名胜区及自然保护区。

2. 主要内容

风景园林生态学研究的主要内容包括以下几部分：

(1) 风景园林生态系统的结构功能　侧重于介绍风景园林生态系统的组成、结构特点；风景园林生态系统中能量的流动及其特点；风景园林生态系统中养分循环的特点及其应用。

(2) 风景园林生态系统的自然环境　侧重于太阳辐射、大气因子、温度因子、水分因子、土壤因子、风因子和火因子对园林植物的影响，及各自然环境因子之间的相互影响。

(3) 风景园林生态系统的生物成分　侧重于风景园林生态系统中生物个体、生物种群、生物群落的特征及变化规律；揭示风景园林生态系统的演替过程及规律，为园林规划设计提供理论指导。

(4) 风景园林生态系统构建与管理　侧重于如何构建一个景观、生态和社会效益都好的风景园林生态系统，在此基础上对风景园林生态系统的最优化管理，实现能量输入的最小化和风景园林生态系统的健康化。

(5) 风景园林生态系统效益评价　侧重于评价方式介绍及如何评价。

(6) 风景园林生态系统退化与恢复　对于已退化的风景园林生态系统，如何采取措施来恢复景观，使得园林的观赏性更强。对于未退化的景观采取有效措施，使景观更加和谐，更美丽。

(7) 生态学思想在不同园林绿地的应用　包括不同园林绿地的作用，生态学评价的准则、指标和方法等。

思 考 题

1. 什么是生态学？它的研究对象是什么？
2. 生态学的发展可以划分为哪几个阶段，各阶段有什么特点？
3. 当前生态学研究的热点问题主要有哪些？
4. 什么是风景园林生态学？
5. 风景园林生态学研究对象及其主要内容是什么？

第三章　风景园林生态系统是一个复杂的功能系统

[主要知识]生态系统的概念、组成、类型和特点及风景园林生态系统的结构特点。生态系统能量流动的概念、营养结构、生态系统中的能量动态和储存及风景园林生态系统中能量的流动特点。植物体内的养分元素、地球化学循环、生物地球化学循环、生物化学循环、C、N、S 的循环、有害物质的循环和风景园林生态系统中养分循环的主要特点及其应用。

第一节　生态系统组成

一、生态系统的概念及特点

1. 生态系统的概念

生态系统是系统的一种特殊形态。系统是由相互联系、相互作用的若干要素结合而成的具有一定功能的整体。要构成一个系统，必须具备3个条件：① 系统是由一些要素组成的，要素就是构成系统的组成部分；② 要素之间相互联系，相互作用，相互制约，按照一定的方式组合成一个整体，才能成为系统；③ 要素之间相互联系相互作用后，必须产生与各成分不同的新功能，即必须有整体功能才能叫做系统。

生态系统指在一定的空间内，生物成分和非生物成分通过物质循环和能量流动互相作用、互相依存而构成的一个生态学功能单位，这个生态学功能单位称为生态系统。生态系统构成必备的3个条件是：① 生态系统由生物成分和非生物成分构成(图1-1)；② 生物与生物及生物成分和非生物成分之间相互作用、相互制约、相互联系；③ 生物成分和非生物成分相互联系后产生了整体功能，即生态系统的功能。

2. 生态系统的特点

生物成分与非生物成分之间构成一个整体后具有了单个成分所不具备的特点：

（1）生态系统是生态学的一个主要结构和功能单位，属于经典生态学研究的最高层次，在现代生态学中受到很大的重视，现在人类所面临的许多问题都必须从生态系统的角度去解决。也正因为如此，出现了生态学史上从种群生态学向生态系统生态学的飞跃。

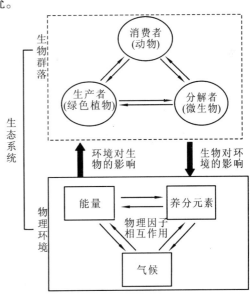

图 1-1　生态系统组成示意图

（2）生态系统具有自我调节能力，这种调节能力使得生态系统能抵抗外界在一定范围内的干扰而恢复其自身的机能,这种自我调节功能在自然生态系统中体现的最为完整,并且这种调节功能是通过系统内部各组分之间的相互作用和相互影响来实现的。

(3)生态系统的三大功能分别是能量流动、物质循环和信息传递。能量是一切系统的基础,能量的流动是保证生态系统功能的基本条件。

(4)生态系统中营养级的数目受限于生产者所固定的最大能量和这些能量在流动过程中的巨大损失,因此,营养级的数目通常不超过5~6个,主要原因是能量在不同营养级之间平均传递效率只有10%左右。

(5)生态系统是一个动态系统,要经历一系列发育阶段,所以才出现自然界不同生态系统景观的不断发展变化。

二、生态系统的组成成分

1. 生态系统的六大组成成分

生态系统的六大组成成分分别是无机物、有机化合物、气候因素、生产者、消费者和分解者。其中前三项属于非生物环境,后三项属于生物群落,具有生命,它们的变化对于生态系统的各项功能具有十分重要的作用。

2. 生态系统的三大功能群

生态系统的功能群包括3个方面:

(1)生产者 自养生物,主要是各种绿色植物和蓝绿藻,它们能通过光合作用将二氧化碳和水转化为糖类,同时贮藏能量和释放氧气。另外还有一些化能型自养细菌,它们利用在氧化有机物过程中释放的热量将二氧化碳和水转化为糖类,同时贮藏能量,但不释放氧气。

(2)消费者 异养生物,主要指以其他生物为食的各种动物,包括植食动物(一级)、肉食动物(二~四级)、杂食动物和寄生动物等。

(3)分解者 异养生物,把复杂的有机物分解成简单无机物,包括细菌、真菌、放线菌和小动物等。

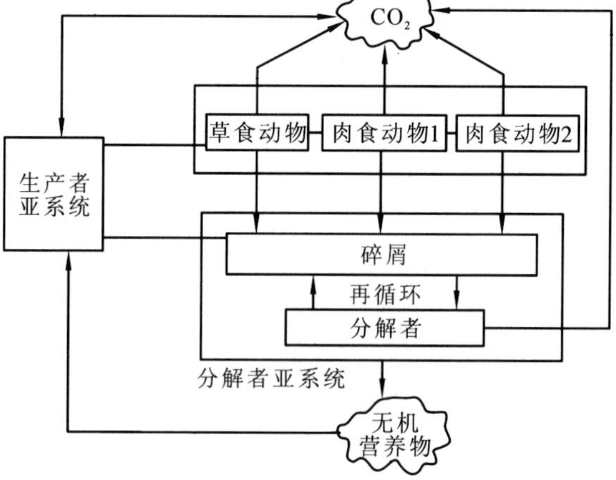

图1-2 生态系统结构的一般模型(仿 Anderson,1981)
粗线包围的3个大方块表示3个亚系统,连线和箭头表示系统成分间物质传递的主要途径。有机物质以方块表示,无机物质以不规划块表示。

生态系统的三大功能群体之间的联系如图1-2,很明显三大功能群之间的联系十分密切,也正是三大功能群构成了生态系统。六大组成成分和三大功能群之间的关系如图1-3。

三、生态系统的主要类型

1. 按照生态系统的生物成分分类

可分为植物生态系统、动物生态系统、微生物生态系统和人类生态系统。

(1)植物生态系统 主要是由植物和其所处的无机环境构成的生态系统,以绿色植物吸收太阳能为主的生态系统,如森林生态系统、风景园林生态系统。

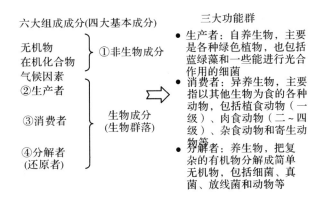

图 1-3 生态系统六大组成成分与三大功能群的关系

（2）动物生态系统　主要由植物和动物组成的生态系统，以动物的行为为主导作用而影响该生态系统，如鱼塘、牧场等生态系统。

（3）微生物生态系统　主要由细菌和真菌等微生物和无机环境组成的生态系统，以微生物对有机物的分解为主导作用，如活性污泥等生态系统。

（4）人类生态系统　以人类为主体的生态系统，如城市生态系统等。

2. 按人类对生态系统的影响程度分类

可以分为自然生态系统、半自然生态系统和人工生态系统。

（1）自然生态系统　没有受到人类活动影响或仅受到轻度的人类影响的生态系统，即人类在该生态系统中不是起主导作用，在一定空间和时间范围内，依靠生物与环境本身的自我调控能力来维持相对稳定的生态系统，如原始森林、荒漠、冻原、海洋等。

（2）半自然生态系统　介于自然生态系统和人工生态系统之间，在自然生态系统的基础上，通常人工对生态系统进行调节管理，使其更好地为人类服务的生态系统属于半自然生态系统。如人工草场、人工林场、农田、农业生态系统等。由于它是人类对自然系统驯化利用的结果，又称为人工驯化生态系统。

（3）人工生态系统　按人类的需求，由人类设计建造起来，并受人类活动强烈干预的生态系统，如城市、宇宙飞船、生长箱、人工气候室等。

3. 按环境性质分类

按生态系统空间环境性质及生态系统所处的地理区域，可把生态系统分为水域生态系统和陆地生态系统两大类。陆地生态系统根据植被类型和地貌的不同，分为森林、草原、荒漠、冻原等类型；水域生态系统根据水的深浅、运动状态等可再进一步划分（图1-4）。

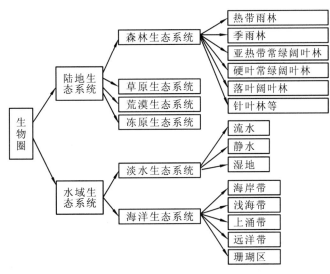

图 1-4 生态系统类型

四、生态系统基本特征

1. 结构特征

生态系统由生产者、消费者、分解者和非生物环境组成。结构特征包括空间结构(垂直结构、水平结构)、时间结构(演替序列)和营养结构(食物链和食物网)。

空间结构和时间结构将在后面详细论述。本节着重介绍营养结构。

(1) 食物链的概念

食物链:食物链指生态系统中不同生物之间在营养关系中形成的一环套一环似链条式的关系,即物质和能量从植物开始,然后逐级转移到大型食肉动物的过程。

图 1-5 "浮游生物—虾—小鱼—大鱼"食物链

营养级:食物链上的每一个环节称为营养阶层或营养级,指处于食物链某一环节上的所有生物种的总和。

图 1-6 "螳螂捕蝉,黄雀在后"食物链

典型食物链的例子"螳螂捕蝉,黄雀在后"、"大鱼吃小鱼、小鱼吃虾米、虾米吃泥巴"等(图 1-5 和图 1-6)。

(2) 食物链类型

按食物链中能量的来源可分为:

草牧食物链 绿色植物为起点到食草动物进而到食肉动物的食物链。如植物—植食性动物—肉食性动物,如图 1-7。

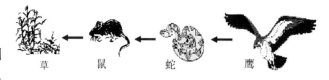

图 1-7 "草—鼠—蛇—鹰"食物链

碎屑食物链 以动、植物的遗体被食腐性生物(小型土壤动物、真菌、细菌)取食,然后到他们的捕食者的食物链。如植物残体—蚯蚓—线虫类—节肢动物。

寄生性食物链 由宿主和寄生物构成。它以大型动物为食物链的起点,继之以小型动物、微型动物、细菌和病毒。后者与前者是寄生性关系。如哺乳动物或鸟类—跳蚤—原生动物—细菌—病毒。

按食物链的环境可分为:

陆地生态系统的食物链 陆地生态系统的食物链开始于绿色植物,终止于顶肉食动物(图 1-8):绿色植物→食草动物→一级肉食动物→二级肉食动物→顶级肉食动物。

水域生态系统的食物链 水域生态系统的食物链开始于浮游植物,终止于顶肉食性鱼类(图 1-9):浮游植物→浮游动物→食草性鱼类→一级食肉性鱼类→二级食肉性鱼类→顶级食肉性鱼类。

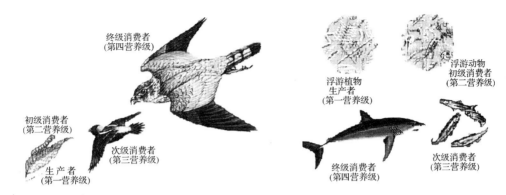

图 1-8 典型陆地生态系统的食物链　　图 1-9 典型水域生态系统的食物链

(3) 食物网

食物网 (food web)：生态系统中的食物链很少是单条、孤立出现的，它往往是交叉链索，形成复杂的网络结构，此即食物网 (图 1-10)。一个食物网包括许多食物链，同时也包括许多物种，如英国牛津附近 Wytham 林地的食物网 (图 1-11)。

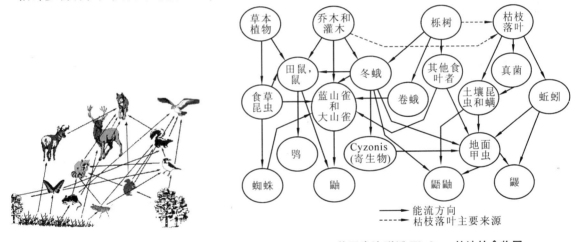

图 1-10 典型的食物网　　图 1-11 英国牛津附近 Wytham 林地的食物网

(4) 食物链和食物网的意义

食物链是生态系统营养结构的形象体现。通过食物链和食物网把生物与非生物、生产者与消费者、消费者与消费者连成一个整体，反映了生态系统中各生物有机体之间的营养位置和相互关系；各生物成分间通过食物网发生直接和间接的联系，保持着生态系统结构和功能的稳定性。同时，生态系统的稳定性很大程度上取决于食物链和食物网的复杂程度。另外，生态系统对于外界干扰的抵抗能力很大程度上也取决于食物网的复杂程度，一般来说，食物网越复杂，系统就越稳定，对于外界干扰的抵抗能力也越强，恢复能力相对较弱。

生态系统中能量流动和物质循环正是沿着食物链和食物网进行的，因而对于生态系统中能量流动和物质循环的研究，往往是以食物网为基础的，只有研究清楚食物网，才能提示一个系统中能量和物质的变化规律，才能为控制风景园林生态系统中的能流和物流提供理论指导，以便进一步降低能量和物质的投入，降低养护成本。

食物链和食物网还揭示了环境中有毒污染物转移、积累的原理和规律，同时在人为处理有毒污染中也会利用这种规律。

(5) 食物链的特征

食物链具有以下特征：

①食物链的长度通常不超过6个营养级，最常见的4~5个营养级，因为能量沿食物链流动时不断流失，食物链越长，最后营养级位所获得的能量也越少（图1-12），这就是"一山不容二虎"的原因。

②食物链或食物网的复杂程度与生态系统的稳定性直接相关。一般情况下，食物网越复杂，系统的稳定性越

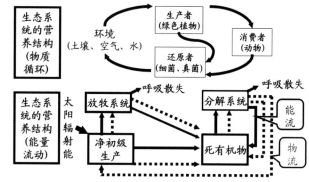

图1-12 生态系统的营养结构及能流和物流间的关系

强，当然复杂的食物网需要有较稳定的环境。稳定的环境下，生物种类较多，食物网也就越复杂。

③生态系统中的食物链不是固定不变的，它不仅在进化历史上有改变，在短时间内也会发生变化。其主要原因是生态系统中的物种不断迁入和迁出，而且还有新种的产生和原有物种的灭绝，这些变化导致了食物链和食物网的变化。但是在自然生态系统中食物链的变化是相当缓慢的，因为在长期的自然选择过程中，捕食者与被捕食者是协同进化的。但是随着人类活动范围的扩大和人为因素的影响，一些外来生物被带入新的生态系统后，食物链和食物网受到严重的危胁，这就是我们所说的外来物种侵入对当地生态系统的影响。

2. 功能特征

任何一个生态系统都具有三个基本的功能特征：物质循环、能量流动和信息传递（图1-13）。本章主要介绍生态系统的信息传递。

生态系统的信息传递是指生态系统中各生物成分之间及生物成分与非生物环境之间的信息交流与反馈过程。一般将生态系统信息传递方式分为物理信息传递、化学信息传递、营养信息传递与行为信息传递等四个方面。

(1) 物理信息传递

以物理过程为传递形式的信息称作物理信息。声音、光、颜色等都属于生态系统中的物理信号，鸟鸣、兽吼等声音可以传递惊慌、安全、警告、嫌恶、有无食物和要求配偶等信息；生物对光的强度、波长等的反映也是信息的传递，这种反映体现在生物的生长过程，如植物的休眠就是光信号引起的反应；昆虫可以根据光的颜色判断食物的有无；艳丽的花朵、醒目的外界色彩也传递着吸引、排斥、警

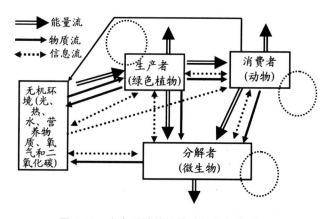

图1-13 生态系统的结构功能特征模型

告或恐吓等信息。

（2）化学信息传递

生物在某一特定的条件下或某个生长发育阶段其本身的代谢过程中产生的一些特殊的化学物质，尤其是各种腺体分泌的各类激素等，不是对生物提供营养，而是在生物个体或种群之间传递各种不同的信息，即化学信息。

同种动物间以翻译化学物质来传递信息是相当普遍的现象。如蚂蚁分泌化学痕迹，使得不同个体间能传递信息。不仅动物之间，植物之间也存在这种现象，如柳杉林下面几乎没有其他树木，柳杉林周围没有蚊子等现象就是柳杉林分泌化学物质阻止了其他植物的生长和昆虫的生活。这些化学信息的传递体现在生态系统中就是相生相克现象。

物种在进化过程中，产生的各种化学信息对信息释放者或信息接受者在生物的生长、健康或物种生物特征等方面产生不同的影响，而且对集群活动的整体性及整体性的维持方面也具有极其重要的作用。

（3）营养信息传递

通过营养交换的形式，将信息在生物之间、种群之间进行传递，即营养信息传递。这种信息传递主要沿食物链在食物网内互相传递，影响着生物的生长、取食方式、数量等，从而通过营养调控生态系统的各个方面。如以云杉种子为食的松鼠数量的消长为例，每当云杉种子丰收的次年，由于食物的充沛，松鼠的数量出现高峰，随着云杉种子 2～3 年的欠收，松鼠的数量也随之下降。

（4）行为信息传递

有些动物通过不同的行为方式向对方传递不同的信息，表示对同伴的识别、威胁、挑战、炫耀、从属、配对等。如孔雀、猴子等通过行为信息，影响着种群的稳定性。

3. 具有自动调节功能

自然生态系统中的生物与其所处的环境条件经过长期的进化适应，逐渐建立了相互协调的关系。这种协调的关系主要是由生态系统的自动调控功能来完成，可分为正反馈和负反馈（图1-14）。正反馈的作用是使不利的局面更加糟糕，如图1-14左图，由于污染导致了鱼类的死亡，而鱼类的死亡又导致了污染的加重；污染的加重反过来又促使了更多鱼类的死亡，这就是正反馈作用。负反馈作用则相反，如图1-14右图，兔子吃植物，狼吃兔子。植物数量增加，兔子数量也随后增加，兔子数量增加后，为狼提供了充足的食物，使得狼的数量也增加；狼数量的增加，需要捕食大量的兔子，使得兔子数量下降，兔子数量下降后取食的植物数量降低。

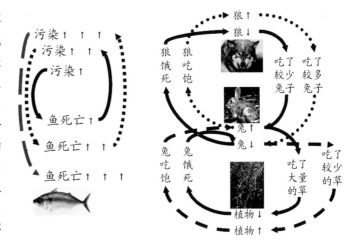

图 1-14　生态系统中的反馈（正反馈〈左〉和负反馈〈右〉）

生态系统自动调控功能是指生态系统受到外来干扰而使稳定状态改变时，系统靠自身内部的机制再返回稳定、协调状态的能力。生态系统的自动调控功能表现在3个方面：生物种群密度调控、异种生物种群间的数量调控和生物与环境之间相互适应与调控。

生物种群密度调控方面如在一些密度过大的林分中出现了枯立木就是种群密度的自然调节。异种生物种群间的数量调控如柳杉林下几乎没有其他生物，柏科植物都可以分泌杀菌素等。生物与环境之间的适应表现在两方面，一方面环境影响生物，如行道树的种类很少，就是因为街道的环境十分差，所选的植物必须耐旱、耐贫瘠、抗污染、树枝分枝高等多方面的标准；另一方面，生物对环境影响很大，如人类对于环境的污染，森林树木对环境的改善作用。

4. 生态系统是开放系统

任何一个生态系统都是对外开放的，既有外界能量和物质的输入，也有能量和物质的对外输出，从而维持系统的有序状态。物质输入最少的是森林生态系统，最多的是城市等人工生态系统，能量的输入都较多，其中城市生态系统除了太阳能的输入外还要有人工能量的输入，一旦人工能量的输入停止，整个城市生态系统就会崩溃。

5. 特定的空间特征

生态系统与具有不同生态条件的特定区域和范围的空间相联系，该空间栖息着与之相适应的生物类群。生物与非生物环境的相互作用以及生物对非生物环境的长期适应，使生态系统的结构和功能反映了一定的地区特性，形成了不同的特定空间类型，这些不同的类型在物种结构、物种丰富度和系统的功能等方面都有明显的差异，这也是生物成分在长期进化过程中对各自空间环境相互适应和相互作用的结果。

当然，不同生态系统的空间特征不一样，这与它的空间结构有着密切的关系。

6. 动态变化特征

生态系统是有生命存在并与外界环境不断进行物质交换和能量传递的特定空间，所以生态系统的整个结构和功能随时间而发生变化。任何一个生态系统的形成，都是经历了一个漫长的岁月，是不断发展、进化和演变的结果。所以在原来的裸地上历经漫长的时间，该生态系统植物出现了一系列的变化，由原来的苔藓变为草本，再由草本变为灌木，再由灌木变为乔木。

生态系统内部也是不断发展。这种发展、变化体现在多个方面，如系统内生物的种类组成、空间分布等，随着时间的变化都在不断地变化，所以才有系统内新物种的产生和原有物种的消亡。

7. 生态系统的服务功能

生态系统服务（ecosystem service）：由自然系统的生境、物种、生物学状态、性质和生态过程所生产的物质及其所维持的良好生活环境对人类的服务性能称生态系统服务。

生态系统服务的主要内容有：①生物生产，包括各种林木生产、作物生产及水域物质生产；②生物多样性的维护，使系统中各种物种保持，以及新物种的产生提供条件；③传粉、传播种子，很多植物需要昆虫、风或其他媒介来完成，如果没有这些媒介而靠人工来完成，需要大量的人力和物力；④生物防治，生态系统中通过植食、捕食和寄生等方式，对各营养级的生物起着调控作用，这些方式应用于害虫防治上就是生物防治，这种防治方式不仅效果好，而且没有副作用，是最佳的害虫防治方法；⑤环境净化，由于人类的各种生产和生活活动对环境造成了各种影响，导致了环境污染的加重。环境中的污染物主要靠环境的自然降解作用来完成；⑥土壤形成及其改良，土壤是植物生长的基础，而生态系统中的土壤是岩石在长期的风化过程中形成的；⑦减缓干旱和洪涝灾害，通过系统内植物树冠和土壤对水分的吸收和贮存作用，可以减缓干旱和洪涝灾害；⑧调节气候，主要体现在调节小气候上，如改变局部的气温、增加湿度、吸收 CO_2、释放 O_2、降低风速等；⑨休闲、娱乐功能，城市园林绿地不仅改善城市环境，而且为居民的休闲提供了空间，也正因为这样，城市园林绿地是城市居民室外休闲和娱乐的主要场所；⑩文化、艺术素养——生态美的感受，城市园林绿地中艺术作品和植物本身的艺术为人们感受艺术和感受自然之美提供了来源。

五、风景园林生态系统的基本特征

1. 结构特征

风景园林生态系统也由生产者、消费者、分解者和非生物环境组成。结构特征包括空间结构（垂直结构、水平结构）、时间结构（演替序列）和营养结构（食物链和食物网）。本节着重介绍营养结构。

（1）风景园林生态系统的食物链

风景园林生态系统中的食物链也包括植食食物链、腐食食物链和寄生植物链，但是以植食食物链为主，腐食食物链为辅，这与风景园林生态系统是高投入的人工生态系统相一致，也是与自然生态系统不一致的地方。

在高投入的风景园林生态系统中，为了维持特定的景观，而且人为活动较多，所以动植物残体被人为及时清扫，因而残留在风景园林生态系统中的很少，使得腐食食物链相对较弱。在自然保护区中的食物链特征基本上与自然生态系统中的食物链的特征相同。

（2）风景园林生态系统的食物网

风景园林生态系统中的食物网相对自然生态系统来说较为简单，因为在人工影响下各种生物的种类较少，特别是一些大型的动物种类更是没有，只有少量的小型动物和少量鸟类。因此食物网就十分简单，营养级的数量也较少，一般不会超过四级。

造成风景园林生态系统食物网简单的原因是：城市中园林绿地的面积较小，小块的绿地不可能满足大型动物对栖息环境的要求；第二是园林绿地的破碎化，较小的园林绿地只能靠道路绿地连接起来，道路绿地中人流和车流量大，不利于动物的迁移，造成了动物数量的稀少，从而使得整个食物网结构简单。

（3）风景园林生态系统的营养结构

风景园林生态系统中的营养结构符合生态系统中的基本原理，除此之外还具有其自身的特点。由于风景园林生态系统中生物种类较少，所以食物链和食物网相对简单，表现为营养结构也相对简单。营养级的数量较少，这与上面的食物网的特征相符。

另外，风景园林生态系统营养结构的变化还与其人工能量的流入相关，人工追加肥料和土壤较多，人工投入保证了风景园林生态系统中物质循环和能量流动按人为的方向运转（图1-15）。

2. 功能特征

风景园林生态系统也具有3个基本的功能特征：物质循环、能量流动和信息传递。

风景园林生态系统中的信息传递一般来说相对较弱，主要原因是在设计过程中较少考虑植物之间的相互影响，特别是植物间的相生相克现象。但是以生态的要求进行植物景观设计必须考虑不同植物间的信息传递，以求利用植物间的信息传递促进风景园林生态系统的健康发展。

物质循环和能量传递将在后面进行讨论。

3. 具有自动调节功能

风景园林生态系统自动调控功能相对要弱，主要原因是生物种类相对较少，食物网结构相对简单，这样生态系统的自动调节功能相对较弱；同时风景园林生态系统受人为影响很大，系统的维持很大程度上依赖于人为能量和物质的投入，这也是风景园林生态系统自动调节功能较弱的原因（图1-15）。

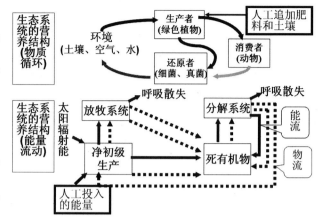

图1-15　园林生态系统的营养结构及能流和物流间的关系

风景园林生态系统的自动调控功能同样也表现在3个方面：生物种群密度调控、异种生物种群间的数量调控和生物与环境之间相互适应的调控。风景园林生态系统中生物种群密度的调控能力相对较弱，因为生物种群密度很大程度上受人为影响，如果在城市园林绿地中种群密度太大，往往会受到人为的干扰，使密度下降，因而受密度制约的影响相反较小。不同种生物之间的相互调控作用主要体现在相生相克作用方面，现在对于园林植物间的相生相克作用研究较少，需要全面深入研究。在生物与环境之间相互适应方面，园林植物对环境的影响以及环境对植物的要求有较全面的了解，但是缺乏科学的数据。

4. 风景园林生态系统是开放系统

相对于其他生态系统来说，风景园林生态系统的开放性大，更依赖于外界物质和能量的输入，一旦外界物质和能量的输入停止，风景园林生态系统便会按照自然生态系统的演替方向进行，而不是按照人为设计的景观发展。也正因为这样，园林中才有"三分种植，七分养护"的说法。

同时，风景园林生态系统中输出的物质和能量也相对较多，如大量枯枝落叶被收走，修剪后的有机物质被收走，人为地移走大量的植物等。风景园林生态系统中物质和能量的输入形式较灵活，样式较多，如对园林植物的施肥、除草、喷施杀虫剂，人为地向草地中增施土壤、修剪，给动物喂食等行为都是输入物质和能量到风景园林生态系统中。而且相对来说，自然生态系统中某些形式的输入，如物质输入中的尘降相对来说要弱小的多，也不是风景园林生态系统中的主要形式。

5. 特定的空间特征

风景园林生态系统更注重空间特征的组合（图1-16，图1-17），园林植物景观设计中重要的一条就是考虑植物配置的空间特征，通过空间特征的变化，形成不同的景观。同时，正因为植物景观设计时空间的变化可以千变万化，从而构成了丰富的植物景观。这也是园林设计的魅力所在。

图1-16 长沙湘江风光带上的植物配置空间组合

图1-17 广西南宁市民族大道中的植物空间组合

6. 动态变化特征

风景园林生态系统的动态变化特征在设计时是必须考虑的。因为我们配置的园林植物在不断地生长，有些植物可以存活几百年甚至上千年，在这个过程中随着植物的生长，景观也在不断地发生变化，原来很漂亮的景观不复存在，同时又产生了新的景观。

在园林设计中，我们不仅要考虑园林工程完成时的景观，还要考虑中长期的植物景观变化，使我们的设计更加科学、更加人性化，也更具魅力。园林中良好景观的维持往往需要人为能量的投入，如绿篱或模纹花坛的不断修剪（图1-18），即使景观已发生变化，偏离原来的目标景观，也可通过人为干扰得以恢复。

图1-18 园林中模纹的应用

7. 风景园林生态系统的服务功能

风景园林生态系统服务的主要内容有：

（1）净化环境

①吸收 CO_2、释放 O_2　植物通过吸收 CO_2、释放 O_2 使大气中 CO_2 水平维持相对稳定，避免浓度的剧烈波动，同时也避免大气温室效应的大规模发生。从卫生角度而言，当 CO_2 浓度达到 982.14 mg/m³ 时，人的呼吸就会感到不舒适，如果达到 392 857～1178 571 mg/m³ 时就会有明显的头疼、耳鸣、血压增高、呕吐、脉搏过缓等症状，而浓度达 10% 以上则会造成死亡。我们在森林公园、城市公园、河边或草坪上散步时，会感到这里的空气比城区高楼大厦及商业区中新鲜。原因之一是空气中 CO_2 含量较低，同时在这些小环境中氧气含量和空气负氧离子含量比高楼商业区高。空气中 CO_2 含量的多少，是衡量空气质量好坏的主要标准之一。

光合作用中每吸收 44g CO_2 放出 32g O_2。植物光合作用释放的 O_2 是所消耗的 O_2 量的 20 倍。一个体重 75kg 的成年人，每天呼吸 O_2 量为 0.75kg，排出 CO_2 0.9kg。通常每公顷森林每天可消耗 1000kgCO_2，放出 730kg O_2。因而每人若有 10 m² 的森林可满足氧气的需求，而绿地面积则需要 30~40m²。当然不同植物释放氧气的能力是不一样的（表1-1）。其原因是不同植物光合能力差异较大，光合能力强的植物其放氧的能力也强，生长速度也快；相反则放氧能力弱，生长速率慢。

表1-1 不同植物单位叶面积（m²）吸收 CO_2 放出 O_2 量

植物种类	凌霄	刺槐	丰花月季	紫荆	垂柳	银杏
年吸收 CO_2/g	2350	2265	2097	2041	1596	703
年放出 O_2/g	1709	1647	1525	1484	1161	511

②吸收有毒气体 大气中的有毒气体一般地区以 SO_2 为主，还有 HF、Cl_2 等（表1-2），且不同有毒气体的浓度不一样。不同植物对不同污染的吸收能力不一样，同株树在不同年龄阶段对有毒气体的吸收能力也不一样，壮龄树的叶吸收能力最强。

叶片吸收 SO_2 后在叶片中形成亚硫酸和毒性极强的亚硫酸根离子。亚硫酸根离子能被植物本身氧化转变成为毒性小30倍的硫酸根离子，因此达到解毒作用而使叶片不受害或受害减轻。不同林分对 SO_2 的吸收能力差异较大。一般的松林每天可从 1m² 的空气中吸收 20mg 的 SO_2，每公顷柳杉林每年可吸收 720kg SO_2，每公顷垂柳在生长季节每月能吸收 10kg SO_2，忍冬在每小时每平方米吸收 250~500mg SO_2，锦带花、山桃每平方米可吸收 160~250mg 的 SO_2，连翘、丁香、山梅花、圆柏等每平方米能吸收 100~160mg SO_2。

在吸收氯气方面，主要有丁香、旱柳、忍冬、山梅花、连翘、银桦、悬铃木等都有较强的吸收能力。旱柳和青杨吸收氯气能力可达到每平方米 1000mg 以上，而水蜡、卫矛、花曲柳、忍冬可达 750~1000mg。

还有一些观赏植物对氟有一定的吸收能力。如大叶黄杨、梧桐、女贞、榉树、垂柳等。氟化氢对人体的毒害作用比二氧化硫大 20 倍。昆明主要的行道树银桦吸收氟的量为 630mg/m³，乌桕达到 420mg/m³，蓝桉达到 250mg/m³，石榴达到 225mg/m³，山桃达到 100mg/m³。

表1-2 城市大气中部分有毒气体污染物的浓度表

污染物	CO_2	CO	SO_3	NO_x	CH_4	O_3	氯化物	氨
浓度（容积%）	300~1000	1~200	0.01~8	0.01~1	0.01~1	0~0.8	0~0.8	0~0.21

③阻滞尘埃 尘埃包括粉尘和飘尘，是空气中的主要固体污染物，易引起呼吸类疾病或导致其他疾病。近几年的沙尘暴影响更大。园林树木一方面通过本身庞大的叶面系统吸附空气中的尘埃，又可通过覆盖与防护作用阻滞空气中尘埃的流动和地面重复扬尘。树木是绿地中减尘的最活跃因子，减尘率可达 22%~90%。不同树种减尘的能力不同，相差可达 6 倍之多（表1-3）。

表1-3 单位面积树木的滞尘量   单位：g/m²

植物	榆树	朴树	木槿	广玉兰	重阳木	女贞	大叶黄杨	刺槐	楝树
滞尘量	12.27	9.37	8.13	7.10	6.81	6.63	6.63	6.37	5.89
植物	构树	三角枫	紫薇	悬铃木	五角枫	乌桕	樱花	蜡梅	栀子
滞尘量	5.87	5.52	4.42	3.37	3.45	3.39	2.75	2.42	1.47

④分泌杀菌素 不同立地类型空气中的含菌量明显不一样（表1-4）。其原因之一是很多

植物能分泌一种具有强烈芳香的挥发物质，如丁香酚、桉油、松脂、肉桂油、柠檬油等，这些物质能杀死大量细菌，如松树、香樟、桉树、肉桂、柠檬、万寿菊等都含有芳香油。据计算 1hm² 圆柏林在 24 小时内，能分泌出 30kg 的杀菌素。

表1-4　不同立地类型空气中的含菌量

立地类型	油松林	水榆、蒙古栎林	路旁草坪	公园	校园	道路	闹市区
树木覆盖度	95	95	0	60	50	10	5
草被覆盖度	林下85	林下70	100	总75	总65	30	0
空气含菌量(个/m³)	903	1264	4000～6000	900～4000	1000～10 000	>30 000	>35 000

园林中具有杀灭细菌、真菌和原生动物能力的主要树种：侧柏、柏木、圆柏、雪松、柳杉、盐肤木、大叶黄杨、胡桃、月桂、欧洲七叶树、合欢、金银花、女贞、日本女贞、刺槐、银白杨、垂柳、栾树及一些蔷薇科植物。植物园、草原或森林中生活的人们很少患病，很大的一个原因是植物能分泌杀菌素和杀虫素。这是 20 世纪 30 年代被科学家所证实的。

人们对于树木有益于人的健康的认识在中国是有很悠久的历史的。我国 3000 多年前人们就利用艾蒿沐浴熏香，以洁身去秽和防病。20 世纪 80 年代末期风靡一时的 505 神功元气袋、药枕、香包等都是利用花卉能放出一些具有香气的物质达到杀菌、驱病、防虫、醒脑、保健等功能。

我国皇家园林和寺庙园林中种植有大量的松柏树，这里的空气也较为新鲜。通过研究，松树林中的空气对人类呼吸系统有很大的好处。欧洲曾有过报道，在感冒流行的季节，德国和瑞士有一些大工厂工人患病率极高，几乎全部病倒。但是在某些专门使用萜品油、萜品醇和萜品烯制成溶液的工厂里的工人们却非常健康，根本不发生流感。这是因为松树枝干上流出的松脂即松节油精含有多种碳氢化合物以及萜品油、萜品醇和萜品油烯。具有杀菌功能和防腐功能的"松树维生素"就存在于这些物质及其化合物之中，它可杀死寄生在呼吸系统里的能使肺部和支气管产生感染的各种微生物。工人不得病是因为这些工厂的空气中有松节油精散发的芳香物质，工人们吸入了这些芳香类物质而没有患病。

有一些植物的挥发性物质对昆虫也有一定的影响，有很强的驱虫作用。如四川洪雅县瓦屋山国家森林公园度假村建立在柳杉林中，这里整个夏天都没有蚊虫，而其他地方蚊虫相当多。因为柳杉能释放出杀菌素，有强力的驱虫作用。有人做过一个试验，采 3 片稠李的叶子，捣碎后放入试管中。如在此时立刻放入苍蝇而将管口用透气棉絮塞住，不到 50 秒钟，最多不超过 3 分钟，苍蝇就会立即死亡。除柳杉外，还有柠檬桉等林子里蚊子也较少。

⑤降低噪声　城市噪声种类很多。其来源主要有三种：工业、生产、生活，城市噪声严重影响人们的生产和生活。对于噪声的防治方法常见的有吸收、远离和遮挡（图1-19），一般情况下距离越远，噪声的影响也越小（图1-20）。树冠低矮、叶面积大、树叶多枝、含水多的植物减音效果显著，因而在城市中许多地方都用植物来降低噪声，因为植物不仅仅能降低噪声，而且也美化了环境，还发挥植物的其他生态功能。

(2) 生物多样性的产生和维持

生物多样性包括生态系统、物种和遗传多样性三个层次。风景园林生态系统中的各种自然植物的引进和应用，一方面可以增加系统中植物的多样性，另一方面又可以保存丰富的遗传资源，避免自然生态系统因环境变动，特别是人为的干扰而导致物种的灭绝，起到了类似

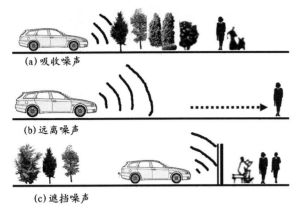
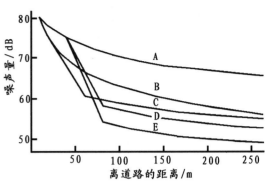

图1-19 防治噪声的基本形式

图1-20 交通噪声遮挡方式及其效果图表
A. 无遮挡的情况下；B. 垂直于道路布置住宅；C. 平行于道路布置住宅；D. 前排放置仓库等遮挡；E. 前排布置10层的住宅

迁地保护的作用。

(3) 改善小气候

风景园林生态系统能改善或创造小气候。园林植物通过蒸腾作用，可以增加空气湿度，大面积的园林植物群落共同作用，甚至可增加降水，改善本地的水分环境；园林植物的生命过程还可以平衡温度，使局地小气候不至于出现极端类型；园林植物群落可以降低小区域范围内的风速，形成相对稳定的空气环境，或在无风的天气下，形成局部微风，能缓解空气污染，改善空气质量。

城市中园林植物对于周围环境能起到显著的影响，如行道树能显著降低温度(表1-5)，而且成为城市交通主干道的窗口风景。

表1-5 常用行道树遮荫降温效果比较(℃)

树种	阳光下温度	树荫下温度	温差	评价
银杏	40.2	35.3	4.9	效果最好
刺槐	40.0	35.5	4.5	效果较好
枫杨	40.4	36.0	4.4	效果较好
悬铃木	40.0	35.7	4.3	效果较好
梧桐	41.1	37.9	3.2	效果较差
旱柳	36.2	35.4	2.8	效果较差
垂柳	37.9	35.6	2.3	效果最差

(4) 维持土壤自然特性的功能

土地是一个国家财富的重要组成部分，在世界历史上肥沃的土壤养育了早期的文明，有的古代文明因土壤生产力的丧失而衰落。现在，世界约20%的土地因人类活动的影响而退化。

城市园林绿地大部分都是在城市建设用地的基础上进行的绿化，因而土壤条件很差。通过合理地营建风景园林生态系统，可使土壤的自然特性得以保持，并能进一步促进土壤的发育，保持并改善土壤的养分、水分、微生物等状况，从而维持土壤的功能，保持生物界的活力，促进风景园林生态系统中土壤的良性发展。

(5) 减轻各种灾害损失

建设良好、结构复杂的风景园林生态系统，可以减轻各种自然灾害对环境的冲击及灾害的深度蔓延，如防止水土流失，为地震、台风等自然灾害居民提供避难场所，由抗火树种组成的园林植物群落阻止火势的蔓延，各种园林树木对放射性物质、电磁辐射等的传播具有明显的抑制作用等。

(6) 休闲娱乐功能

良好的风景园林生态系统可以满足人们日常的休闲娱乐，锻炼身体、观赏美景、领略自然风光的需求。优雅的环境对人的喜怒哀乐等许多情感活动有重要的影响，能促进理解和信任，使人富有同情心、怜悯心和责任感等。洁净的空气、和谐的草木万物，在休闲娱乐过程中给人不同程度的满足感和安逸感，有助于身心的整体协调，性格和理性智慧的健全发展，并最终促进人们的身心健康。

(7) 精神文化的源泉及教育功能

各地独特的动植物区系和自然环境在漫长的文化发展过程中塑造了当地人们的特定行为习俗和性格特征，决定了当地生产生活方式，孕育了各具特色的地方文化。在人们休闲娱乐的同时，还可以学习到各种文化，增加个人知识素养，并在自然环境中欣赏、观摩植物，可以对自然界的巧夺天工、生物界的无奇不有而赞叹不已，更能增加人们对大自然的热爱，从而懂得珍爱生命。

同时各种植物类型还具有教育作用，使人们认知和掌握生物界的各种现象。艺术创作的源泉也往往来源于景观园林绿地。

第二节 生态系统的能量流动

一、生物生产的基本概念

1. 生物生产的概念

生物生产是生态系统重要功能之一，指生态系统不断运转，生物有机体在能量代谢过程中，将能量、物质重新组合，形成新产品的过程，称为生态系统的生物生产。生物生产常分为个体、种群和群落等不同层次。

生物生产是生态系统中绿色植物通过光合作用，吸收和固定太阳能，合成无机物，转化成复杂的有机物。由于这种生产过程是生态系统能量贮存的基础阶段，因此，绿色植物的这种生产过程称为初级生产，或第一性生产。初级生产所固定的能量是生态系统中所有能量的来源，因而对于生态系统能量的总量起着决定性的影响。不同生态系统的初级生产力不同，最终体现在现有生态系统中保存的生物量也不同。

初级生产以外的生态系统生产，即消费者利用初级生产的产品进行新陈代谢，经过同化作用形成异养生物自身的物质，称为次级生产，或第二性生产。次级生产的过程中其实是消费者取食生产者将其生物量同化后，被其自身用于生长的过程。不同营养级的次级生产不同，且其能量利用率也不同。

2. 生物量和生产量的概念

生物量在某一特定观察时刻，某一空间范围内，现有有机体的量，它可以用单位面积或体积的个体数量、重量（狭义的生物量）或所含能量来表示，因此它是一种现存量。一般来说森林生态系统的生物量是最高的，最少可能是沙漠生态系统。

现存生物量通常用平均每平方米生物体的干重（$g \cdot m^{-2}$）或平均每平方米生物体的热值来表示（$J \cdot m^{-2}$）。

生产量是在一定时间阶段中，某个种群或生态系统新生产出的有机体的数量、重量或能量。它是时间上积累的概念，即含有速率的概念。有的文献资料中，生产量、生产力（productivity）和生产率（production rate）视为同义语，有的则分别给予明确的定义。

生物量和生产量是不同的概念，前者为到某一特定时间为止生态系统所积累下来的生产量，而后者是某一段时间内生态系统中积存的生物量。

3. 生产量和现存量关系

生产量和现存量的关系如图1-21，B为现在的生物量（现存量），P为生产量，E为减少量。生产量等于现存量加上减少量。减少量等于系统或生物的呼吸消耗量，现存量为系统或生物净增长量。

4. 总初级生产与净初级生产

初级生产过程可用下列方程式概述：

$$6CO_2 + 6H_2O \xrightarrow[\text{叶绿素}]{\text{光能}} C_6H_{12}O_6 + 6O_2$$

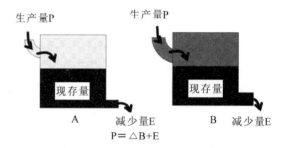

图1-21 生产量和现存量关系示意图

总初级生产（gross primary production，GP）植物在单位面积、单位时间内，通过光合作用固定太阳能的量称为总初级生产（量），常用的单位：$J \cdot m^{-2} \cdot a^{-1}$或$gDW \cdot m^{-2} \cdot a^{-1}$。净初级生产（net primary production，NP）指植物总初级生产（量）减去呼吸作用消耗掉的（R）余下的有机物质，二者之间的关系可表示如下：

GP = NP + R；NP = GP − R

植物总的初级生产受很多因素的制约，导致了总的光能利用率不高，现在全世界生态系统平均的光能利用率在1%～3%。

5. 影响初级生产的因素

陆地生态系统中，初级生产量是由光、二氧化碳、水、营养物质（物质因素）、氧和温度（环境调节因素）6个因素决定的（图1-22）。

光能是植物初级生产的能量来源，其强度的大小直接影响光合速率的高低，过强或过弱都不能达到最大光合速率，只需要达到饱和光强则其光合速率达到最大，且不会对叶片中的光合器官造成破坏。过强则会对引起光破坏甚至日灼现象。不同植物的饱和光强不一样，喜光植物的饱和光强明显要高于耐荫植物，而且差值相差

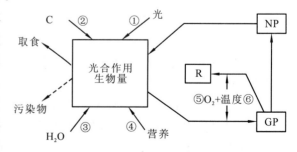

图1-22 影响初级生产的因素

很大。但是植物对于光能的利用效率不高，一般的只有1%~2%，高的也不到4%，如何在保证植物品质的前提条件下提高植物的光能利用率是提高现有植物产量的重要研究课题，虽然已有许多学者作过不少研究，但到现在为止还没有突破性的成果。

二氧化碳是光合作用的原料，在一定范围内随着浓度的增加光合速率增强，二氧化碳的浓度增加越高其光合速率增加也越强。但是增长到一定程度以后二氧化碳不再是限制因子时，光合作用的速率不再增加。

水也是光合作用的原料，植物体内含水量的高低，也直接影响光合速率的高低。光合作用过程中释放氧气的氧原子来源于水分子中的氧原子。同时在光合作用过程中，水作为重要溶剂，起着十分重要的作用。

营养物质也是影响光合作用的重要因素之一，特别一些矿质营养元素的含量直接影响到植物组织结构的功能正常与否，从而影响初级生产力（如缺镁，影响叶绿素的合成，减少叶绿素的含量），从而影响光能的吸收，最后影响植物的初级生产力。

温度对植物初级生产力的影响主要是通过影响植物体内酶的活性而影响初级生产。酶是具有催化活性的蛋白质，而且它的活性范围较窄，过高或过低都会导致酶蛋白的变性，从而影响新陈代谢的进行。

氧气对于初级生产的影响主要是通过植物体内的呼吸作用而产生。虽然光合作用不需要氧气，但光合作用需要呼吸作用过程中产生的代谢产物，因而氧气含量也间接影响到初级生产。氧气含量不足会导致植物的无氧呼吸，产生酒精，长时间的无氧呼吸会导致植物生长不良甚至死亡。

6. 初级生产量的测定方法

产量收割法　收获植物地上部分烘干至恒重，获得单位时间内的净初级生产量。产量收割法对一些草本或半木本植物适应，而应用于高大的乔木和灌木则有些难度，因为它们的生产量太大，且烘干处理很困难。如我们测定单位面积土地上小麦田中的产量，可以将一定面积上的全部小麦全部收获称重，再在80℃下烘干至恒重，就可以得出它们的干重和湿重，再除以单位面积就得到了单位面积上小麦的生物量。

氧气测定法　总光合量＝净光合量＋呼吸量。测定在一定时间内植物在密闭空间中氧气含量的变化来计算净光合速率，再测定其呼吸作用，最后得总的初级生产力。在测定过程中需要测定其光反应曲线，找到其饱和光强，以饱和光强为测定光强测定其光合速率，再测定其呼吸速率。本测定方法需要用较精密的仪器进行测定，测定过程相对容易，数据准确，是现在许多科研单位常用的方法，常用的仪器有 licor – 6400 便携式光合测定仪等，不过，仪器一般较贵，限制了本方法的大范围内应用。

二氧化碳测定法　用特定空间内的二氧化碳含量的变化，作为进入植物体有机质中的量，进而估算有机质的量。一般是将测定气体分成二份，一份作为参照，另一份通过测定植物叶片，对前后气体中二氧化碳的含量用红外二氧化碳方法进行测定得出二氧化碳浓度的变化。本测定方法需要用较精密的仪器进行测定，一般也较贵。

pH 测定法　水体中的 pH 值随着光合作用中吸收二氧化碳和呼吸过程中释放二氧化碳而发生变化，根据 pH 值变化估算初级生产量。一般水体中藻类初级生产力的测定可用 pH 值法进行测定。

叶绿素测定法　叶绿素与光合作用强度有密切的定量关系，通过测定体中的叶绿素可以估计初级生产力。叶绿素含量可以用离体的方法进行测定，一般有机溶剂如丙酮提出后用分光光度法进行测定。也可以用活体方法进行测定，现在一般用非接触式叶绿素仪进行测定，仪器相对也要贵一些。叶绿素含量的测定相对前面的方法来说较容易。

放射性标记测定法 把具有 ^{14}C 的碳酸盐（$^{14}CO_3^{2-}$）放入含有天然水体浮游植物的样瓶中，沉入水中，经过一定时间的培养，滤出浮游植物，干燥后，测定放射性活性，确定光合作用固定的碳量。由于浮游植物在黑暗中也能吸收 ^{14}C，因此，还要用"暗吸收"加以校正。

黑白瓶法 将待测植物分别放入透明的白瓶和用锡箔纸包住的黑瓶中，一定时间后，测各瓶的含氧量变化，求初级生产量（图1-23）。在测定过程中需要一个对照瓶，以消除了环境因素对空白瓶中含氧量变化的影响。所以，总初级生产 = 净光合 − 对照 + 呼吸作用。

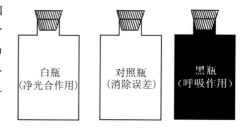

图 1-23 黑白瓶法测定光合速率

7. 次级生产的测定方法

次级生产的过程如图1-24所示，对次级生产有如下测定方法：

（1）按已知同化量（A）和呼吸量（R），估计生产量（P）：

P = C − Fu − R，Fu − 尿粪量，C − 食用量，R − 呼吸量

（2）根据个体生长或增重的部分（Pg）和新生个体体重（Pr），估计次级生产（P）：

P = Pg + Pr

（3）根据生物量净变化（△B）和死亡损失（E），估计次级生产（P）：

P = △B + E

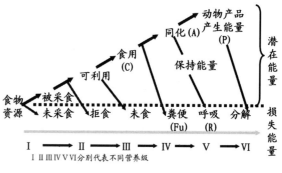

图 1-24 次级生产过程模型

二、生态系统中的分解

1. 资源分解的过程

资源分解的过程包括分解碎裂过程、异化过程和淋溶过程等3个过程。由于物理的和生物的作用，把尸体分解为颗粒状的碎屑称为碎裂。有机物质在酶的作用下分解，从聚合体变成单体，例如由纤维素变成葡萄糖，进而成为矿物成分，称为异化。淋溶则是可溶性物质被水所淋洗出来，是一种纯物理过程。在动植物尸体分解过程中，这3个过程中是交叉进行、相互影响的。

资源分解过程中，主要的分解者有细菌、真菌和中小型动物。细菌与真菌通过群体生长和丝状生长穿透和入侵有机物质深部，分解有机物质。细菌与真菌通过分泌细胞外酶，把底物分解为简单的分子状态，然后再吸收。

2. 资源分解的理论意义

资源的分解对于维持生态系统的正常运转，具有十分重要的意义，体现在以下几方面：

（1）通过死亡物质的分解，使营养物质再循环，给生产者提供营养物质。同时通过这种

分解，将动植物残体分解为更小的有机物质和无机物质被植物所利用，同时也为动植物的生活和生长提供了空间和条件；

(2) 维持大气中二氧化碳的浓度。资源在被分解过程中原来存在的碳水化合物被分解为二氧化碳回到大气中，维持了大气中二氧化碳浓度的稳定；

(3) 稳定和提高土壤有机质含量，为碎屑食物链以后各级生物生产食物。资源在分解过程中并不是完全分解为无机物质，有相当部分的资源被分解为有机颗粒物，这样能增加土壤中的有机质的含量，增加土壤肥力；

(4) 改善土壤物理性状，改造地球表面惰性物质。有机质在增加土壤肥力的同时也改善了土壤的物理性状，如增加土壤的吸附能力，增加土壤透气性，保水、保肥能力发生变化，土壤颗粒间的间隙更多更小等。

3. 资源分解的实践意义

在实际生活中利用资源分解的原理，应用于生活中，可以用来处理粪便和污水，其中最典型的是澳大利亚引进异地金龟处理牛粪。

澳洲大陆距今14 000万(1.4亿)年前就与其他陆地隔离，生物区系独特，当地繁殖的最大兽类是有袋类的大袋鼠。移民于1788年运去了第一批5头奶牛和2头公牛，到19世纪末牛的总数超过4500万头。如以每头牛一昼夜排便10次计算，每天就有4.5亿吨牛粪。而当地的金龟子主要取食干硬的袋鼠粪，而对软而湿的牛粪不感兴趣。由于当地缺乏分解牛粪的生物，牛粪在草原上风干硬化，几年内都难以分解，日积月累，牛粪数量惊人。牛粪覆盖并破坏大面积草原，形成草原上的一块块秃斑。每年被毁的牧场达240万公顷。澳大利亚学者 M. H. Wallace(1978) 指出"澳大利亚的牛多，牛粪更多，牛屎多到铺天盖地，如果不到世界各地引种食粪金龟子处理，澳大利亚就将淹没在牛屎堆里。"

据实验两头金龟子能将100g牛粪在30～40小时内，滚成球，埋入土层里，以备子代食用。由于牛粪中的蝇卵需96小时后才能孵化为幼虫，牛粪埋入地下，蝇类无法孵化。因此，金龟子消除了牛粪，又破坏了蝇类滋生的条件。为此，20世纪60年代，澳大利亚引入了羚羊粪蜣(*Onthophagus gazella*)和神农蜣螂(*Catharsius molossus*)等异地金龟，对分解牛粪发挥了明显的作用。

三、生态系统的能流过程

1. 生态系统能量流动规律

(1) 生态系统是一个热力学系统，生态系统中能量的传递、转换遵循热力学的两条定律。

热力学第一定律：能量守恒定律，能量可由一种形式转化为其他形式的能量，能量既不能消灭，又不能凭空创造。同样在风景园林生态系统中，所有的能量也是守恒的，能量不会凭空消失，也不会凭空产生，提高风景园林生态系统中能量利用效率只能减少能量损失。

热力学第二定律：熵律，任何形式的能(除了热)转化到另一种形式能的自发转换中，不可能100%被利用，总有一些能量作为热的形式被耗散出去，熵就增加了。也正是因为热力学第二定律，所以能量在风景园林生态系统中的能量利用效率是很低的。

(2) 生态系统中能流规律(特点)

生态系统中的能量流动具有以下特点：

① 能流在生态系统中是变化着的。这种变化体现在以下几方面：能量沿食物链流动过程中，只有一部分食物被下一营养级取食，因而能量在减少，这是一个动态过程；另一方面流经一个营养级能量只有部分被同化，部分以粪便的形式被排出；同化的能量中有一部分以呼吸的形式被消耗，在这个过程中能量也是不断发生变化。

② 能量的流动是单向流。能量被植物固定进入生态系统后就不可能再以太阳能的形式返回无机环境，同时被动物取食后也不可能再成为植物的一部分，被肉食动物取食后不能再返回给被捕食者。

③ 能量在生态系统内流动的过程，就是能量不断递减的过程。总体来说能量的传递效率只有10%左右，其原因主要有几个方面：一是植物对光能的利用效率很低，不到5%；二是能量在食物链传递过程中只有较少的一部分被下一营养级所取食；三是不同营养级的生物本身需要不断地进行新陈代谢消耗能量；四是分解者在分解过程中也会产生部分能量以热的形式耗散，且本身也需要新陈代谢。

④ 能量在流动过程中，质量逐渐提高。随着能量的不断减少质量在不断提高，这就是为什么肉食鱼类和肉食性的动物的肉质要好的原因。

2. 生态系统中能量流动的途径

草牧食物链和腐碎食物链是生态系统能流的主要渠道。生态系统中的能量沿着这两种食物链不断流动。

能量流动以牧食食物链作为主线，将绿色植物与消费者之间进行能量代谢的过程有机地联系起来。通过取食与被取食的关系，沿着食物链将生态系统中的生产者与消费者联系起来，同时产生反馈作用进行调节。牧食食物链的每一个环节上都有一定的新陈代谢产物进入到腐屑食物链中，从而把两类主要的食物链联系起来。

3. 生态锥体

生态锥体包括生物量锥体、能量锥体和数量锥体（图1-25，图1-26）。

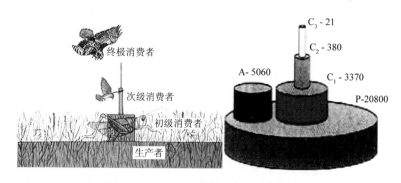

图1-25 草原生态系统的能量金字塔（宽度表示能量多少）

数量锥体以各个营养级的生物个体数量进行比较，忽视了生物量因素，一些生物的数量可能很多，但生物量却不一定大，在同一营养级上不同物种的个体大小也是不一样的。如昆虫的个体很小，数量很多，但生物量却很小；相反，一棵大树个体数量少，但生物量却很多。生物量锥体以各营养级的生物量进行比较，过高强调了大型生物的作用。

能量锥体表示各营养级能量传递、转化的有效程度，不仅表明能量流经每一层次的总量,同时,表明了各种生物在能流中的实际作用和地位,可用来评价各个生物种群在生态系统中的相对重要性。能量锥体排除了个体大小和代谢速率的影响,以热力学定律为基础,较好地反映了生态系统内能量流动的本质关系。

能量在流动过程中伴随着物质特别是有毒物质的积累,也就是我们常见的有毒物质在食物链传递过程中的不断浓缩过程,最典型的就是DDT的放大(图1-27)。DDT是20世纪60年代人工合成的一种杀虫剂,由于其杀虫效果十分好,生产出来以后得到了广泛的应用。但是也是由于其特别稳定不能分解,在环境中残留的时间相当长,使得环境中DDT的浓度不断增加。而且伴随着大气环流和水的运动,DDT到达全世界的各个角落,甚至南极洲的企鹅体内也发现了DDT,浓度相当高。

4. 能量流动的生态效率

生态效率:是指各种能流参数中的任何一个参数在营养级之间或营养级内部的比值关系。能量在流动过程中总是不断减少的,这样减少主要有三方面的原因,一是由于在每一营养级生物都需要呼吸消耗能量,另一方面生物体都会有少量的残体保留下来,最后一点是下一营养级对上一营养级的利用不能做到100%,所以导致了能量的不断减少(图1-28)。最重要的生态效率有同化效率、生长效率、消费或利用效率、林德曼效率。

(1)同化效率(AE) 衡量生态系统中有机体或营养级利用能量和食物的效率。

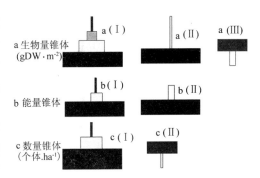

图1-26 生态锥体图

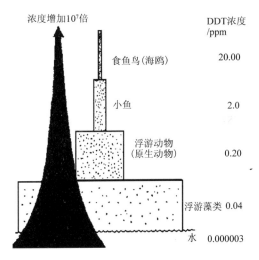

图1-27 生物放大作用示意图

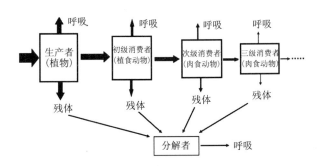

图1-28 能量在食物链中流动

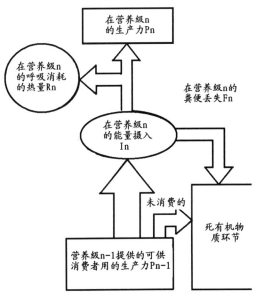

图1-29 通过一个营养级的能量分配格局

$AE = An/In$，An 为植物固定的能量或动物吸收同化的食物，In 为植物吸收的能量或动物摄取的食物。

(2)生长效率(GE) 同一个营养级的净生产量(Pn)与同化量(An)的比值。$GE = Pn/An$。

(3)消费或利用效率(CE) 一个营养级对前一个营养级的相对摄取量。

$CE = In+1/Pn$，In+1 为 n+1 营养级的摄取量，Pn 为 n 营养级的净生产量。

(4)林德曼效率(Lindeman efficiency)：指 n 与 n+1 营养级摄取的食物量能量之比。它相当于同化效率、生长效率和利用效率的乘积，即：$In+1/In = An/In \cdot Pn/An \cdot In+1/Pn$

通过一个营养级的能量分配格局如图 1-29。

5. 能流分析

(1)研究生态系统能流的层次或途径

生态系统能流分析可以在个体、种群、群落和生态系统层次上进行。

(2)生态系统层次上能流研究的原理

依据物种的主要食性，将每个物种都归属于一个特定的营养级，然后精确地测定每一个营养级能量的输入值和输出值。步骤如下：

①确定组成生态系统生物组成部分生物体的有机体成分；

②确定消费者的食性，确定消费者的分类地位。更确切地说就是弄清所研究的生态系统的准确的食物网，确定同种生物在不同食物链中的营养级别，确定其中的主要关键种；

③确定有机体的营养级归属，进而确定：

A 各营养级的生物量，精确测定各营养级的热量；

B 各营养级能量或食物的摄入率，所摄入的食物中所含的热量；

C 明确各营养级的同化率；

D 测定出各营养级的呼吸率；

E 测定由于捕食、寄生等因素而引起的能量损失率。

④结合各个营养级的信息，获得营养金字塔或能流图。确定能量在沿着所研究的食物网流动过程中的能量流动方向。

(3)湖泊能流分析的内容

湖泊能流分析是在能流分析中做得较早，研究得最清楚的。具体包括以下几方面：

①水生生态系统的生物生产 包括初级生产和次级生产。包括各种浮游生物、鱼类和捕食性的其他动物，如鸟类的生物生产量。

②水生生态系统的能量收支 包括进入水生生态系统的能量，浮游植物和水生植物对光能的利用率。

③水生生态系统的能量格局 包括营养关系、生态锥体和生态效率。

④水生生态系统的能流过程 在前三项的基础上做出不少于生态系统的能流过程图。

(4)生态系统能流分析的方法

①直接观察法 观察生态系统中能量流动的食物链，哪些植物被哪些动物所取食，哪些动物又被哪些更高级的动物所捕食，如此可勾画出能量流动的主要途径。但是有些是无法观察到的，所以必须采取其他方法来弥补本方法的不足。

②肠胃法 通过对动物肠胃中的食物分析，明确动物的食物种类及取食数量的多少，通过这样一级的分析来明确能量在食物链中的流动方向。

③同位素示踪分析法　首先用放射性同位素标记植物，通过对同位素的检测，了解同位素通过植食动物取食后的流向，这样逐级地标记，通过分析放射性同位素量的变化来了解能量流动的变化。

(5) 稳定同位素法对生态系统进行能流分析

①元素、核素、同位素、稳定同位素　许多化学元素有几种稳定同位素，如 C 的稳定同位素包括 ^{12}C 和 ^{13}C，N 的稳定同位素包括 ^{15}N 和 ^{14}N，S 的稳定同位素包括 ^{34}S 和 ^{32}S，它们在不同的环境以及不同的生物体中的含量不同。

②用稳定同位素进行能流分析的原理　由于不同生物的稳定同位素来源不同、对稳定同位的选择性利用不同，因此，所含的轻重稳定同位素的比例不同。如生物在蛋白质合成过程中，轻的 N 同位素被选择性地排出，结果体内的 ^{15}N 相对于食物较高，因而当物质从一个营养级进入下一个营养级，组织中的 ^{15}N 浓度变得较为丰富。生态系统中，最高的营养级 ^{15}N 的相对浓度最高，最低的营养级 ^{15}N 的相对浓度最低。由于 C_4 植物含有相对高的 ^{13}C，因此，稳定同位素分析可以测定物种食物中的 C_3 和 C_4 的相对浓度。

③稳定同位素浓度的计算公式　稳定同位素通常用较重的同位素相对于某个标准的偏离值，单位为偏离值(±)的千分之一(±‰)。偏离值的计算公式为：

$$\delta x = [(R样品/R标准) - 1] \times 10^3$$

x = 较重同位素的相对浓度，如 ^{13}C、^{15}N、^{34}S 的‰。

R 样品 = 样品中稳定同位素的比，如 ^{13}C：^{12}C，^{15}N：^{14}N。

R 标准 = 标准的稳定同位素的比，如 ^{13}C：^{12}C，^{15}N：^{14}N。

用作 C、N、S 标准的参照物是大气氮的 ^{15}N：^{14}N 比，PeeDee 石灰岩中的 ^{13}C：^{12}C 比，Canyon Diablo 陨石中的 ^{34}S：^{32}S 比。

如果 $\delta x = 0$，那么，样品和参照物中稳定同位素比相等；如果 $\delta x = -x$‰，那么样品中较重的稳定同位素的浓度较低；如果 $\delta x = +x$‰，那么样品中较重的稳定同位素含量较高。由于生态系统中不同的组成部分的比值是不同的，因此，生态学家可以用稳定同位素的比值来研究生态系统的结构及其过程。

新英格兰盐沼地肋螺 *Geukensia demissa* 潜在食物源中的稳定同位素含量。C、N 和 S 的稳定同位素可以将肋螺潜在的食物源区分开 (图 1-30)。

北美东部土著人骨骼中的 ^{13}C 浓度变化说明了生活在北美东部温带森林的史前土著美洲人的饮食成分。公元前 3000 年到公元 500 年，^{13}C 浓度较低，表明食物几乎完全来源于 C_3 植物；公元 1000 年之后，迅速增加，表明主要以 C_4 植物 *Zea mays* 的谷类为食物 (图 1-31)。

(6) 美国明尼达州塞达波格湖的能流分析

营养动态学说是生态系统能量流动

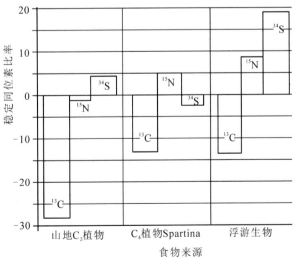

图 1-30　肋螺不同食物中的稳定同位素比率

研究的基础。

R. L. Lindeman 将生态系统中的各类生物按其在营养级中所处的位置不同划分为若干营养级。用 Λn 表示各营养级的能量含量，浮游植物通过光合作用将一部分太阳辐射能转化为自身能量 Λ1，浮游动物取食浮游植物中的能量，为初级消费者，其能量含量为 Λ2，其余 Λ3、Λ4 依次类推。并定义 λn 为从 Λn－1 到 Λn 正的能量流动速率，λn´为从 Λn 到 Λn＋1 负的能量流动速率，Rn 为各营养级呼吸速率。因此，某一营养级 Λn 的能量含量变化速率可表达为：d Λn /dt ＝ λn ＋ λn´。

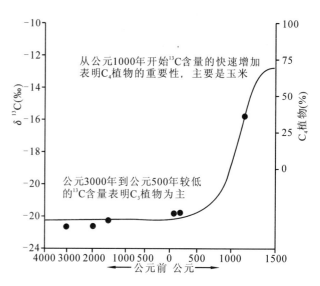

图1-31 北美东部土著人骨骼中^{13}C浓度变化

美国明尼达州塞达波格湖的生态系统营养动态如图 1-32。呼吸 29.3 ＋ 未利用 78.2 ＋ 分解 3.5 ＝ 总初级生产量 111.0，能量守恒（能量单位：$cal \cdot cm^{-2} \cdot a^{-1}$）。

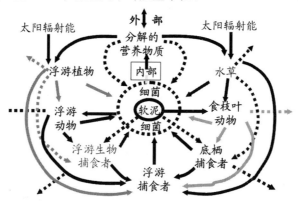

图1-32 美国明尼达州塞达波格湖生态系统各类有机体之间的营养关系

（7）能量流动的应用案例

能量是一切经济收入的来源，降低能量的消耗意味着增加收入。从能量的角度对现实生活中的许多事件都可进行分析。从环境保护的角度，论述秸秆的充分利用，有利于增加收入，降低能耗。

原理：能量沿生态系统的食物链或食物网定向逐级流动并被各级营养级上的生命有机体逐级利用，延长食物链意味着对于能量利用的提高。如图 1-33 所示将秸秆糖化作为家畜的饲料，家畜的粪便经处理后再接种食用菌，食用菌菌床的杂

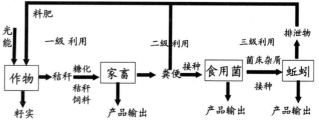

图1-33 提高秸秆能量利用率的途径

屑再接种蚯蚓，蚯蚓可作为蛋白质以饲料的形式卖出，通过延长食物链就可大大提高能量利用效率，也增加了收入。

现在的生态工程设计的原理也是多层分级利用能量，提高对于系统中能量的利用效率。在不同的生态工程设计中所采取的措施虽然不同，但是原理都是一样的，都是通过延长或缩短食物链的营养级来提高能量的利用效率以达到增加收入的目的。

四、生态系统按能量来源的分类

1. 以太阳能作为能源来源的生态系统

如森林、草原、湖泊生态系统等。这类生态系统中的能量来源主要是太阳能作为生态系统能量的来源，而其他形式的能量则很少。

2. 以太阳能为主以人工补充能源为辅的生态系统

如农田生态系统、人工养殖的各类生态系统、风景园林生态系统。这类生态系统中人工补充能源起着较重的作用，如风景园林生态系统，如果人工补充能源停止，则园林中的景观会发生明显的变化，已有景观会被新的景观取代，生态系统按照其自身的演替方向发展，而不是按照人们的意志发展。

3. 以人工补充能源为主的生态系统

如城市生态系统、宇宙飞船人工生态系统。这类生态系统主要依靠人工补充能源维持系统的运转，如果人工补充能源停止，整个系统就会崩溃，系统无法正常运转。

五、风景园林生态系统的能量流动

1. 能量来源

风景园林生态系统中能量的来源主要来自于太阳能，同时人工补充的能源也占相当大的比重。一旦人工补充的能源终止，风景园林生态系统就会按自然生态系统演替的方向进行，而不是按人工的意愿进行。因而对于风景园林生态系统就如同我们种植农作物一样，必须不断地投入能源，保证风景园林生态系统按照人们的意愿运转，保证园林中良好的景观，舒适的环境，以利于人们放松心情和休闲。

2. 能量流动

风景园林生态系统的能量流动如图1-34。风景园林生态系统的能量流动与一般生态系统相比，人工补充能源的数量较多，同时流出系统的能量也较多，主要以枯枝落叶的形式流出系统，另外，人为的修剪园林植物也是导致能量流出风景园林生态系统的重要原因之一。

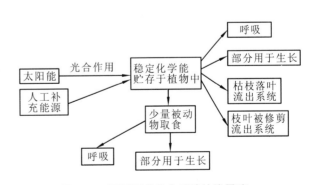

图1-34 风景园林生态系统的能量流

第三节 生态系统的物质循环

为什么我们要研究物质循环？随着工业的发展，环境中的有毒物质的种类和数量在剧增。特别是在20世纪以后人类使用的化学物质剧增，这些化学物质在环境中是如何流动的？对我们的环境有什么影响？

DDT在环境中的流动是一个最好的例子。DDT是20世纪60年代人工合成的含氯杀虫剂，效果十分好，在全球范围内大量使用。可是不久后人们发现DDT在自然界很难分解，在环境中的浓度越来越高，这时人们才感到恐慌，并逐渐停止使用。现在全世界的范围内都有DDT的分布，连南极的企鹅体内也有DDT的分布。DDT是如何进入企鹅体内的呢？这就需要我们对物质在生态系统中的物质循环（图1-35，图1-36）进行研究。

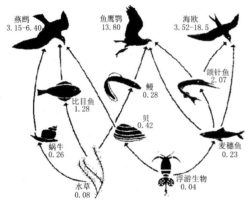

图1-35 从浮游生物到水鸟的食物链中DDT质量分数（$\times 10^{-6}$）的增加

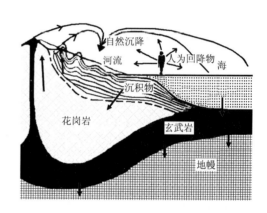

图1-36 矿物营养元素的沉淀循环

生态系统的物质循环也称为生态系统的养分循环。生态系统的物质循环相当复杂，有些养分主要在生物和大气之间循环，有些养分在生物与土壤之间循环，或者二者兼而有之。植物和动物体内保存的养分，构成内部循环。

根据养分循环活动的范围，可将物质循环分为三类：地球化学循环，生物地球化学循环和生物化学循环，养分元素循环的基本途径如图1-37。生物化学循环：指养分元素在生物体内部的循环；生物地球化学循环：指养分在生态系统内部的循环；地球化学循环：指养分在生态系统之间的循环。

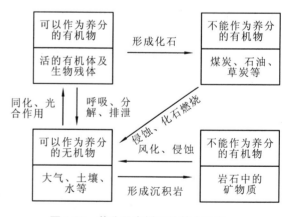

图1-37 养分元素循环的基本途径

一、植物体内的养分元素

重要元素是指植物正常生长和代谢所必需的元素。其中，其浓度仅在百万分级的称作微量元素，而浓度可用百分数表示的可称为大量元素。

植物生长所需的大量元素有9种：氢、碳、氧、氮、钾、钙、镁、磷、硫。其中氢、碳、氧、氮以气态形式存在，植物体内需求量也很大，碳、氢和氧以二氧化碳和水的形式进入植物体，一般以养分元素对他们考虑较少。其中生产上最常施用的是氮（生产上施用的形式为固态）、磷、钾，这也是固态大量元素中植物需求量最大的三种元素。农林业生产上所施用的各种肥料，包括园林花卉无土栽培所使用的复合肥主要是氮、磷、钾肥，它们对于增加生产的效果也最显著。微量元素有7种：氯、硼、铁、锰、锌、铜、钼。一般情况下，土壤中不缺乏微量元素，所以很少有对土壤中施用微量元素肥的情况。但是在无土栽培或用人工营养液培养过程中则必须加入微量元素以保证植物的正常生长。生物体中主要的化学元素为氢、碳、氧、氮，它们构成的化合物占了植物体生物量的99%以上。

二、生物地化循环的概念

1. 生物地化循环的特点

矿物元素在生态系统之间的输入和输出，它们在大气圈、水圈、岩石圈之间以及生物间的流动和交换称生物地（球）化（学）循环，即物质循环（cycling of material）。

物质循环不同于能量流动，物质循环在生态系统中的运动是循环的，而能量流动是单向递减的。这就是为什么森林生态系统中土壤肥力越来越大的原因。因为通过外界的不断输入，系统将这些养分都积累起来，使得系统中的养分元素越来越多，这样积累在生物体中的养分元素不断增多，它们死亡后使得土壤中的养分元素含量增加。而土壤中的养分元素又被植物的根系吸收加以利用，如此反复形成循环。而森林生态系统中养分元素主要以流水所溶解的养分元素的形式输出，而泉水的养分元素含量是相当少的，因而森林生态系统中养分元素输出的量相当少。森林生态系统中养分元素的净增加值很高，所以系统中的养分元素不断增多，土壤越来越肥沃。如果一个系统中对外输出的养分元素的量不断增加，则系统中养分元素的总量会不断减少。如采伐迹地，森林砍伐后由于没有了植被，土壤表面的大量元素不断被雨水所冲走，导致土壤中养分元素的不断流失，土壤变得越来越贫瘠。

生物地化循环可以用库和流通率两个概念来描述。库是由存在于生态系统某些生物或非生物成分中一定数量的某种化学物质所构成的，可分为贮存库和交换库。前者的特点是库容量大，元素在库中滞留的时间长，流动速率小，多属于非生物成分；交换库则容量较小，元素滞留的时间短，流速较大。物质在生态系统单位面积（或单位体积）和单位时间的移动量称为流通率。

生物地化循环在受人类干扰以前一般是处于一种稳定的平衡状态，现在受人为干扰或破坏很小的一些自然生态系统也基本处于稳定的平衡状态，如一些自然保护区、原始林和原始次生林，但受人为影响较大的系统偏离了原来的发展方向，如人工林；受人为影响特别大的系统则需依靠人为的投入才能维持系统的正常运转，如城市生态系统、风景园林生态系统。养分元素和难分解的化合物常发生生物积累、生物浓缩和生物放大现象（图1-27）。

2. 生物积累、生物浓缩和生物放大

生物积累：指生态系统中生物不断进行新陈代谢的过程中，体内来自环境的元素或难分解的化合物的浓缩系数不断增加的现象。

生物浓缩：指生态系统中同一营养级上许多生物种群或者生物个体，从周围环境中蓄积某种元素或难分解的化合物，使生物体内该物质的浓度超过环境中的浓度的现象，又称生物富集。

生物放大：指生态系统的食物链上，高营养级生物以低营养级生物为食，某种元素或难分解化合物在生物机体中浓度随营养级的提高而逐步增大的现象。生物放大的结果使食物链上高营养级生物体中该类物质的浓度显著超过环境中的浓度。

生物积累、生物浓缩和生物放大都是由于矿质元素沿着食物链流动的结果。因为某种元素在被生物体吸收后浓度会增加，逐级向下流动则出现了生物积累、生物浓缩和生物放大的现象。

3. 生物地化循环的类型

生物地化循环的类型包括水循环、气体型循环和沉积型循环三大类。

三、水循环（aquatic cycle）

1. 水循环的意义

水是所有营养物质的良好介质。所有的矿质营养元素被植物吸收都必须溶解在水中，以固态形式存在的营养元素是不能被植物所吸收的。水对物质是很好的溶剂。环境中许多物质都能溶于水中，所以它是地球上最好的溶剂。同时它有强大的携带能力，随着水流速度的加快，所能携带的物质的重量成倍增加（图1-38）。水是地质变化的动因之一。地质变化的过程往往是在地壳抬升和流水的作用下形成的。现在的黄土高原的千沟万壑就是由于水流长期冲刷的结果。

图1-38　溪流河床由于溪水的长期冲刷留下的大石块

2. 人类活动对水循环的影响

人类活动对水循环的影响体现在多个方面。

①污染空气影响水质　随着工业的发展，人类对于空气的污染加重，使得空气质量下降，大气中的杂质含量大增，这些杂质随着降水回到地面的水体中，使得水质下降。

②改变地面，增加径流　地面的性质会影响汇水流的流向，如城市中混凝土地面使得水流直接流向下水道，而自然地面则可使部分水下渗为地下水，使地下水得到补充，径流量减少。

③过度利用地下水　在一些人口过多或者降水太少的地方，为了能保证生产和生活用水，往往过量抽取大量地下水，使得地下水量减少，地表下降，甚至个别地方出现地下水位大量下降使森林大面积死亡的现象。

④影响水的再分布　人工修筑水利设施可以改变水的再分布，如增加森林覆盖率可以使局部地区的降水量增加，南水北调工程更是大量地改变了水的分布范围。

3. 水循环示意图

全球范围内水循环示意如图1-39。海面蒸腾319，下降283，剩余部分通过风转移到陆地上空，以降水的形式回到地面，植物蒸腾和蒸发的水分也以降水的形式返回地面。达到地表的水以地表径流和地下水的形式返回海洋。

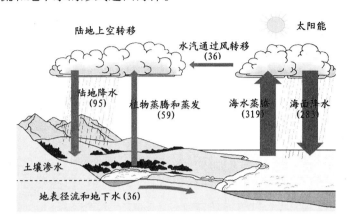

图 1-39　全球水循环

在地表面的局部地区,这种降水的比例关系会有所改变,如西德地区(图 1-40)。海平面蒸腾水分(367)到达陆地上空,与陆地表面蒸腾和蒸发的水分(404)一起以降水形式(771)回到地面,到达地面的水以地下径流和地表径流的形式返回大海(367)。到达地面的水被人类利用,用过的水再返回地面或补充地下水,各个不同用途的水的比例不一样,但是比例都相当小,如家庭和工业用水(10)。

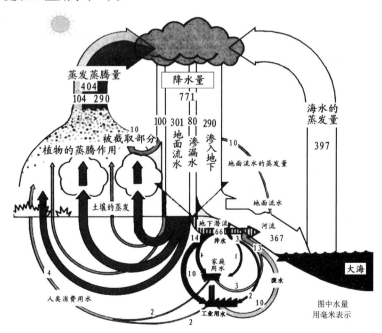

图 1-40　西德地区的水循环示意图

虽然降水的比例不一样,但是降水对于人类的生产生活所产生的影响十分显著:影响着人类最初的定居地;影响着人类文明的发源地;影响着人类的生活水平和生活质量。世界上降水极少的地区,大部分是不发达的地区或城市;而降水较丰富而不过量的地区,生活水平和生活质量相对都较高。

现在由于人口的迅速增长，淡水资源变得更加紧张，我国的人均淡水资源不及世界平均水平的1/4，同时我国对于水资源的浪费相当严重，节水意识不强，单位GDP的水的耗费过高等现象，已严重影响了我国经济和社会的发展。另一方面，在有限的淡水资源中被人为污染的现象十分严重，许多河流的水质已达不到饮用水的标准，甚至出现了整条河流都被污染的现象(如淮河)。

如何利用水循环，在不引起环境污染或破坏的情况下，最大限度地利用水资源为人类服务是现在研究水循环的主要任务之一。

4. 风景园林生态系统中的水循环

在风景园林生态系统中，水分的循环相对来说比较简单(图1-41)。园林中水的输入主要以大气携带来的雨水和人工补充的水分为主，输出以植物的蒸腾和地表的蒸发及地表径流和地下径流为主。

在降水过程中，水在到达地面以前，有部分被树冠截留，再次下降或沿着树干向下流动；有部分到达地面以后直接下渗，补充地下水。而且在整个过程中人为的影响相对较小，特别是人类对于水质的影响相对较小。

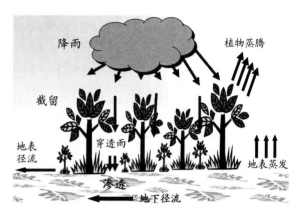

图1-41　园林生态系统中的水循环

在风景园林生态系统中，人工补充的水量相对较多，如城市园林绿地中的景观用水，草坪的浇水等都是人为的补充水，而且夏天高温炎热的时候，人工补水的量就更多。

四、气体型循环(gaseous cycle)

气体型循环包括氧循环、碳循环和氮循环。

1. 氧循环(oxygen cycle)

大气中氧的贮存状态有3种，气体主要以 O_2、CO_2、CO、O_3 的形式存在，液态主要以 H_2O 的形式存在，固态主要以 HCO_3^- 和氧化物的形式存在。具体存在形式如图1-42。在这个过程中，植物的光合作用起着十分重要的转换作用，水中氧原子的释放要依靠光合作用，二氧化碳中的氧原子也要通过光合作用合成碳水化合物，然后再被氧化生成水。因而在所有的氧循环中，特别是植物体内的转化过程中，光合作用起的作用特

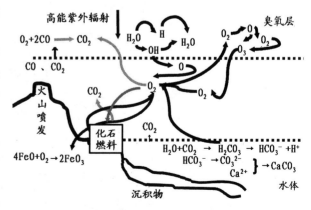

图1-42　氧循环示意图

别巨大。在自然界中存在一些化学反应，如氧化还原反应，氧化亚铁被氧气氧化为三氧化二铁，高能紫外辐射下，氧气和一氧化碳生成二氧化碳等。

2. 碳循环(carbon cycle)

现存的生物作为一个整体含有6种重要营养养分的比例大致为：氢2960，氧1480，碳1480，氮16，磷1.8和硫1.0。所以碳是有机物质中最主要的成分之一。在碳循环中(图1-43)，碳的稳定贮存形态有二氧化碳、碳水化合物和化石燃料几种形式，数量最大的主要是二氧化碳和化石燃料。大气中的二氧化碳被植物通过光合作用转化为碳水化合物贮藏起来，然后部分以呼吸作用返回大气中。固定在植物体内的部分碳元素被动物所取食，部分被同化为动物体的有机体，部分以粪便的形式排出动物体外。植物的枯枝落叶及被动物排出体外的粪便被环境中的分解者所分解后以二氧化碳的形式返回大气中。动物体内的碳元素部分通过呼吸返回大气中，一部分被更高级捕食者所取食，部分残体被分解者分解后以二氧化碳的形式返回大气中。贮藏在动物、植物体内的有机碳在特定的历史时期通过碳化作用以化石燃料，如泥炭、煤、石油和天然气的形式固定下来，历经若干世纪以后被人类再次利用，再以二氧化碳的形式返回大气中。

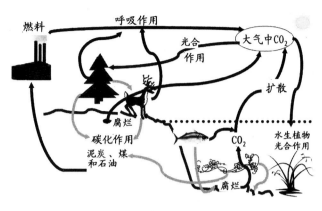

图1-43 碳循环示意图

水体中碳元素的循环也和陆地上的循环类似，大气中的二氧化碳溶于水中，被水生植物固定，再被水生动物所利用，植物、动物的残体被分解者所分解以二氧化碳的形式返回大气中，动物、植物体内贮存的碳素部分以呼吸的形式被消耗，以二氧化碳的形式返回大气中。

全球碳循环如图1-44。在全球碳循环中各类碳素的比例如表1-6。碳循环中存在的主要形态为大气贮存、煤、石油、天然气、石灰石、白云石等形式，而石灰石、白云石所占的比

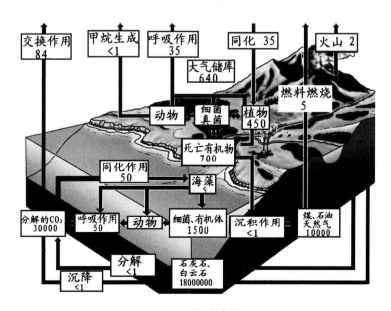

图1-44 全球碳循环

例相当大,占了99.99%以上,而真正参与循环的碳元素的量相当少。也正因为参与循环的碳元素的量较少,当化石燃料被大量使用并以气态二氧化碳的形式返回大气后,大气中的二氧化碳的浓度不断上升,而二氧化碳是主要的温室气体之一,其含量的上升必然导致全球气候的变温。据测知19世纪中叶大气中二氧化碳浓度在工业革命前仍维持在280μg/g左右。实测CO_2的浓度始于1958年,那时仅315μg/g,到1988年达到了350μg/g,平均每年增长1.17μg/g。预计到2010年达到375μg/g。科学分析结果表明,CO_2浓度若增加1倍,地球的气温将增加2~4℃。目前,据报道,我国西藏和青海等地的雪山面积不断地在缩小,而且强度在不断地加大,这必然会导致我国的淡水资源分布的变化。当大气中二氧化碳浓度增加时,会有更多的气体溶于海水,结果就会增加碳酸钙的沉积物,若海水中氮和磷供应适宜,就会提高水生物的生产量。相反,大气二氧化碳浓度减少,海水中二氧化碳又返回大气,结果引起海底碳酸钙沉积物的减少,以调节海水中二氧化碳的浓度。

表1-6 全球碳循环中各部分的比例

存在形式	火山	大气贮存	呼吸作用	甲烷生成	交换作用	燃料燃烧	分解
相对比例	2	640	35	<1	84	5	<1
存在形式	海藻	沉积作用	同化作用	细菌、有机体	呼吸作用	沉积	同化
相对比例	5	<1	50	1500	50	<1	35
存在形式	植物	分解的CO_2	死亡有机体	煤、石油、天然气	石灰石、白云石		
相对比例	450	3000	700	10 000	18 000 000		

3. 氮循环(nitrogen cycle)

氮在大气中的含量非常高,占全球大气的79%(3.85×10^{21}g)。但大气中的氮很多生物都难以利用。全球大部分植物净生产量不高,也是由于缺乏氮的缘故。氮分子是一种惰性气体,与其他原子化合需要高能量的输入,才能打破N—N三键。氮肥厂工业固氮制造肥料,要求450℃高温和250~1000大气压。所以发现某些生物能在大气常压下,温度30~50℃,有能力还原大气氮并合成为有机分子非常重要。随着能量价格和制造氮肥费用的不断提高,这种固氮生物的特性会得到大力开发和利用。这些生物主要是豆目的一些植物,如紫云英、黄豆、绿豆等,它们通过与其共生的根瘤菌固定氮肥,而它们为根瘤菌提供水分和有机物,根瘤菌为它们提供氮肥,是一种互利共生关系。目前人工生态系统中如农耕地和人工林,天然的固氮植物已消失或减少,所以,当前农业或林业均应重视引种固氮植物,以增加和维持土壤肥力。

氮循环如图1-45。氮通过生态系统的途径与碳不同的地方,有以下几方面:①氮大量贮藏于大气中,但不能直接被大多数生物所同化;②氮是蛋白质和核酸的组成部分,具生物调节功能,它不能直接通过呼吸释放化学能;③有机氮化合物降解为无机物需要经过若干步骤,有的只有靠转化细菌才能实现(图1-46);④氮化合物分解中的大部分生物化学转换在土壤中进行,其无机氮化合物可溶性的状况影响植物对氮的吸收。现有活生物组织中大约占全球氮有效贮库的30%稍多一点,其余分布在死有机物内,以及土壤和海洋中的硝酸根(NO_3^-)里,其中少量为蛋白质分解的中间阶段:氨和亚硝酸根(NO_2^-)(图1-47)。植物每年同化的氮为86×10^{14}g,低于氮有效贮库的1%,所以氮的平均总周转期超过一百年,但不同形态氮的转换率不一样(表1-7)。

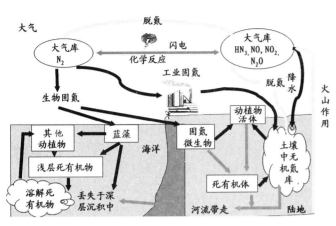

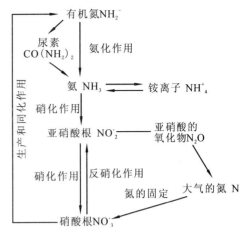

图1-45 氮循环示意图

图1-46 氮循环中的生物化学步骤

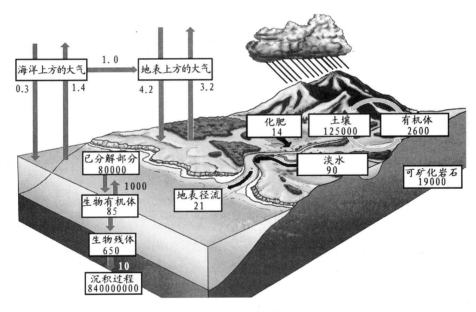

图1-47 全球氮循环

氮循环包括有机氮化合物的逐步降解，其中有许多生物种类参与这一过程，直到最后转换成为亚硝酸根为止。土壤中的氨或铵离子是植物最需要的养分，这些氨形态容易被吸收并转换成为植物有机物。氨在土壤中并不是植物理想的氮来源，因为氨浓度太高时，植物组织会产生毒害，同时氨容易溶于水，很快会从土壤中淋洗掉，不可能在土壤中长久保留下来。酸性土壤里，氨能转换成为铵离子，正价离子能黏附在黏粒——腐殖

表1-7 氮有效贮库内分配的比例和年转换率

形态	贮库	氮(比例)	转换速度(年百分率)
有机态	植物	342	25
	动物	11	
	死有机物	6100	1.4
无机态	氨(NH_3)	286	30
	亚硝酸根(NO_2^-)	138	63
	硝酸根(NO_3^-)	4180	2.1

质胶核表面,但却容易被土内酸性氢离子所置换,也很容易被水冲洗出去。实际上有些黏粒矿物的铵离子牢固地吸附成为本身晶体的结构,既不会淋溶掉,也难以被植物所吸收。此外,氨也容易被专性细菌所利用,即将氨中氮氧化成为亚硝酸和硝酸盐而获取能量。负价的亚硝酸根和硝酸根离子均不与粘粒相结合,很容易淋溶掉,但土壤中有硝酸根的产生,能很快被植物吸收。陆地生态系统中氮的贮存,主要贮存在死有机物残体里。水体生态系统的氮,主要是水中硝酸盐和沉积的动、植物残体。

氮与其他元素的结合有许多形式,所以有机氮的生物化学反应也是多样的。氮循环最重要的过程是,有机氮降解过程中的氨化作用和硝化作用;反硝化作用又将硝酸和亚硝酸根还原为氮返还于大气,以及大气氮的固定和生物的同化过程(图1-48)。氮的有机形态含有氨基或其他有机物。动物排出的过量氮就是从有机氮中分离出氨基,主要以 NH_3 和 $CO(NH_2)_2$ 排出体外。土壤微生物很容易将脲水解转换成氨。

某些普遍存在的专性细菌能通过一系列硝化步骤(需要有氧)将氨基内的化学能释放出来。亚硝化毛杆菌能将铵离子转换成亚硝酸根,硝化杆菌再通过氧化亚硝酸根使之成为硝酸根,从而完成硝化作用的全过程。硝化作用是氮循环中非常重要的步骤,它最终决定着绿色植物所需要的硝酸根转换的速率,从而影响生境条件的生产力。寒冷和干旱地区除了植物光合作用受到气候影响外,土壤内养分释放的速率也极缓慢。死有机物内碳氮比,也会影响细菌分解速率。红桑叶子的碳/氮比很低(C/N = 25),聚集着大量细菌和真菌,分解很快;相反火炬松的碳/氮比很高(C/N = 43),阻碍了微生物活动,分解迟缓。

人们将大量的氮排入河流、湖泊和海洋,引起水域生态系统发生一系列变化,使藻类及其他浮游生物迅速繁殖,物种组成上逐渐由绿藻、硅藻为优势转为蓝藻占绝对优势。极度增殖,使湖水变红发蓝、水质混浊缺氧,同时,水花蓝藻分泌毒素到水中,从而使鱼类、贝类难以生存。这种现象在江河湖泊中称为水华,在海洋中称为赤潮。这都是水域富营养化所造成的环境问题(图1-48)。例如濑户内海在1972年8月17~21日发生过一次持续5天的赤潮,使鱼类死亡达1428万尾,损失约71亿日元。

图1-48 湖泊富氧化

控制水体富营养化进程的措施,主要是尽量减少含氮、磷的各种废水直接排入水体,特别要控制含磷废水的排放。

五、沉积型循环(sedimentary cycle)

1. 磷循环(phosphorus cycle)

磷是生物不可缺少的重要元素。生物的代谢过程都需要磷的参与,如光合作用过程中没有磷就不能形成糖。磷是核酸、细胞膜和骨骼的主要成分,腺苷三磷酸中的高能磷酸键是细胞内一系列生化作用的能量。磷元素不存在任何气体形式的化合物,所以磷的循环是典型的沉积循环。

磷元素一般有两种存在形态:岩石态和溶盐态。磷循环起始于岩石的风化,终于水中的沉积。磷灰石构成了磷的巨大储备库,含磷灰石岩石通过风化和开采活动使处于贮备状态的磷溶解于土壤中,然后进入了陆地上的生态系统,进入土壤中的磷被植物根系吸收,通过食物链进入生态系统内部循环,动植物残体和被淋溶的含磷化合物再返回到土壤中。土壤中的磷以难溶化合物的形式固定下来,另一部分则通过水循环被带入海洋。在海洋中,它们使近海岸水中的磷含量增加,并供给浮游生物及其消费者的需要。而后,进入食物链的磷将随该食物链上死亡的生物尸体沉入海洋深处,其中一部分将沉积在不深的泥沙中,而且还将被海洋生态系统重新取回利用。埋藏于深处沉积岩中的磷酸盐,其中有很大一部分将凝结成磷酸盐结核,保存在深水之中。一些磷酸盐还可能与 SiO_2 凝结在一起而转变成硅藻的结皮沉积层,这些沉积层组成了巨大的磷酸盐矿床。通过海鸟和人类的捕捞活动可使一部分磷返回陆地。但从数量上比起来,每年从岩层中溶解出来的以及从肥料中淋洗出来的磷酸盐要少多了。其余部分则将被埋存于深处的沉积物内(图 1-49,图 1-50)。

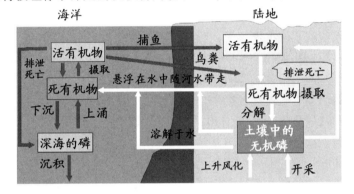

图 1-49 磷循环示意图

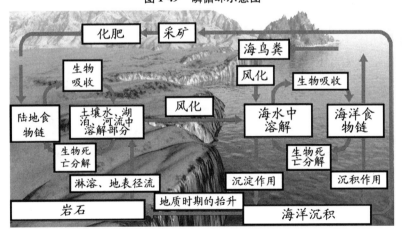

图 1-50 全球磷循环

在全球范围内来看,全球的磷循环是维持相对稳定的,其中陆地生态系统中通过雨水的携带进入海洋的磷在短时间内主要保存于海洋中,少部分返回到陆地生态系统中,大部分经过千百年以特殊的形式沉积起来,再经过地壳运动回到陆地上。

人类对磷循环的影响是大规模开采磷酸盐矿,从而加快了磷流入海洋的速度。陆地上的磷矿是一种有限的资源,如无节制和不合理的开发利用将导致资源的枯竭。在局部地区磷的富集主要是由于人类的施用磷肥和含磷化合物导致的,现在水体污染中含磷化合物的大量使用导致了水体的污染和生物种类组成的变化。如曾经在 20 世纪 50~80 年代大量存在的麻雀,由于人类大量使用含磷化合物,导致了其在局部地区的消失。现在在局部含磷化合物较少的地区麻雀数量又增长起来了。

2. 硫循环(sulfur cycle)

硫是原生质体的重要成分,没有硫则不能形成蛋白。全球磷循环中(图1-49),岩石圈所起的作用占主导地位,而氮循环则以大气圈起主要作用。与之相比,岩石圈和大气圈对硫循环的作用则相同。有3种生物地球化学过程将硫释放到大气中:① 海水飞沫形成气溶胶(4.4×10^6 t/a);② 火山运动(较少);③ 硫化细菌的厌氧呼吸(33~220 t/a)。硫细菌从积水的生物群落中,以及海洋群落还原出S的还原物(如H_2S)。大气中的硫化物则氧化为硫酸盐,再通过干沉降和湿沉降回到地面,每年约2.1×10^7 t返回陆地,1.9×10^7 t返回海洋。岩石风化提供的硫约占一半,随水流入河溪、湖泊,其余一半来源于大气。在入海之前,一部分可利用的硫被植物吸收,沿着植物链,经过分解过程再次被植物吸收。但是,与磷和氮比较,参加陆地生态系统或水域生态系统内循环过程的硫只占很小一部分,因而硫不断地在海洋中沉积损失掉,主要是非生物的沉积过程,如H_2S与铁生成含铁的硫化物(图1-51)。

空气中硫的含量与人的身体健康密切相关,因此,现在往往将硫的浓度作为空气污染严重程度的指标。人类活动对硫循环的影响也很大,主要是生产、生活中化石燃料的燃烧,每年向大气压中输入的二氧化硫为1.47×10^7 t,其中70%来源于煤的燃烧。大气中硫的化合物能很快氧化形成亚硫酸盐和硫酸盐,虽然部分可被植物吸收,但这两种硫酸盐与水汽结合形成硫酸,改变雨水的pH值,当降雨或降雪的pH<5.6时,则称为酸雨。酸雨对人类和大多数生物是有害的。大气中的硫酸即使不形成酸雨,也对人和动物的呼吸道产生刺激作用,如果是细雾状的微小颗粒,还能进入肺,损害人及动物的健康。

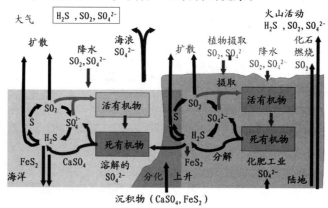

图1-51 硫循环

六、有毒物质的迁移和转化

1. 有毒物质的类型

有毒物质(toxic substance)又称污染物(pollutant),按化学性质分为无机有毒物质和有机有毒物质两类。无机有毒物质主要指重金属、氟化物和氰化物;有机有毒物质主要有酚类、有机氯类农药等。

按污染物的作用分一次污染物和二次污染物。前者由污染源直接排入环境,其物理和化学性状未发生变化,又称原发性污染物;后者是由前者转化而成,排入环境中的一次性污染物在外界因素作用下发生变化，或与环境中其他物质发生反应形成新的物理化学性状的污染物，又称继发性污染物。

工农业生产、交通运输及日常生活产生的污染物或废弃物，不断地排放到周围环境中，造成了大气污染、水体污染、土壤污染、噪声污染、农药污染和核污染等，进入生态系统后，通过食物链富集或被分解，有时则直接对生物产生严重的危害，并导致生态系统结构和功能的改变。部分有毒有害污染物原来就存在于自然界中，如汞、铅、镉等重金属是由于矿山的开发、"三废"的排放进入到生物地球化学循环中；有的并不存在，如放射性锶是由铀分裂（原子弹试验及原子能利用）的结果产生的；农药是人工合成的有机化合物。这些物质随着食物链而移动，在生物体中的浓度随营养级往上而增加，产生生物的富集作用或放大作用。

2. 有毒物质的迁移和转化

迁移（transport）是重要的物理过程，包括分散、混合、稀释和沉降等。这是所有有毒物质都会发生的过程。转化（transformation）主要是通过氧化、还原、分解和组合等作用，会发生物理的、化学的和生物化学的变化。通过迁移和转化能将有毒物质不断稀释和降解，从而减少对人类居住环境的影响。

3. 汞循环（mercury cycle）

汞循环是重金属在生态系统中循环的典型代表。地壳中的汞经过两条途径进入生态系统：一种是通过火山喷发、岩石风化、岩溶等自然运动；另一种是经人类活动，如开采、冶炼、农药喷洒等。

汞在土壤中的行为表现在土壤对汞的固定和释放作用上。由于土壤对汞有固定作用，起到固定和贮存的作用，所以土壤是汞的一个巨大的天然储存库（图1-52）。

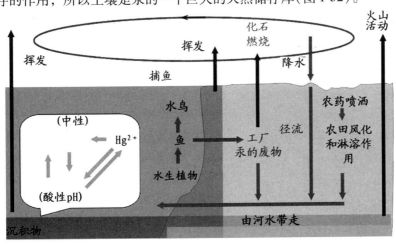

图1-52 自然界汞的迁移和转化

在一定的条件下，土壤中固态的汞又可释放出来，转变为易于被作物吸收的可给态汞。土壤中汞的固定和释放以及植物吸收汞的过程可概括为：固定态汞、可给态汞、植物吸收的汞。

汞在水域中存在的形态与水中氧化还原特性密切相关。汞在水体中可能存在的化学价态有零价的元素汞（Hg^0）、一价的汞（Hg^1）和二价的汞（Hg^2），主要是元素汞和二价汞。一般情况下，水体中的汞主要是金属汞和氯化汞。这就是汞的生物甲基化作用(biological demethylation of mercury)。汞的甲基化作用可在厌氧条件下发生，易于逸散到大气中，进入大气分解成甲烷(CH_4)、乙烷(C_2H_6)和汞，其中元素汞又沉降到土壤或水域中。在弱酸性的水环境中，二甲基汞还可以转化为一甲基汞。在有氧条件下，主要转化为一甲基汞。一甲基汞是水溶性物质，易于被生物吸收而进入食物链。

汞的生物甲基化过程可以概括为图1-53。

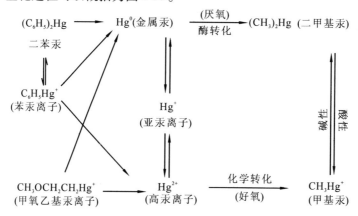

图 1-53　水中汞的生物甲基化过程

当汞被排入水中后，部分被浮游植物硅藻等吸收，而硅藻又被轮虫等浮游动物所取食，浮游动物又被鱼捕食。这样，汞一次又一次地被富集。在顶级营养级的鱼体内的汞含量可高达50～60mg/kg，比原来水体中的浓度高万倍以上，比低营养位的鱼体内汞含量亦高900多倍。

土壤中汞经淋溶作用可以进入水体，水体中的汞也可通过灌溉进入土壤。土壤中的汞化合物可被植物吸收后进入食物链。金属汞进入动物体内可以被甲基化。汞进入生物体内由排泄系统或生物分解，返回到非生物系统中。非生物系统中，有一部分汞进入循环，有一部分进入沉积层。

汞在整个生态系统中的主要循环系统有：大气 → 土壤 → 植物 → 人畜；废水 → 水生植物 → 水生动物 → 人畜；水 → 土壤 → 植物 → 人畜。人畜机体中的汞在残体腐烂、分解后，又重新回到非生物系统。这些主要的循环彼此不是分隔的，而是彼此相联，相互影响的。

重金属的基本化学特性决定了重金属在环境中的存在形式。重金属的基本化学特性主要是形成有机配位体和络合物，形成有机金属化合物和参与氧化还原反应。汞作为一种重金属元素在环境中存在的形态和转化，是生物地化循环研究中一个重要课题。

七、放射性核素循环

1. 概述

放射性物质像许多有毒物质一样，可被生物吸收并积累。元素的同位素可散发射线的称为放射性核素(radionuclide)或放射性同位素(radioisotope)。放射性的辐射性有天然和人工两大类。天然的辐射源来自宇宙射线、土壤水域和矿床中的射线。人工的辐射源主要是医用射线源、核武器试验及原子能工业排放的各种放射性废物。

放射性元素有：锌(^{65}Zn)、锶(^{90}Sr)、铯(^{137}Cs)、碘(^{131}I)、磷(^{32}P)等。有些元素经过裂变或聚变，仅在几秒钟之内便能产生巨大的能量，如铀、钚和氢的同位素氘、氚。有些并不裂变的放射性同位素，如碳、锌和磷等在示踪研究中有重要的意义。

2. 放射性核素的循环

放射性核素可在多种介质中循环，并能被生物富集。不论裂变或不裂变，通过核试验或核作用后都进入大气层。然后，通过降水、尘埃和其他物质以原子状态回到地球上（图1-54）。人和生物既可直接受到环境放射源危害，也可因食物链带来的放射性污染而间接受害。放射性物质由食物链进入人体，随血液遍布全身，有的放射性物质在体内可存留14年之久。

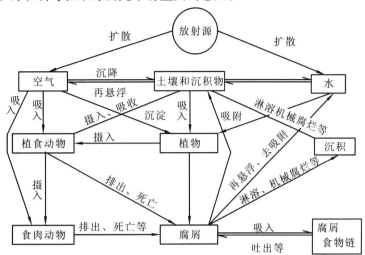

图1-54　放射性元素在生态系统中的迁移过程

核电站排出的放射性物质一般放射活性很低。来自核电站水中的放射性污染使水中微量元素被激活，产生放射性同位素。大部分放射性同位素以废物形式被处理，遗留下来的很快分解，残存剂量多在检测水平以下。

陆地生态系统放射性核素主要来自大气颗粒的沉降以及液体和固体的废弃物。生态系统中的植物通过叶子在大气中既可拦截污染颗粒，又可吸收放射性核素。植物还可以从土壤、落叶层中吸收放射性核素。从植物开始，放射性核素通过食物链在生态系统中迁移。例如，^{90}Sr和^{137}Cs是生物地化循环中最为重要的两种放射性物质。放射性锶与稳定性元素钙的化学性质类似，与钙一起参与骨组织的生长代谢。^{90}Sr和^{137}Cs虽然在化学性质上分别与稳定性元素钙和钾类似，在体内也积累在同一部分，但它们很容易通过牧食动物进入食物链，特别是那些降水量高并且有少量钙或其他营养物质的地区。北极冻原地区由于过去战争的原因，已有相当数量的放射性尘埃了。该地区的主要植物——苔藓类就已吸收了降落在它们上面的放射性颗粒。主要污染物质^{90}Sr和^{137}Cs从苔藓植物开始，在食物链中转移。从白腰驯鹿（*Rangifer caribu*）和驯鹿到野生食肉动物，然后再转至人类。因为，白腰驯鹿整个冬季都取食苔藓，春季时肉中^{137}Cs的含量要比秋季高3~6倍。白腰驯鹿是当地人的主要食物资源。对于北方阿拉斯加土著人，在春季向北迁移时宰杀动物，然后贮存其肉作为春末夏初的食物。这样，爱斯基摩人春季体内^{137}Cs的含量经常会提高50%，而当夏季新鲜鱼类食物增加时，又随之下降。

各种放射性核素在环境中经过食物链转移进入人体，其进入人体的速度和对人体的作用受许多因素的影响，包括放射性核素的理化性质、气象、土壤等环境因素，动植物体内的代谢情况及人们的饮食习惯等。放射性核素进入人体后，其放射线对机体产生持续照射，直到放射性核素蜕变成稳定性核素或全部被排出体外为止。就多数放射性核素而言，它们在机体内的分布是不均匀的。

放射性核素对水域生态系统的污染大都是来自核电站排出的废物。进入水中的放射性物质成为水底的沉积物，并在淤泥和水之间不断循环。有些沉积物会被底栖动物和鱼类所吞食。某些海产动物，如软体动物能富集^{90}Sr；牡蛎能富集大量^{65}Zn；某些鱼类能富集^{55}Fe。在食物链中，放射性核素浓度一般随营养阶层增高而增加。

八、生物地化循环与人体健康

1. 地方病

由于环境条件的不同，地表元素发生迁移，常造成一些元素在地表分布的不均。这种生物地化循环时常导致某些生态系统中生命元素含量的异常，或不足，或过剩，从而造成植物、动物乃至人类的疾病。这种疾病常呈区域性，故称"地方病"。

人与其他生物一样，除了所必需的大量元素外，还需要铁、锰、硼等微量元素，在正常情况下，这些元素在人体内处于相对稳定状态。一旦稳定状态遭到破坏，病变就会发生。微量元素在人体内含量虽少，但对保护人体健康和生物的生长发育都有重要意义。

2. 微量元素碘

（1）缺碘症

碘是人体必需的微量元素。人体缺碘会引起甲状腺肿大、智力下降等一系列严重后果。而缺碘症（iodine deficiency disorder，IDD）是流行广、危害大、受害人数多的一种病症，世界上有110多个国家约有10多亿人患有此病，中国有20多个省市约4.25亿占40%的人口在此病区，北京也是缺碘地区，病区人口也达500万。在缺碘区中，每个人都处于"隐性碘饥饿状态之中"。碘缺症影响到甲状腺激素的形成，影响到脑神经细胞的发育，影响到体格的发育和基础的代谢。孕妇缺碘可致早产、死产、先天性畸形儿、先天聋哑儿等。

（2）碘的分布

大多数碘化物，除银、汞、铅、铋等碘化物外都易溶于水。碘具有分散度高，迁移性强的特点。据考察，碘的分布相当广泛而不均匀，是"山区少于平原，平原少于沿海，沿海少于海洋"。这是由于高原地区碘化物经过雨水的冲刷，被流水带入海洋的缘故。在第四纪冰川期，亚洲、欧洲和北美洲等大陆被2000m厚的积雪覆盖，溶化时冲走了表层含碘丰富的成熟土壤。成熟土壤冲走后，陆地表露出来的母岩逐渐碎裂，形成新的土壤，新土中含碘量极少，约为成熟土壤的1/4，近代水流仍然不断带走地表中的碘。据统计，要经过1~2万年才能把生土中的碘补充到成熟土壤的程度。所以，对缺碘地区，必须长期进行人工补碘。

针对土壤中缺碘引起的疾病，我们国家采取了一系列措施来补充植物中碘的不足，如食盐中加碘，提高含碘丰富食物的摄入量等，通过这样一些措施，使得由于地方性缺碘引起的疾病得到控制。

（3）碘的循环

碘由陆地随水进入海洋，由海洋逸出进入大气，再通过降水进入陆地，形成一个大循环。在生物中，通过海洋、陆地两个食物链保护碘的生态平衡。所有生物中的碘，最终都要返回土壤、海洋中，由微生物分解成元素碘，继续被植物吸收利用（图1-55）。

土壤黏土矿物和有机质可固定碘。自然土壤中的含碘量与黏粒（<0.005μm）含量呈显著的正相关，土壤黏度越重，其吸附碘的能力越强。黏土比砂土含碘量高。

碘与甲状腺素在人体内所起的生物效应是：调节能量转换；促进生长发育；促进蛋白质的合成；活化100多种酶；维持中枢神经系统的结构以及保持正常精神状态和新陈代谢等重要功能(图1-56)。缺碘，可导致动物和人体一系列生理生化的紊乱，可引起甲状腺机能降低和肿大，免疫反应减弱，厌食，繁殖机能减退，生活力下降直至死亡。

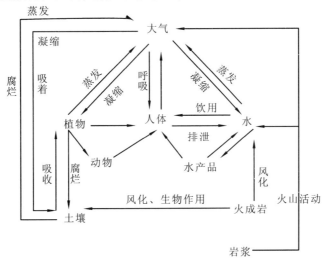

图 1-55 碘的生物地化循环

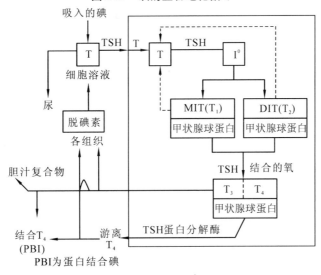

图 1-56 碘及甲状腺素在人体内的代谢

3. 硒与癌症

近20年来，在许多流行病调查及致癌实验中显示硒(Se)对实验肿瘤具有抑制作用。硒是生命的必需元素。近年来它已成为国内外最受重视的微量元素之一。在我国已用硒预防克山病、大骨节病等。还认为硒可防癌、抗衰老等。近年来国际上已开多次以硒为专题的医学会议。

硒是类金属元素，硒化合物一般有 -2、0、$+4$、$+6$ 四种价态。硒在土壤中的分布呈现地带性差异，据20多个国家报道可以看出，在地球的南北半球各有一条大致30°以上的中高纬度的缺硒分布带。在我国由东北向西南有一低硒带。克山病和大骨节病即流行于这一带。土壤中平均含硒量约为 0.1mg/kg。

硒在天然水中以 Se^0、Se^{2-}、Se^{4+}、Se^{6+} 状态存在。地表水和地下水的硒平均变动范围在 $0.1\sim400\mu g/L$，含量主要决定于地质结构的特征，地表水的硒含量受 pH 的影响也很大。土壤中的硒以亚硒酸铁形态束缚存在，一般累积在富铁层中。在富含有机质和腐殖质的土壤中易积累硒。硒氧化成比较易溶的硒酸。由于淋溶作用硒可从土中排出。灌溉水中增加微量硒，可明显提高植物各部分的含硒量。农作物、牧草等都对硒有一定的富集作用。在生物体内的硒都是以有机物，硒蛋白质的形式存在，将硒蛋白质水解证实硒主要以硒代半胱氨酸的形式存在(图 1-57)。

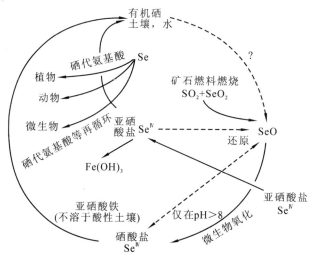

图 1-57

早在 1915 年有人提出硒的抗肿瘤作用。G. Schrauzer 进行了大量调查，指出低硒与肿瘤发病率的相关性。其中在 27 个国家的调查得到相似的结果。我国江苏启东为肝癌高发区，这里也发现肝癌与环境中硒有一定的关系。硒的防癌机理受到关注。Watterberg 提出硒的防癌、抗癌可能有如下作用：① 改变致癌物的代谢途径，使之失活；② 改变膜的通透性和运输功能；③ 清除致癌物的代谢活性物质，如自由基，使之不能达靶部位；④ 刺激免疫反应，提高免疫系统的保护能力，维持细胞正常代谢功能，及对致癌物的解毒作用等。

九、风景园林生态系统中养分循环的主要特点及其应用

1. 风景园林生态系统中养分元素循环的主要特点

风景园林生态系统中养分元素的循环除了遵循以上的基本规律外，还具有以下特点：

（1）养分循环以生物化学循环和地球化学循环为主

在风景园林生态系统中，由于人为投入较多的物质和能量，而流出系统的物质和能量也相对较高，因而系统之间的地球化学循环相对较高。同时植物体内部之间养分元素的再次分配也较高，因为在城市园林环境下，植物获得养分元素往往不够，这时为了保证植物的正常生长，往往将能再次利用的元素分配给生长中心（如根尖、茎尖等），这就是植物体内部之间养分元素的再次分配。园林生态系统由于物种较少，草牧食物链和食物网较简单，而腐屑食物链由于人工的清理作用而显得很弱，因而在风景园林生态系统中养分元素的循环以生物化学循环为主，而生物地球化学循环相对较弱。

(2) 人工投入养分的量相对较多

所有生态系统中养分元素的绝大部分来源于土壤，除此之外，不同生态系统的养分元素的补充途径、方法和数量不一致。

由于风景园林生态系统主要是以观景为主，兼顾休闲，因而必须投入大量的人力和能量来进行维护。其中投入大量植物所必需的养分元素，绝大部分是氮、磷、钾，生产上大多是用复合肥。另一些是植物生长不需要但维持植物生长所必需施用的一些物质，如施杀虫剂和杀菌剂。通过大气和其他途径输入的养分元素相对较少。而在自然生态系统中，人工投入的养分元素基本上没有，只是通过大气和尘降等途径获得养分元素，并将这些养分元素积累起来。

(3) 养分元素流失量相对较大

与高投入的养分元素相比，风景园林生态系统中的养分元素的流失量也相对较大，除了自然生态系统中被雨水冲刷、淋洗流失的原因外，还有相当一部分是以枯枝落叶的形式被人为收集走而流出系统，另一部分是为了维持良好景观而对植物人为地修剪，而被修剪掉的植物体部分被收集走而使养分元素流失。

(4) 人为地控制养分元素的流失是降低养分成本的有效方法

对于风景园林生态系统的维持成本一方面需要不断地对植物进行修剪，另一方面养分元素的不断被消耗而需要不断地进行补充。这两方面都可以在风景园林生态系统的设计过程中通过有目的地选择植物而得到优化。如降低植物的修剪次数而减少养分元素的损失，而降低植物的修剪次数可以选用一些观赏性强而生长缓慢的植物，当然植物必须耐修剪能力强。而减少植物养分元素不断被消耗则可以选择一些本身具有固定养分元素功能的植物，如蝶形花科的一些植物，由于这类植物具有固氮能力，所以能不断将大气中的氮固定下来作为本身生长所需的养分元素，不断地提高系统中的养分元素的量，从而可以减少人为养分元素的投入，总体上降低了成本。

2. 植物体养分元素的直接循环

指植物体菌根的菌丝体侵入新落下的凋落物质后，由菌丝进入凋落物内部使之分解，并吸收被矿化后的养分，其中养分的一部分可被有菌根的植物所利用。

这一过程中省去了经过养分被分解进入土壤溶液的过程。同时也防止养分元素流失。

3. 减少风景园林生态系统中养分投入的措施

(1) 在一些有条件的园林植物构成的小片丛林中，在收集了枯枝落叶后可适当堆积在系统内，通过微生物的分解，使养分元素回归土壤，提高土壤肥力，减少能量流失。同时也减少人为投入，降低运行成本，使风景园林生态系统更好地演替；

(2) 对园林植物的养护采取科学决策，以较少的投入维持系统的运行。对植物采取定量施肥，只补充植物所损失的量，一方面可降低成本，另一方面又可减少对环境的污染。对于病虫害的防治采取综合防治措施，并把综合防治贯穿规划设计到养护的整个过程，尽量避免施用杀菌剂和杀虫剂，减少对环境的污染，降低成本，维持物种的多样性；

(3) 对植物的修剪制定合理的修剪时间。如落叶的植物可以在冬天修剪可减少养分的损失；植物修剪应在施肥前，以使植物损失的养分元素尽快恢复。同时对于植物被修剪的枝条尽可能进行养分分析，在对土壤中养分分析的基础上，针对性施用肥料；

（4）在对植物施肥过程中，尽量施用有机肥，以改善土壤的物理结构和理化性质，促进植物生长。使植物开花多、颜色艳、果实大而多、枝叶茂密、冠幅宽大；

（5）在植物景观设计中，依据土壤的特点选择合适的植物。植物由于其特性的不同，所以对环境的要求也不同，同时对环境的改善作用也不同。为了尽量减少养护成本，提高植物的成活率，维持好的植物景观，必须做到适地适树，对于特殊的地段可以改土适树，使植物生长健康，发挥最佳的景观效果。

第四节　自然生态系统

一、自然生态系统格局

1. 生态系统类型

生态系统可分为陆地生态系统、湿地生态系统和水域生态系统三大类。下面又可进行细分（图1-58）。

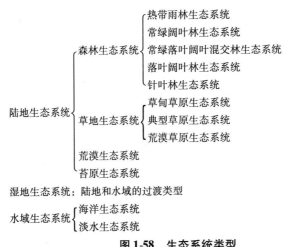

图1-58　生态系统类型

2. 陆地生态系统的分布规律

（1）纬度地带性

由于太阳高度角及其季节变化因纬度而不同，太阳辐射量及与其相关的热量也因纬度而异，从赤道向两极温度递减。

由于热量沿纬度变化，出现群落和生态系统类型的有规律更替，如从赤道向北极依次出现热带雨林、常绿阔叶林、落叶阔叶林、北方针叶林与苔原（图1-59）。

（2）经度地带性

在北美和欧亚大陆，由于海陆分布格局与大气环流特点，水分梯度常沿经向变化，因而导致群落和生态系统经向分布，即由沿海湿润区的森林，经半干旱的草原至干旱的荒漠。

与纬度地带性表现的自然规律不同，经度地带性是局部大陆的自然地理现象。

（3）垂直高度地带性

海拔高度每升高100m，气温下降0.4~0.6℃，降水最初随高度增加而增加，超过一定

第一章　风景园林生态系统是一个复杂的功能系统

图 1-59　森林生态系统的分布规律

高度随高度增加而降低。由于海拔高度的变化，常引起群落和生态系统有规律的更替。表现垂直带谱：山地季雨林、山地常绿阔叶林、落叶阔叶林、针阔混交林、针叶林、高山矮曲林、高山草原与高山草甸、高山永久冻土带。

二、森林生态系统

1. 森林生态系统分布规律与分布

森林可分为热带雨林、常绿阔叶林、季雨林、落叶林、荆棘林、荆棘灌丛和荒漠灌丛几类。它们的分布符合生态系统的纬度地带性。

（1）热带雨林生态系统

热带雨林是目前地球上最大的森林生态系统，据美国生态学家 1972 年估算，热带雨林面积约占地球上现存森林面积的一半。热带雨林主要分布在南美洲的亚马逊盆地，非洲的刚果盆地和东南亚的一些岛屿。我国西双版纳与海南岛南部也有分布。热带雨林主要分布在赤道两侧的湿润区域，温度的日变化 2~9℃，月平均温度都在 20℃ 以上，年平均气温约 26℃，年降水 2500~4500mm，全年平均分布，无明显旱季，多在中午降大雨，雨后很快天晴，常年多云雾，日照率低。

热带雨林：常绿的、具湿生特性的，以高度超过 30m 的乔木，粗茎的藤本、木本和草本附生植物为主要植物的生态系统。是地球上植物种类成分最丰富的一种生态系统。热带雨林的叶色变化不明显，全年都呈深绿色。热带雨林是地球上结构最复杂的植物群落。

物种特征：板状根乔木、层间植物。

热带雨林有如下特点：

①种类组成极为丰富　据统计，组成热带雨林的高等植物种类在 45 000 种以上，主要为木本乔木、藤本植物和附生植物。

②群落结构复杂　乔木第一层异常高大，常达 46~55m，最高达 92m，树干细长，树冠宽广，有时呈伞形；第二层一般 20m 以上，树冠长、宽相等；第三层 10m 以上，树冠锥形而尖，生长极其茂密；乔木层以下为灌木层，再下为稀疏的草本层，地面裸露或有薄层落叶。

雨林中的藤本植物相当发达，成为热带雨林的重要特色。其中大藤本植物的枝叶上，其组成包括藻类、菌、苔藓、蕨类和高等有花植物。

附生植物是雨林的主要特征。附生植物多长在乔木、灌木或藤本植物的枝叶上，可形成空中花园的景观。

③乔木具特殊构造

具板状根：主要起稳定植物不倒的作用，其中第一层乔木的板状根最发达，第二层次之，一般每树具3~5条，多的可具十余条。

具茎花：即由短枝上的腋芽或叶腋的潜伏芽生花，且多一年四季开花。

④群落无明显的季相交替　雨林乔木叶子平均寿命13~14个月，零星添新叶，雨林开花植物多为四季开花，所以季相变化不明显。

(2) 常绿阔叶林生态系统

常绿阔叶林为亚热带湿润地区由常绿阔叶树种组成的地带性森林类型。在日本称照叶树林，欧美称月桂树林，中国称常绿栎类林或常绿樟栲林。这类森林的建群树种都具樟科月桂树叶片的特征，常绿、革质、稍坚硬，叶表面光泽无毛，叶片排列方向与太阳光线垂直。

常绿阔叶林是分布于东亚热带的植物群落。世界上比较大的常绿阔叶林有三处：一处在南美的西海岸及中部、东海岸巴西的南部；一处在澳洲的北部；另一处就在我国的南部。

我国的常绿阔叶林位于常雨林之北，绵延成一大片，典型的常绿阔叶林约有80%的种类是常绿阔叶树，其余的种类是落叶和常绿针叶树种。常绿阔叶树的叶子大多为单叶革质，远远望去一片深绿，半圆形的树冠此起彼伏，整齐壮观。革质叶的叶面光滑，能反射日光，它们的叶总是位于和日光照射成直角的方向，故常绿阔叶林又称为"照叶林"。

常绿阔叶林群落外貌色彩比较一致，常年呈浓绿色。群落内部结构比较简单，可分为乔木层、灌木层和草本层。乔木层通常有1~2层，林木高、树冠大，各树冠彼此相连，覆盖着整个森林。林下灌木层和草本层比较繁茂。苔藓植物在林下只有小片生长在土壤、裸露的岩石、树根和树干上，但在沟谷或特别潮湿的常绿阔叶林内，苔藓植物相当丰富。藤本植物、附生植物和寄生植物也比较普遍。

常绿阔叶林群落的种类组成比较复杂，主要以壳斗科、樟科、山茶科、杜鹃花科、山矾科和冬青科等植物为主，还有一些常绿针叶树，如松柏、杉木、紫杉、榧子、油杉、铁杉等。常绿阔叶林是我国资源植物最富饶的产区之一，它有极为多样的木材资源，如杉木、楠木、樟木、栎木等，都是著名的良材，这里还广泛生长着油桐、漆树、茶叶、柑橘、棕榈等经济林木，并大量生产银耳和香菇。我国南方的常绿阔叶林，是我国亚热带地区具有代表性的植被类群。它们适应温暖湿润的气候、深厚肥沃的土壤，分布幅度比较广泛，具有涵养水源的潜力。

(3) 落叶阔叶林生态系统

落叶阔叶林生态系统的植物群落为落叶阔叶林，它是温带地区湿润海洋性气候条件下的植被，分布于中纬度湿润地区，世界范围内主要分布在3个区域：北美大西洋沿岸，西欧和中欧海洋性气候的温暖区和亚洲中部。在亚洲主要分布于东部沿海的区域，包括中国、朝鲜和日本的北部。我国有长白山区海拔700m以下的低山、丘陵、东北南部、华北平原、黄土高原南部、秦岭至淮河一线以北广阔地区。主要树种是壳斗科中的落叶树如栎属、栗属和山毛榉属等；其次是桦属、赤杨属、榆属、朴属等。林下灌木和草本植物极为丰富。

落叶阔叶林生态系统有着明显的季节更替。由于冬季寒冷,时间又长,植物的秋季落叶是防止干旱和寒冷的一种适应。冬季光秃的树干,林内明亮、干燥。夏季呈现一片绿色。落叶阔叶林的结构简单而清晰。多为乔木层、灌木层、草本层和地被层,而藤本和附生植物不多见。落叶阔叶林生态系统中巨大的绿色植物生物量仅养活着少量的动物,而动物生物量又集中在土壤动物上。

(4)针叶林生态系统

针叶林生态系统(coniferous forest ecosystem)处于北半球高纬度地区,面积约1200万km^2,仅次于热带雨林生态系统,居第二位。由于处于寒温带,纬度跨度大,气候状况多样。一般说,大陆性气候明显。年平均气温多在0℃以下,夏季最长也仅一个月,最热月平均$15 \sim 22$℃;冬季漫长,达9个月之久,最冷月平均$-38 \sim 21$℃。降雨多集中在夏季。

针叶林生态系统生物成分贫乏,乔木以松、杉为主,有云杉和冷杉,还有西伯利亚松等。多为单优种、森林,树高20m左右,与阔叶林有明显区别。林下落叶层很厚,分解缓慢,树木根系较浅。针叶林终年常绿,但因冷季长,净初级生产力低。动物种类较少,许多动物有季节性迁徙现象,多数有休眠。

2. 森林生态系统的主要特征

(1)物种繁多、结构复杂

世界上所有森林系统保持着最高的物种多样性,仅热带雨林生态系统就有约200~400万种生物。森林生态系统比其他生态系统复杂。具有多层次,有的多至7~8个层次。一般可分为乔木层、灌木层、草本层和地面层等4个基本层次。明显的层次结构,层与群纵横交织,显示系统复杂性。森林生态系统中除了植物外,还有大量的野生动物,象、野猪、牛等植食动物,鸟类、蛙类、蜘蛛等一级肉食动物,狼、狐等二级肉食动物,还有狮、虎等凶禽猛兽。此外,还有杂食和寄生动物等。

(2)森林生态系统类型多样

森林生态系统既有明显的纬度多样性,也有山地的垂直分布带,是生态系统中类型最多的生态系统。如我国的云南省,从南到北依次出现热带雨林、季雨林、南亚热带季风常绿阔叶林、中亚热带、北亚热带寒温性针叶林带等。在高海拔地区森林有明显的垂直分布规律。

森林生态系统有许多类型,形成多种独特的环境。高大乔木宽大的树冠能保持温度的均匀。密集林冠内,树干洞穴、树根隧洞等都是动物栖息场所和理想的避难所。

(3)系统的稳定性高

森林生态系统的形成经历了漫长的发展历史,形成了内部物种丰富、群落结构复杂、各类生物群落与环境相协调、群落中各个成分之间以及与环境之间相互依存和制约,保持着系统的稳定性。森林生态系统具有很高的自动调控能力,这是与它的物种多,食物网复杂相一致的。

(4)生产力高、现存量大,对环境影响大

森林具有巨大的林冠,伸张在林地上空,似一顶屏障,使空气流动变小,气候变化也小。森林生态系统是地球上生产力最高,现存量最大的生态系统,是生物圈的能量基地。每公顷森林的年生产干物质的量是12.9t,而农田是6.5t,草原是6.3t。

3. 森林生态系统的功能

具有综合的环境效益 除了为我们提供基本的林产品外,森林的主要功能还是在环境效益上。主要体现在吸收 CO_2 放出 O_2、分泌杀菌素、吸收有毒气体等方面。

调节气候　庭荫树能在夏季降低温度，树冠阻拦阳光而减少辐射热，给人带来舒适的感受。植物的树冠对太阳辐射有再分配的功能。太阳辐射是光和热的来源。投射到树冠上的太阳辐射有 10%~15% 被树冠反射，36%~80% 被树冠吸收，透入林内的光照只有 10%~20% 左右。森林的蒸腾需要吸收大量的热，每公顷生长旺盛的森林，每年要向空中蒸腾 8000t 水，消耗 40 亿卡热量。所以森林具有很好的降温作用。

由于树冠的大小不同，叶片的疏密度、质地等不同，所以不同树种的遮荫能力也是不同的。遮荫力愈强，降低辐射热的效果愈显著。据测定 15 种合肥城市庭荫树结果显示，夏天树荫下平均能降低温度 4℃ 左右。而以银杏、刺槐、悬铃木等为好。在城市中，大量的树木花卉、草坪均能降低温度，改变小气候。当树木成片成林栽植时，不仅能降低林内的温度，而且由于林内、林外的气温差而形成对流的微风，即林外的热空气上升而由林内的冷空气补充，这样就使降温作用影响到林外的周围环境。微风可降低人体皮肤温度，促使人体水分蒸发，而使人感到舒服。

涵养水源，保持水土　树木树冠厚大，郁闭度强，截留雨量能力强，通过树冠的截留作用，使得部分降水沿着树干下渗到土壤中补充地下水，增加了土壤中的含水量；同时减少了地表径流量，延时不同地段洪峰的时间。同时树木根系发达，纵横交错的根系将土壤牢牢固定，减少了土壤被冲刷的可能性；另一方面由于树冠的遮挡作用，使得降雨对土壤的直接冲刷作用减弱，从而避免了土壤直接被雨水冲洗。

作为生物遗传资源库　森林中物种丰富，是地球上生物多样性的保证。

三、草原生态系统

草原生态系统（grassland ecosystem）是以各种多年生草本占优势的生物群落与其环境构成的功能综合体，是最重要的陆地生态系统之一。由于草原是内陆半干旱到半湿润气候下的产物，这里的降水不足以维持森林的成长，却能支持耐旱的多年生草本植物的生长，所以辽阔无林。

1. 草原生态系统的类型和特点

（1）草原生态系统的类型

草原可分为温带草原和热带草原两类生态系统。我国草原生态系统是欧亚大陆温带草原生态系统的重要组成部分。面积 400 万 km^2，占国土面积的 1/5。我国的草原生态条件复杂多样，海拔高度差别较大，由东向西气候变得干燥，可将草原分为荒漠草原、典型草原和草甸草原三类（图 1-60）。

荒漠草原 ←降水减少/辐射量增加— 典型草原 —降水增加/辐射量减少→ 草甸草原

图 1-60　我国草原的类型

草甸草原是最湿润的类型，多分布在森林与干草原的中间地带，如呼伦贝尔等地，年降水量为 350~420mm，群落茂密而高大，有人称为高草草原，生产力较大，是优质草场。典型草原是草原中的典型类型。分布于比草甸草原更干燥的地区，以锡林郭勒草原为代表，年降水量为 218~400mm，建群种为旱密丛禾草植物，一般层次分化明显，第一层 50cm 左右，第二层20~25cm，第三层高度多在10cm以下。荒漠草原是草原中最旱的类型，分布于锡林郭勒往西到二连浩特、鄂尔多斯西部一带。建群种由强旱生丛生小禾草组成，年降水量仅150~280mm。草原生产力较低，但草原质量较好。

(2) 草原生态系统的特点

a. 草原生态系统中生产者的主体是禾本科、豆科和菊科等草本植物，优势植物以丛生禾本科为主。

b. 垂直结构通常分为三层：草本层、地面层和根层。

c. 气候(温度)对草原植物有明显的影响。

d. 草原生态系统中的初级消费者有适于奔跑的大型草食动物、穴居的啮齿动物以及小型的昆虫等，食肉动物有狼、狐、鼬、猛禽等。

e. 初级生产量在所有的陆地生态系统中居中等或中等偏下水平。

2. 草原环境现状

20世纪60年代以来，草原生态系统普遍出现草原退化现象。20世纪70年代中期，全国退化草原面积占草原总面积的15%，20世纪80年代中期，增加到30%以上。全国草原退化面积以1000~2000万亩*的速度扩展。

草原退化的主要表现：群落优势种和结构发生改变；生产力低下，产草量下降；草原土壤生态条件发生巨变，出现沙化(sandification)和风暴；固定沙丘复活、流沙掩埋草场；鼠害现象严重；动植物资源遭破坏，生物多样性下降。

3. 草原环境恶化的原因

(1) 超载放牧　由于人口过多，为了满足生存的需求，不得不超载放牧，导致了草原环境的恶化；

(2) 不适宜的农垦　在某些生态脆弱地带，人为过量开垦，导致系统从草原向荒漠进行退化，从而导致整个系统状况的恶化；

(3) 人类对资源的掠夺性开采　在草原生态系统中某些资源，如植物或矿产，为了能在眼前获得小利，往往对这些资源毁灭式地开采，导致了资源的枯竭和环境的恶化。

4. 草原生态系统恢复和保护对策

(1) 实行科学管理　对不同类型的草原制定不同的开发和利用制度，对一些脆弱地带的草原采取保护措施，对一些水肥条件较好的地方，在保护的基础上加以开发，最终促进草原生态系统的良性发展。

(2) 发展人工草场　人工草场是解决当前超载放牧的途径之一。人工草场由于可以人为投入较多的能量和进行精细管理，使得单位面积上能承载牲畜数量大大增加，这一方面可以提高草场的生产力，增加牧民的收入，同时也可以很好地保护草原避免由于过度放牧所造成的环境恶化。

(3) 建立牧业生产新体系　调整以往的牧业产业结构，改变以往单一结构模式，增加产品加工特别是畜牧产品的深加工，提高产品的附加值，增加牧民收入。

---

* 15亩 = 1公顷

四、荒漠和苔原生态系统

1. 荒漠生态系统类型与特征

(1)荒漠生态系统(desert ecosystem)：是地球上最为干旱的地区，其气候干燥，蒸发强烈。由超旱生的小乔木、灌木和半灌木占优势的生物群落与其周围环境所组成的综合体。有石质、砾质和沙质之分。习惯上称石质、砾质的荒漠为戈壁(gobi)，或戈壁沙漠(gobi desert)，沙质荒漠为沙漠(sandy desert)。

(2)荒漠生态系统的特征：环境严酷 表现为降水稀少，气候变化剧烈，土壤中的养分元素含量低，含水量少；荒漠生物群落极为稀少，植被丰富度极低 除了少量极耐旱的生物能生存下来，一般植物无法生存；植物群落以超旱生小乔木和半木本植物为优势物种；生态系统生物物种极度贫乏，种群密度稀少，生态系统脆弱。

2. 荒漠化及荒漠化防治

荒漠化(desertification)：是指在干旱、半干旱地区和一些半湿润地区，环境遭到破坏，植被稀少或缺少，土地生产力明显衰退或丧失，呈现荒漠或类似荒漠景观的变化过程。我国的荒漠化土地占国土面积的8%。

荒漠化的主要危害表现在：对土地资源的损害；造成作物死亡；毁坏各种建设工程；损害水利与河道；对通讯和输电线路的危害；引起沙尘暴。

荒漠化防治对策：加强领导；重视保护濒临荒漠化的生产性用地；加强综合整治工作；因地制宜进行治理。

3. 苔原生态系统的特征

苔原生态系统(tundra ecosystem)是由极地平原和高山苔原的生物群落与其生存的环境所组合成的综合体，主要特征是低温、生物种类贫乏、生长期短、降水量少。

我国的苔原为山地苔原，存在于温带东部的长白山和西部的阿尔泰山高山带。

五、湿地生态系统

1. 湿地生态系统的概念

湿地生态系统(wetland ecosystem)：是指地表过湿或常年积水，生长着湿地植物的地区。湿地是开放水域与陆地之间过渡性的生态系统，它兼有水域和陆地生态系统的特点，具有独特的结构和功能。

湿地生态系统的功能：天然的基因库；潜在资源；净化功能；气候和水文调节等功能。

2. 湿地及其主要服务功能

湿地定义：湿地指不论其天然或人工、永久或暂时的沼泽地、湿原、泥炭地或水域地带，常带有静止或流动，咸水或淡水，半碱水或碱水水体，包括低潮时水深不过6m的滨岸海域。

湿地的主要服务功能：

(1)天然的基因库 湿地独特的环境为多种植物群落提供了基地。我国湿生植物100余种、湿生药用植物250余种。我国著名的杂交水稻所利用的野生稻亦来源于湿地。动物中有些脊椎动物永久的生活在湿地上。

(2)潜在资源 湿地是许多粮食植物重要生境。生长在水淹土壤的水稻是世界50%以上人口的粮食，占世界总耕地的11%。湿地还有一部分可以开辟为耕地、林地或者牧场。如三江平原已由"北大荒"经过排水、开发成"北大仓"。

(3) 净化功能　湿地生态系统决不是污水坑，而是有重要的净化水源的功能。被誉为自然界的"肾脏"。主要通过以下途径发挥作用：排除水中的营养物质，特别是氮、磷和重金属元素；阻截悬浮物，通过吸附、植物的吸收、沉降等作用使水体得到改善；降解有机物，湿地的pH值都偏低，有助于酸催化水解有机物；浅水湿地为污染物的降解提供了良好的环境。湿地厌氧环境为某些污染物的降解提供了可能。

(4) 气候和水文调节等功能　湿地地表积水，底部有良好的持水性，是一个巨大的贮水库。湿地生态系统通过强烈蒸发和蒸腾作用，把大量的水分送回大气，调节降水，使局部气温和湿度等气候条件得到改善。湿地具有削减洪峰、蓄纳洪水，调节径流的功能，在防洪和提供旅游资源等方面都起到了重要作用。

3. 湿地的保护

湿地具有许多重要的功能，但是现实中湿地破坏却十分严重，如何保护现有的珍贵的湿地资源，各国政府采取了一系列措施。1971年全球政府间的湿地保护公约《关于特别作为水禽栖息地的国际重要湿地公约》(简称《湿地公约》)诞生；到1999年已有96个国家加入《湿地公约》。中国于1992年正式加入。我国目前已建立各类保护区152处，有7个自然保护区被列为国际重要湿地。

对于湿地资源的保护可采取以下一些措施：

(1) 要制止湿地面积的日益缩减　人类活动对于湿地的破坏严重，它属于生态系统中受威胁最重的系统之一。面积丧失严重。过去30年，在所有国家，湿地的转化十分迅速，泰国的红树林湿地从368 000hm^2降至290 000hm^2。我国洞庭湖的面积缩减也十分严重，现在面积不到过去的60%。

(2) 合理控制、调节水文，改善湿地生境　水位是湿地生态系统的重要特征，水位的调整能控制植被，改变植被多样性，以及恢复退化的湿地，以此控制野生动物的种类。与此同时，要关注水质，水质是湿地兴衰的保证。尽管湿地具有净化水中毒物、杂质的功能，但是过度排放会引发湿地的衰败。

(3) 将合理利用与自然保护相结合　将适度开发利用与自然保护结合起来，以维持生态系统的稳定性，又能达到提高能量利用的目的。湿地是多种经济的自然资源，应坚持经济效益与环境效益相统一。

(4) 加强湿地生态系统的可持续性研究　特别是对于湿地的起源、形成、发育的历史背景、发展过程及调控机理模拟研究，湿地生态系统的评价等方面。

思 考 题

一、基本概念

生态系统　食物链　食物网　生物生产　生物量　生产量　生物地化循环　生物积累　生物浓缩　生物放大　有毒物质　湿地　湿地生态系统

二、简答题

1. 生态系统构成的三个必备条件是什么？生态系统有哪些特点？
2. 构成生态系统的六大组成成分是什么？
3. 生态系统的结构特征包括哪些？
4. 研究食物链和食物网有什么意义？
5. 任何一个生态系统都具有三个基本的功能特征是什么？
6. 与一般生态系统相比，风景园林生态系统的基本特征有什么特点？风景园林生态系统的服务功能体现在哪些方面？
7. 影响初级生产的因素有哪些？
8. 初级生产量和次级生产量的测定方法有哪些？
9. 资源分解有哪些理论意义和实践意义？
10. 生态系统中能量流动有什么规律？能量流动的途径有哪些？
11. 如何对生态系统中能流进行分析？
12. 风景园林生态系统的能量流动具有哪些独特的特点？
13. 研究物质循环有什么意义？
14. 植物所必需养分元素包括哪些？
15. 生物地化循环的特点
16. 水循环的意义
17. 风景园林生态系统中的水循环有什么特点？
18. C、N、O、P、S循环各有什么特点？有毒物质和放射性元素的循环各有什么特点？
19. 碘和硒对人体健康有什么意义？
20. 风景园林生态系统中养分元素的循环有哪些特点？
21. 如何应用风景园林生态系统中养分循环的特点来降低养护成本？
22. 陆地生态系统的分布有哪些规律？
23. 森林生态系统的主要特征有哪些？功能体现在哪些方面？
24. 草原生态系统退化的原因有哪些？如何对它进行恢复和保护？
25. 荒漠生态系统的特征有哪些？
26. 湿地的主要服务功能有哪些？如何对于湿地资源进行保护？

第二章　风景园林生态系统的自然环境

[**主要知识**] 生态因子的概念、生态因子作用的一般特征、生态因子的限制性作用；光强度的生态作用与生物的适应、光质的生态作用与生物的适应、生物对光周期的适应和光因子对园林植物的影响；温度的地理和时间变化、温度因子的生态作用、生物对极端温度的适应、温度与生物的地理分布、温周期现象及其对园林植物的生态作用、园林植物对城市气温的调节作用和温度的调控在园林中的应用；水因子的生态作用、生物对水因子的适应、植被的水文调节作用、植物对降水的影响和水分对风景园林生态系统的影响、植物对土壤养分的适应、植物对土壤酸碱性的适应、依土壤中的含盐量而分的植物类型和土壤沙化；风对园林植物的生态作用、风对生态系统的影响和园林植物对风的影响及适应；大气的组成、二氧化碳的生态作用、氧气的生态作用、氮气的生态作用、大气污染对园林植物的影响、园林植物对大气污染的净化作用和园林植物对大气污染的抗性。

我们对于居住的环境给予了很大的关注，特别是随着经济的发展和生活水平的提高，对于环境的要求日益提高；另一方面，随着人口的增长和工业的发展导致环境日益恶化，这种恶化引起了人们的广泛关注，并试图用人工的方法来改善和改良我们的环境，这给园林的发展带了良好的发展机遇，但是，首先我们必须了解我们的自然环境，因为不同的环境条件下我们所关注的因子是不一样的（图2-1、图2-2），同时生物对于环境的适应也不一样，只有了解了自然和园林环境本身的特点，才能更充分地发挥园林植物的生态效益。

图2-1　池塘中关注水份因子

第一节　生态因子作用分析

一、环境

生物是随着地球环境的变化而发生、发展的，是地球环境演化的产物。一切生物都不可能离开环境，生物必须从环境中获取各种生活必需品，并且受着各种各样外界环境因素的影响，一切生物都要适应环境。因此，生物的起源、演化、形成和发展与环境的演变密切相关，生物的生存也与环境分不开。

由于环境是对特定主体而言，特定主体有大小之分，因而环境也有大小之别。根据范围的大小，生物环境一般可区分为小环境（microenvironment）和大环境（macro- environment）。小环境也称为小栖息地（microhabitat），是指小范围内的特定栖息地。小环境中的气象条件则称为小气候（microclimate）或称为生物气候（bioclimate），即生物栖息地的气候，这种气候由于受局部地形、植被和土壤类型的影响而与大气候（macroclimate）有着极大的差别。大环境的气象条件称为大气候，指记录离地面1.5m以上的平均气象条件，包括温度、降水、相对湿度、日照等。基本上不受局部地形、植被、土壤的影响，影响它的主要是大气环流、地理纬度、离海远近等大范围因素。

图2-2　干旱环境关注降水量

风景园林生态学研究更加重视生物的小环境，如想在林下种植观赏蕨类就必须营造出较高湿度、较低温度的小气候。植物处于同一地区、同一季节和同一天气类型之中，由于小环境的不同，它们对于环境的忍耐能力相差很大。例如，建筑物向阳、无风的南边和建筑物荫蔽、有风的北边相比，耐寒性较差的植物在南边可能生长较好，而到北边则有可能死亡。

另一方面，生物的生活能够影响周围的气候条件，特别是植物形成森林后影响更大。森林与邻近开阔地的小环境是不同的，森林由于能吸收大量的太阳辐射，保持水分、降低风速，因而森林的温度、湿度等条件的变化幅度比开阔地小；森林的凋落物作为绝热层起着防止土壤结冻的作用，有利于土壤动物和穴居动物的生存，因此，森林环境总是分布着更多的生物种类。

二、生态因子的概念

生态因子是指环境中对生物生长、发育、生殖、行为和分布有直接或间接影响的环境要素。生态因子中生物生存所不可缺少的环境条件，称为生物的生存条件。所有的生态因子构成生物环境。具体的生物个体和群体生活地段上的环境称为生境。

生态因子的作用是多方面的。生态因子影响着生物的生长、发育、生殖和行为，改变生物的繁殖力和死亡率，并且引起生物产生迁移，最终导致种群的数量发生改变。当环境的一些生态因子对某一生物不适合时，这种生物就很少甚至不可能分布在该区域，因而，生态因子还能够限制生物物种的分布区域。但是，生物对于自然环境的反应并不是消极被动的，生物能够对自然环境产生适应。所谓适应是指生物为了能够在某一环境中更好地生存和繁衍，自己不断地从形态、生理、发育或行为各个方面进行调整，以适应特定环境中的生态因子及其变化。因此，不同环境将会导致生物产生不同的适应性变异，这种适应性变异可以表现在形态、生理、发育或行为各个方面。

三、生态因子作用的一般特征

1. 综合作用

生态因子彼此联系、互相促进和互相制约，多个生态因子的作用往往是联系在一起的，最终的结果往往是多因子综合作用的结果。如夏天，植物遭受干旱往往是高温、强光、低湿度综合作用的结果，而不仅仅是某一个因子。如果只有高温，湿度较高，水分充足，植物一般是不会受到干旱胁迫而死亡的；正因为多个因子的综合胁迫作用才导致了植物生长的不良。

如水中溶解氧的含量会随温度的上升而不断减少(表2-1),夏季高温时节,精养鱼塘中常常会出现缺氧现象。在一些精养鱼塘中,由于鱼群密度大,水体中温度高,溶解氧少,鱼群就会出现"浮头"现象;在这种情况下,鱼的抵抗毒物的能力也要降低。例如,在10℃时,CO_2对鲤鱼致死浓度为120 mg/L,而30℃时的致死浓度则减少一半,只要55~60 mg/L,就会使鲤鱼死亡。

表2-1 水体中温度与溶解氧的关系

温度(℃)	淡水(ml/L)	海水(ml/L)
0	10.29	7.97
10	8.02	6.35
15	7.22	5.79
20	6.57	5.31
30	5.57	4.46

2. 主导因子作用

众多因子中有一个对生物起决定作用的生态因子为主导因子。不同生物在不同环境条件下的主导因子不同。如生长在沙漠中的植物其主导因子为水因子,水的多少决定了植物的生长形态及数量,水分充足的地方为绿洲,植物生长茂盛,而水分十分缺乏的地方则植物稀少。如在光线较暗的环境中生长的植物其主导因子为光照,光照的强度决定了植物能否生存。还有许多其他的一些因子在特定情况下会成为生物的主导因子,如高海拔地区的氧气成为限制动物生存的主导因子。在高纬度地区水由于从液态变成了固态,土壤中虽然有大量的水,但是植物根系吸收不到水而成为限制主导因子,在这些地区分布的植物往往都是一些浅根系的植物,深根性的植物往往不能生存。

3. 直接作用和间接作用

生态因子对于植物的影响往往表现在两个大的方面,一是直接作用,另一个就是间接作用。

直接作用的生态因子一般是植物生长所必需的生态因子,如光照、水分、养分元素等,它们的大小、多少、强弱都直接影响植物的生长甚至生存。如水分的有或无将影响植物能否生存;光强也直接影响植物的生长、发育甚至繁殖,过弱的光照使植物生长不良,甚至死亡,过强光照则使植物受到灼烧。

间接作用的生态因子一般不是植物生长过程中所必需的因子,但是它们的存在间接影响其他必需的生态因子而影响植物的生长发育,如地形因子,由于地形的变化间接影响着光照、水分、土壤中的养分元素等生态因子而影响植物的生长发育。如火,不是植物生长中的必需因子,但是由于火的存在而使大部分植物被烧死而不能生存。

4. 阶段性作用

阶段性作用指生态因子对植物生长的不同阶段影响不一样,在某些阶段可能是主导因子,而在某些阶段又不是主导因子。

对农作物而言,同一作物在不同生育时期对水分的需要量也有很大差别。例如早稻在苗期由于蒸腾面积较小,水分消耗量不大;进入分蘖期后,蒸腾面积扩大,气温也逐渐升高,水分消耗量明显增大;到孕穗开花期蒸腾量达最大值,耗水量也最多;进入成熟期后,叶片逐渐衰老、脱落，水分消耗量又逐渐减少。小麦一生中对水分的需要大致可分为4个时期：种子萌发到分蘖前期，消耗水不多；分蘖末期到抽穗期，消耗水最多；抽穗到乳熟末期，消耗水较多，缺水会严重减产；乳熟末期到完熟期，消耗水较少。如此时供水过多，反而会使小麦贪青迟熟，籽粒含水量增高，影响品质。

5. 不可替代性和补偿作用

生态因子之间是不可替代的。种子发芽试验便可清楚地说明这个问题。在一定的温度条件下，把成熟的种子放在干燥的杯子里，种子并不会发芽，因为缺少水分；反之，把种子淹没在水中，大多数植物的种子也不会发芽，因为缺少空气；在水分、氧气适度时，将种子放在零下5℃的情况下，植物也不会发芽，因为温度太低植物体中的酶失去了活性；只有在恰当的温度下，在恰当的水分和空气的条件下，种子才会发芽。试验说明，温度、水分、空气对种子的发芽是综合起作用的，而且各因子之间是不可替代的。

生态因子之间的不可替代性一般是指植物生长过程中的必需因子，特别是一些关键性因子。而对于一些非关键性因子，则其他因子的存在则可以补偿某些因子的不足。如植物体内缺K^+时，Na^+元素的存在可以缓解植物缺钾的症状。以植物进行光合作用来说，如果光照不足，可以增加二氧化碳的量来补足。软体动物在锶多的地方，能利用锶来补偿壳中钙的不足。

四、生态因子的限制性作用

1. 限制因子

尽管生态因子之间是互相影响、综合作用的，但它们之间又是不可替代的。而且在任何情况下都绝不能平均看待各种生态因子的作用，实际上，某些因子的量（强度）过低或过高都限制着生物的生长、繁殖、数量和分布，这些因子叫限制因子。

限制因子的种类和限制作用的量（强度）常因情况的不同而不同，并不是固定不变的。任何一种生态因子只要接近或超过生物的耐受范围，它就会成为这种生物的限制因子。

限制因子概念的主要价值是使生态学家掌握了一把研究生物与环境复杂关系的钥匙，影响生物的因子很多，只要找出影响其生长发育、分布的关键因子，生物与环境的关系就比较清楚，使我们可以忽略其他不起主要作用的非重要因子。

2. Liebig最小因子定律(Liebig's law of minimum)

Justus Liebig是研究各种因素对植物生长影响的先驱者。1840年，他发现作物的产量并非经常受到大量需要的营养物质如CO_2和H_2O的限制（它们在自然界中很丰富），而是受到一些微量元素如硼的限制。因为，虽然作物对硼的需要量很少，但土壤中的含量也非常稀少。他提出了"植物的生长取决于在最少量情况食物的量"的主张，后人称之为利比希最低因子定律（法则）。

后来，一些生态学家如Tayler(1934)等人把这个定律发展为包括营养物质以外的因子（如温度以及时间等因素）。E. P. Odum(1973)认为"为了避免混乱，看来最好是把最小因子（最低因子定律）概念如同原来的意图那样，限制在生长和繁殖生理所需要的化学物质（氧、磷等）范围内，而把其他因子和最大量的限制作用包括在耐受定律之中"。而且E. P. Odum认为：Liebig定律必须补充两个辅助原理：只适用于稳定状态，即能量和物质的流入和流出处于平衡的情况下才适用；要考虑生态因子之间的相互作用。如生态因子的补偿作用。

3. Shelford 耐性定律

美国生态学家 V. E. Shelfort 于 1913 年指出，一种生物能够存在与繁殖，要依赖一种综合环境的全部因子的存在，只要其中一项因子的量和质不足或过多，超过该生物的耐性限度(The limits of tolerance)，则使该物种不能生长，甚至灭绝。这一概念被称为 Shelford 耐性定律(Shelfort's law of tolerance)(图 2-3)。在该定律中把最低量和最大量因子并提，把任何接近或超过耐性下限或上限的因子都称为限制因子。

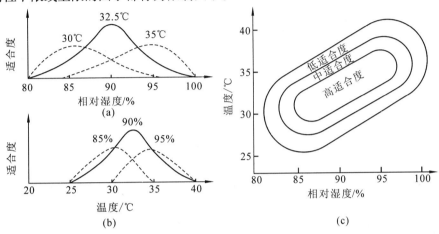

图 2-3 耐性定律的体现

耐性定律要考虑的要素：(1)生物的耐性会因发育时期、季节、环境条件的不同而变化；(2)耐性限度的实际范围几乎都比潜在范围狭窄；(3)生物耐性限度可以改变，生物的调整与适应能力；(4)生态因子的相互关系。

正因为如此，E. P. Odum(1973)对耐受定律也作了如下补充：
(1)生物能够对一个因子耐受范围很广，而对另一因子耐受范围很窄；
(2)对所有生态因子耐受很宽的生物，它的分布一般很广；
(3)在一个因子处在不适状态时，对另一因子耐受能力可能下降；
(4)在自然界中，生物实际上并不在某一特定的环境因子最适的范围内生活。在这种情况下，可能有其他更重要的因子在起作用；
(5)繁殖期通常是一个临界期，环境因子最可能起限制作用。繁殖的个体、种子、卵、胚胎、种苗和幼体等的耐性限度一般都要比非繁殖的植物或动物成体的耐性限度狭窄些。

4. 生态幅

定义：每一个种对环境因子适应范围的大小。主要决定于各个种的遗传特性，也是自然选择的结果。

生态学中使用一系列名词来表示生态幅的相对宽度，如窄温性、广温性、狭水性、广水性、窄食性、广食性……来表示生物环境因子耐受的相对程度(图 2-4，图 2-5)。图 2-5 是广温性和窄温性生物生态幅的比较，窄温的温度三基点紧靠在一起。对广温性生物影响很小的温度变化，对窄温性生物常常是临界的。窄温性生物可以是耐低温的，也可以是耐高温的或处于两者之间的。

不同生物对不同生态因子的生态幅差别较大，有些物种的生态幅较宽，如杂食性昆虫的食性范围相当宽，美国白蛾可以取食 200 多种植物；而有些则较窄（如大熊猫、大象，红

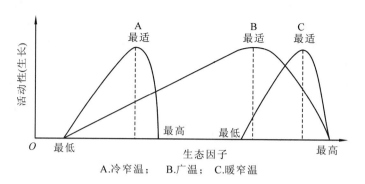

图 2-4　广温性和窄温性生态幅比较

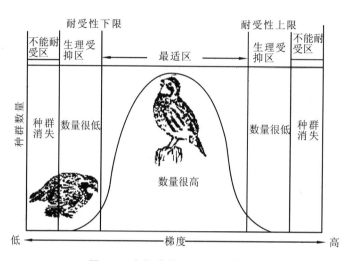

图 2-5　生物种的耐受性限度图解

松，热带地区的一些生物等）。

多生态因子的作用：生物生长过程中受到多因子的影响，每个因子都有一个幅度，最后生物的生长或分布则是多个因子综合作用后所能忍受的生态幅。如某一物种对某一生态因子的适应范围较宽，对另一生态因子适应范围很窄，生态幅受后一生态因子所限制。

生物不同发育时期的生态幅受临界期耐性影响。生物间相互作用对生态幅产生影响。地球表面的非均质性：三向性（纬度，经度，海拔）、土壤等每一个生物种有自己的分布区，并且没有完全重叠。

生态幅与分布区：生态幅与分布区是生物适应环境的结果，生物与环境协同进化。寻求调节生物适应的途径。

5. 生物内稳态及耐性限度的调整

（1）内稳态及其保持机制

内稳态的定义：是生物控制体内环境使其保持相对稳定的机制，它能减少生物对外界条件的依赖性，从而大大提高生物对外界环境的适应能力。

内稳态保持的机制是通过生理过程或行为的调整而实现的（如恒温动物，蜥蜴，向日葵等对周围环境的适应）。图 2-6 表明了骆驼在不同条件下内稳态的保持方式。

内稳态机制不能完全摆脱环境的限制，只能扩大自己的生态幅度与适应范围，成为一个

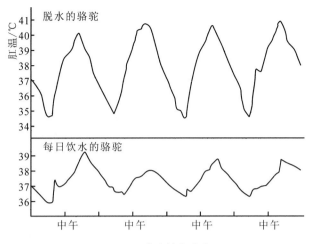

图 2-6　骆驼的内稳态

广适种。根据生物体内状态对外界环境变化的反应，区分为内稳态生物和非内稳态生物。区别在于控制其耐性限度的机制不同（图 2-7），非内稳态生物酶系统起作用，内稳态生物酶系统作用外，还有内稳态机制。

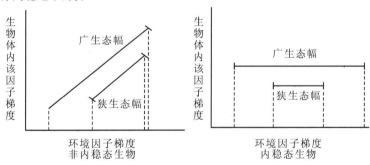

图 2-7　内稳态生物和非内稳态生物的耐受限度的不同

两类生物的基本差异是：决定其耐受限度的根据不同，对内稳态生物来说，其耐受限度只简单地决定于其特定的酶系统能在什么温度范围内起作用；对非内稳态生物来说，其内稳态机制能发挥作用的范围就是他的耐受限度。

（2）耐性限度的驯化

除内稳态机制可调整生物的耐性限度外，人为驯化的方法也可以改变生物的耐性范围。如果一个物种长期生长在最适生存范围的一侧，将逐渐导致该种耐性限度的改变，适宜生存范围的上下限发生移动，并形成一个新的最适点（图 2-8），如将一批金鱼分两组，分别在 24℃、37.5℃下进行驯化，经过一段时间后结果它们的最适温度出现了明显的变化，相应的它们的最适温度分别出现在 24℃ 和 37.5℃。这一驯化过程是通过酶系统的调整来实现的。园林植物也存在这样的情况，

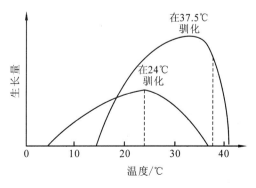

图 2-8　金鱼在两种不同温度下的适应

如南方的观赏植物要移植到北方需要解决抗寒的问题；北方的植物移植到南方需要克服抗高温的问题，一般来说植物对高温和低温的克服需要较长的时间。

(3) 适应

适应：生物对环境压力的调整过程。分基因型适应和表型适应两类，后者又包括可逆适应和不可逆适应。如桦尺蠖在污染地区的颜色和体型变化。

生物的适应方式有很多种，主要在形态、生理和行为3个方面的适应：

形态适应：生物种的保护色、警戒色与拟态等（图2-9，图2-10），都是生物在形态上的适应。正因为有这些适应，生物才能很好的逃避天敌、捕获食物，从而生存下来。

图2-9　动物的保护色、警戒色与拟态

图2-10　适应性状——丝柏树的通气根

行为适应：通过自动的运动、繁殖、迁移和迁徙、防御和抗敌来获得生存的机会。如秋天南飞的大雁（图2-11），非洲大草原野牛、斑马等动物的年度迁徙，长江中下流地区燕子秋天的南迁等都是通过行为来适应气候的变化；蜥蜴通过晒太阳来提高体温（图2-12）。母鸡保护小鸡时同老鹰的搏斗就是通过抗敌的行为来使小鸡获得生存的机会。

生理适应：通过生理上的调整如生物钟、休眠和生理生化变化来适应变化了的环境。变温动物每年秋冬天的冬眠就是对于环境变化了进行休眠的适应（图2-13）。还有就是到了冬天后，植物在落叶后进入的休眠状态，在这个过程中，植物体内的生理发生了较大的变化，如组织中的含水量下降，氨基酸、糖类等有机物质含量升高，植物细胞内的结冰温度下降以适应寒冷的环境。

营养适应：食性的泛化与特化。动物食性的泛化与特化与环境密切相关，一般情况下，在气候变化较小的稳定环境中，动物的食性趋于特化，因为在稳定环境中食物一般较丰富，动物只需取食几种植物就能获得足够的食物（图2-14）；而在气候多变的不稳定环境中，动物的食性趋于泛化，在多变的环境中，食物的数量相对较少，要想获得足够的食物，必须尽量多吃各种植物，以获得更多的生存机会。

适应组合：生物对非生物环境条件表现出一整套协同的适应特性，称为适应组合。如仙人掌对炎热干旱环境的适应，不仅是形态上叶的变小，具有较厚的保护层；而且体内有相应的生理机制，如具有发达的贮水器官等，通过一系列的形态、生理上的变化来适应特殊的环境。

图 2-11　迁徙鸟类在越冬地栖息

图 2-12　蜥蜴通气晒太阳来提高体温

图 2-13　熊的冬眠

图 2-14　大熊猫食性的特化

生物体还有一种适应，即胁迫适应。如生活在二氧化硫污染较重地区的生物，其对二氧化硫的抗性往往较强，这就是生物在二氧化硫的胁迫下的一种适应。

生物对于环境的适应最终表现在两个方面：趋同适应和趋异适应。当环境比较稳定时，生物对于环境的适应往往体现在趋同适应，如热带地区，只要能耐炎热，其他的适应不存在很大的问题，所以大部分生物对环境的适应都体现在对炎热的适应上。而当环境变化比较剧烈时，生物对环境的适应往往是趋异适应，通过各种不同的方式来适应多变的环境，如上面提到的，当冬天温度较低时，生物对环境的适应就多种多样，如熊通过冬眠，大雁通过迁徙，植物通过落叶提高细胞中有机质的含量来增强对寒冷的抗性等多种手段来渡过寒冷的环境。

6. 指示生物

生物在与环境相互作用、协同进化的过程中，每个物种都留下了深刻的环境烙印，因此可用生物作为反应环境某些特征的指示者。如有些能够动物指示天气情况，"燕子飞得低，快快背蓑衣；燕子飞得高，预报天气好"。这是燕子对降雨或不降雨时大气压的感压及取食规律的总结。如水文地质工作可利用指示植物寻找地下水，我国北方草原区，凡有芨芨草

（*Achanatherum splendens*）成片生长的地段，都有浅层地下水分布。1959年美国学者J. T. Curtis列出了威斯康星地区湖泊中软水的指示植物为 *Gratiola aurea*，硬水指示植物为 *Ranunclus aquatilis*。地矿工作者利用指示生物找矿，如安徽的海洲香薷（*Elsholtzia spendens*）是著名的铜矿指示植物，湖南会同的野韭指示金矿。在环境保护上，常利用地衣等敏感生物指示大气污染状况等。植物还有其他的指示作用，如铁芒萁指示土壤的酸性。

生物的指示作用是普遍存在的，但是不能滥用，因为生物的指示作用具相对性，仅在一定的时空范围内起作用，而在另一时空条件下将失去指示意义。如同是铜矿的指示植物，在海洲的指示植物是海薷，在四川西部的是头状蓼（*Polyganum capitatum*），而在辽宁的指示植物是丝石竹（*Gypsophila pacifica*）。

第二节　光因子

太阳产生的能量以电磁辐射的形式向周围发射，由于大气层对太阳辐射的吸收、反射和散射作用，到达地球表面的辐射强度大大减弱，只有47%（图2-15）。

太阳光是地球上一切生物的能量来源，生态系统必须从外界吸收能量，才能维持内部的平衡状态。光因子涉及：光照强度、光谱、光的周期性变化等。

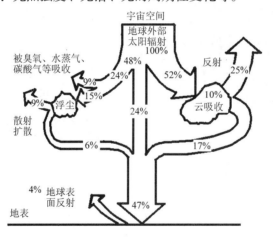

图2-15　太阳辐射能量到达地球表面的分配示意图
（图示半球的年平均值）

一、太阳辐射特性及时空变化

太阳以电磁波形式发射辐射能。到达地球的太阳能有3种功能：一种是热能，它给地球送来了温暖，使地球表面土壤、水体变热，推动着水的循环，引起了空气和水的流动；二是光能，它被绿色植物利用进行光合作用，形成碳水化合物，这些有机物中所包含的能量，沿着食物链在生态系统中流动；三是作为一种信号调节植物的生长，这将在后面详细论述。

太阳辐射能的40%~50%是可见光谱，其余大部分是红外线，紫外线较少。生理有效辐射中，红、橙光是被叶绿素吸收最多的部分，具有最大的光合活性。蓝紫光也能被叶绿素、胡萝卜素所吸收。绿光为生理无效光。可见光的范围为400~760 nm。紫外线由于含有较高的能量，过多时对植物的生长会起到伤害作用，但少量的紫外线对植物生长有利，能起到矮化作用,完全不含紫外线的太阳光会使植物高增长十分迅速,但胸径增粗较慢,使植物容易折断。

太阳光谱中,不同波长的强度变化也不一样(图2-16),很明显,紫外线区的强度较弱,而远红光区的强度较强。而大气顶端与海平面太阳光谱的能量相比,则要大得多,这主要是由于太阳光通过大气层时被大气中的云层、尘埃及颗粒物吸收、反射和散射的结果。

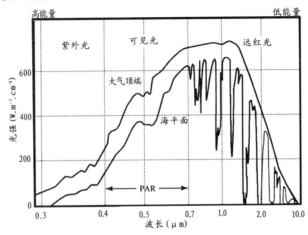

图 2-16 太阳光谱中不同波长光的强度变化

太阳光谱随着太阳高度角的变化而发生变化(表2-2),随着太阳高度角的增加,紫外光相对含量增加,可见光含量增加,但是红外光含量下降。太阳光谱随着海拔的升高和纬度的变化也不断地发生变化。

表 2-2 太阳高度角对太阳辐射光谱成分的影响

光谱成分 \ 太阳高度角	0.5	5	10	20	30	50	90
紫外光	0	0.4	1.0	2.0	2.7	3.2	4.7
可见光	31.2	38.6	41.0	42.7	43.7	43.9	45.3
红外光	68.8	61.0	58.0	55.0	53.5	52.9	50.0

二、光强度的生态作用与生物的适应

1. 光强度对生物生长发育的影响

光照强度对植物细胞的增长、分化、体积增长和重量增加有影响;光还促进组织和器官的分化,制约着器官的生长发育速度,使植物各器官和组织保持发育上的正常比例。如植物的黄化现象,是光与形态建成的各种关系中最极端的例子,黄化是植物对黑暗环境的特殊适应。植物叶肉细胞中的叶绿体必须在一定的光强条件下才能形成。在种子植物、裸子植物、蕨类植物和苔藓植物中都可产生黄化现象。

光合作用的环境因子,主要决定于光照强度、CO_2浓度和温度等。各种植物的光合作用曲线说明:光照强度由弱到强,先是CO_2的吸收随光强度的增加而按比例提高,最后很缓慢地达到最高值(图2-17)。在弱光区,这条曲线表现为CO_2的释放,这是因为呼吸作用放出的CO_2比光合作用固定的要多。当光合作用固定的CO_2恰与呼吸作用释放的CO_2相等时的光照强度，称为光补偿点（CP）。呼吸速率高的植物达到补偿点要比呼吸速率低的植物需要更强的光。光强一旦超过补偿点，CO_2 吸收量迅速增加，随着光照强度进一步增加，净光合速率又减慢，直到光合产物不再增加时的光照强度，称为光饱和点（SP）。

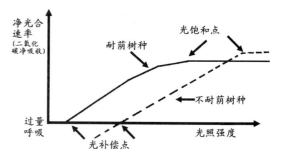

图 2-17 不同植物的光饱和点和光补偿

不同的植物、同种的不同个体、同一个体不同部分和不同条件下，CP、SP 差别很大。耐荫植物在较强的光强下就达到光补偿点，达到光饱和点的光强也较弱。而不耐荫树种，特别是喜光树种，其光补偿点较高，光饱和点也较高（图 2-18）。植物的 CP 和 SP 还受其他生态因子的影响，如 CO_2 浓度、养分和水分等。光照强度和净光合作用的关系，并不总是净光合随着光强度的变化而同步变化。晴朗的天气，净光合通常上午有一高峰，随后中午下降，下午又出现第二个高峰。净光合在中午的下降，可能是由以下一个或几个因素所引起，如叶片过热，过度的呼吸，水分缺乏，光合产物在叶子中的积累，色素和酶的光氧化作用，气孔关闭和围绕林冠周围大气中 CO_2 的耗尽等。针叶树的净光合曲线，有时为双峰，有时为单峰。影响光合作用的植物因子是：叶龄、叶的光环境或树冠中叶的位置（如阳生叶和阴生叶）。北美黄杉天然林中，最有生产力的叶子位于树冠上部从向阳条件逐渐过渡到遮荫条件交界处者。下部荫蔽，长期处于光补偿点以下的叶片，通常呼吸率高，光合产物极少。影响光合作用的环境因子是：光照强度、养分状况（尤其是 N 和 P），光合作用的温度范围是 $-5 \sim 35$（40）℃，最适温度是 $18 \sim 25$℃，另外昼夜温度、叶温和土温也很重要。由于温度与水气压差有密切关系，从而使温度对光合的影响更为复杂，叶部水势影响气孔开闭，净同化速率与叶部水势密切相关。夏季不利的水分条件是苗木死亡的主要因素。影响光合作用的环境因子还有 CO_2 浓度及日和季节变化的规律。野外条件下，光合作用通常受局部 CO_2 供应不足的限制，提高 CO_2 浓度，可使光合速率增加 $2 \sim 3$ 倍。因 CO_2 较空气重，土壤呼吸放出的 CO_2 多集中在林地表面，这种情况在夏季雨后更为明显，所以森林下层或林地表面 CO_2 浓度较高，这对处于森林下层的林木、幼苗幼树、林下植物的光合有重要意义。

光除了影响植物的光合作用外，还对植物的形态产生严重的影响（图 2-18）。对于耐荫的八角金盘（*Fatsia japonica* Dcne. Et Planch）生长在强光下，叶片先端明显出现了日灼现象，使其观赏效果很差，达不到良好的观赏效果。而种植在樟树林下的八角金盘则生长良好，不仅叶片宽大，而且叶色浓绿，看上去十分舒服。另一方面，不同的光照环境也影响植物的形态，种植在草地环境中的孤植树由于四周没有树木同它竞争，各个方面的枝叶都能得到很好的伸展，表现为树株整体不高，但冠幅开展，枝叶较稀疏。而在森林环境中的树木，由于不同个体对光线的竞争，下层的枝叶很少，个体长得较高，树冠顶端的枝叶较多。这些都是由于光照环境发生变化后对于植株体的影响。

光也明显影响动物的生长发育。蛙卵、鲑鱼卵在有光情况下孵化快，发育也快；贻贝和生活在海洋深处的浮游生物则在黑暗条件下生长较快。有试验表明，蚜虫在连续有光的条件下，产生的多为无翅个体；在连续无光的条件下，产生的也为无翅个体；在光暗交替条件下，则产生较多的有翅个体。

图 2-18 不同光照下植物形态的变化

a. 生长在草地上孤立木树冠丰满；b. 生长在林分内的树干挺直，但下部树枝较少；c. 八角金盘在强光下的生长不良，叶片有较多的日灼现象；d. 在较荫条件下生长良好。

2. 光照强度与水生植物

太阳辐射在水中比在大气中更为强烈地被减弱。太阳高度大时，平静水面发散入射光的6%，波动水面为10%，太阳高度低时，平静水面发散入射光的20%～25%，波动水面为50%～70%。光在水中的穿透性限制着植物在海洋中的分布，只有在海洋表层的透光带（euphotic zone）内，植物的光合作用量才能大于呼吸量。在透光带的下部，植物的光合作用量刚好与植物的呼吸消耗相平衡之处，就是所谓的补偿点。如果海洋中的浮游藻类沉降到补偿点以下或者被洋流携带到补偿点以下而又不能很快回升表层时，这些藻类便会死亡。在一些特别清澈的海水和湖水中（特别是在热带海洋），补偿点可以深达几百米；在浮游植物密度很大的水体或含大量泥沙颗粒的水体中，透光带可能只限于水面下1m处；在一些受到污染的河流中，水面下几厘米处就很难有光线透入了。

由于植物需要阳光，所以，扎根海底的巨型藻类通常只能出现在大陆沿岸附近，这里的海水深度一般不会超过100m。生活在开阔大洋和沿岸透光带中的植物主要是单细胞的浮游植物，以浮游植物为食的小型浮游动物也主要分布中这里。光照强度在水中分布还受环境因素的影响。

3. 植物对光照强度的适应类型

依植物对光照强度的需求，可以将植物分为喜光植物、耐荫植物和中性植物。喜光植物是在强光环境中才能生育健壮、在荫蔽和弱光条件下生长发育不良的植物，如蒲公英、松、杉、栓皮栎、杨、柳等；耐荫植物是在较弱的光照条件下比在强光下生长良好的植物，如山酢浆草，观音座莲，红豆杉等；中性植物则介于二者之间，如青冈、山毛榉、党参等。

4. 植物的耐荫性

树种耐荫性：是指其忍耐庇荫的能力，即在林冠庇荫下，能否完成更新和正常生长的能力。鉴别耐荫性的主要依据：林冠下能否完成更新过程和正常生长。

不同耐荫树种的区别十分明显。喜光树种：只能在全光照条件下正常生长发育，不能忍耐庇荫，林冠下不能完成更新过程。例如：落叶松，白桦。

（1）喜光树种特性　一般树冠稀疏，自然整枝强烈，林分比较稀疏，透光度大，林内较明亮。生长快，开花结实早，寿命短。

（2）耐荫树种一般能忍受庇荫，林冠下可以正常更新　例如：云杉，冷杉。耐荫树种的特点是树冠稠密，自然整枝弱，枝下高较低，林分密度大，透光度小，林内阴暗。生长较慢，开花结实晚，寿命长。

（3）中性树种　介于以上二者之间的树种。

（4）影响树种耐荫性的因素主要有　年龄，随着年龄增加，耐荫性逐渐减弱；气候，气候适宜时，树木耐荫能力较强；土壤，湿润肥沃土壤上耐荫性较强。

三、光质的生态作用与生物的适应

植物的生长发育是在日光的全光谱照射下进行的，但不同光质对植物的光合作用，色素形成、向光性、形态形成的引导等影响是不同的。光合作用的光谱范围只是可见光区（380～760nm），其中红、橙光主要被叶绿素吸收，对叶绿素的合成有促进作用；蓝紫光也能被叶绿素和类胡萝卜素所吸收，我们将这部分辐射称为生理有效辐射。而绿光则很少被吸收利用，称为生理无效辐射。实验表明，红光有利于糖的合成，蓝光有利于蛋白质的合成。

国外已经利用彩色薄膜对蔬菜等作物进行试验，发现紫色薄膜对茄子有增产作用；蓝色薄膜对草莓产量有提高，可是对洋葱生长不利；红光下栽培甜瓜可以加速植株发育，果实成熟提前20天，果肉的糖分和维生素含量也有增加。我国也有一些学者在进行不同波长的光对组织培养，以及塑料大棚对栽培作物的影响等方面的研究。

可见光对动物生殖、体色变化、迁徙、羽毛更换、生长、发育都有影响。

不可见光对生物的影响也是多方面的。如昆虫对紫外光有趋光反应，而草履虫则表现为避光反应。紫外光有致死作用，波长360nm即有杀菌作用，在340～240nm的辐射条件下，可使细菌、真菌、线虫的卵和病菌等停止活动。200～300nm的辐射下，杀菌力强，能杀灭空气中、水面和各种物质表面的微生物，这对于抑制自然界的传染源病原体是极为重要的。紫外光是昆虫新陈代谢所必需的，与维生素D的产生关系密切。生长在高山的植物茎秆粗短、叶面缩小、毛绒发达也是短波较多所致。

四、生物对光周期的适应

1. 昼夜节律

大多数生物活动表现出昼夜节律，即24h循环一次现象。有些动物夜间活动而白天休息，如猿总是在太阳降落后才出洞。植物中也普遍存在昼夜交替现象，如光合作用、蒸腾作用、积累与消耗等均表现出有规律的昼夜变化（图2-19），这除了与光周期有关外，与温度、湿度等的变化也密切相关。

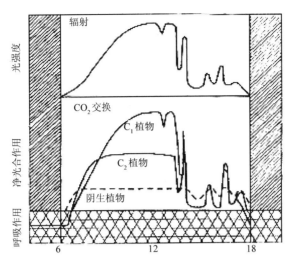

图 2-19 植物的昼夜节律

2. 光周期现象

光周期现象(photoperiodism)：Garner 等人(1920)发现明相暗相的交替与长短对植物的开花结实有很大的影响。这种植物对自然界昼夜长短规律性变化的反应，称光周期现象。

日照长度对植物从营养生长期到花原基形成这段时间的长短，往往有决定性的影响。光周期现象出现的原因是由于太阳高度角变化所造成的(表2-3)。随着纬度的升高，最长日的日照长度明显延长，而最短日的时间明显缩短；在赤道，日照时数永远都等长，都是12h。生物和许多周期现象是受日照长短影响的，日照长短是许多生命活动的启动器。

表 2-3　不同纬度地区的日照最长日与最短日时间　　　　　　　　单位：h

纬度	0	10	20	30	40	50	60	65	66.5
最长日	12.00	12.58	13.22	13.93	14.85	16.15	18.50	21.15	24.00
最短日	12.00	11.42	10.78	10.07	9.15	7.85	5.50	2.85	0.00

根据植物开花所需要的日照长短，可以将植物区分为：长日照植物、短日照植物、中日照植物和中间型植物。

(1) 长日照植物　较长的日照条件下促进开花的植物，日照短于一定长度不能开花或推迟开花。通常需要14h以上的光照才能开花。用人工方法延长光照时间可提前开花。如菠菜是长日照植物，在春季短日条件下生长营养体，经济和食用价值高，一到春末夏初日照时数渐长就开花结实不宜食用；还有凤仙花、除虫菊、紫菀、冬小麦、大麦、油菜、甜菜、甘蓝和萝卜等。

(2) 短日照植物　较短日照条件下促进开花的植物，日照超过一定长度便不开花或明显推迟开花。一般需要14h以上的黑暗才能开花。深秋或早春开花的植物多属此类，用人工缩短光照时间，可使这类植物提前开花。如，牵牛、苍耳、菊类、水稻、玉米、大豆、烟草、棉等。

(3) 中日照植物　花芽形成需要中等日照时间的植物。例如，甘蔗开花需要12.5h的日照。

(4) 中间型植物　凡完成开花和其他生命史阶段与日照长短无关的植物。如番茄、黄瓜、四季豆、蒲公英等。

植物对光周期的反应与体内的光敏色素有关，它有两种存在形式：生物学活性形式（PFR），吸收可见光谱的远红光（$0.73\mu m$）；另一种生物学非活性形式（PR），吸收红光（$0.66\mu m$），生物学活性不如前者。两种形式的光敏色素当其吸收了适宜的光波之后，可迅速从一种形式转变成另一种形式，即PR吸收红光后，它就变成吸收远红光的PFR，反过来也是这样。另外，在黑暗中PFR可慢慢地变为PR。日间，可见光谱红色部分使大部分光敏色素变成PFR，因此促进植物活性。在暗期，缓慢地变成非活性形式（PR），暗期较长，大部分光敏色素处于PR形式，植物对光的反应较差。

植物的光周期具有控制生长、诱导休眠、调节开花和打破休眠的作用。但木本植物的开花结实不仅受光周期控制，而且还有其他影响因素，如营养的积累和光照强度等。目前，对树木光周期反应的研究不够深入，大部分工作是用实生苗或插条完成的，光周期如何控制成年树木繁殖的研究还不多，许多树种的开花似乎属于日中性型。树木在黑暗或连续光照条件下打破休眠，表明休眠的结束不是光调节现象，温度常是光周期反应的重要补充因子。

在动物的光周期中，鸟类的光周期现象最为明显，很多鸟类的迁徙是由日照长期的变化所引起的，由于日照长短的变化是地球上最严格和最稳定的周期变化，所以是生物节律最可靠的信号系统，鸟类在不同年份迁离某地和到达某地的时间相差无几。如此严格的迁飞节律是任何其他因素（如温度的变化、食物的缺乏等）都不能解释的，因为这些因素各年相差很大。鸟类每年开始繁殖的时间也是由日照长度的变化决定的。鸟类的生殖腺的年周期发育是与日照长度的周期变化完全吻合的。在鸟类繁殖期间人为改变光周期可以控制鸟的产卵量。日照长度的变化对哺乳动物的换毛和生殖也具有十分明显的影响。很多野生哺乳动物都是随着春天日照长度的逐渐增加而开始生殖的，如雪豹、野兔和刺猬等，这些种类可称为长日照兽类。还有些哺乳动物总是随着秋天短日照的到来而进入生殖期的，如绵羊、山羊和鹿，这些种类属于短日照兽类，它们在秋季交配刚好能使它们的幼仔在春天条件最有利时出生。

3. 光周期现象和植物地理起源

植物在发育上要求不同的日照长度，这种特征主要与其原产地生长季节中的自然日照的长短密切相关，一般来说短日照植物起源于南方，其原产地生长季日照时间短；长日照植物起源于北方，如温带和寒带，夏季生长发育旺盛，一天受光时间长。经济价值高的植物多是长日照植物。如果把长日植物向南移，即北树南移，由于光周期或日照长度的改变，树木会出现两种情况：一是枝条提前封顶，缩短生长期、生长缓慢、抗逆性差，容易被淘汰；另一种情况是出现二次生长，延长生长期。把短日植物向北移，其生长时间比原产生地长，这是因为日照时间较长和诱导休眠所需要的短日照直到夏末或秋季才出现。因为休眠的延后，可能在初霜前尚未进入休眠，故常受霜害。了解植物的光周期现象对植物的引种驯化工作非常重要，引种前必须特别注意植物开花的光周期要求。

五、光因子对园林植物的影响

1. 光辐射强度对植物的影响

（1）影响园林植物的分布

不同植物根据其对光照需求的不同可分为喜光植物、耐荫植物和中性植物。不同的光辐射强度，影响不同植物的分布。这在园林植物景观设计的过程中，是首先要考虑的，如果强喜光植物置于荫蔽条件下，植物生长不好，可能死亡；相反如果耐荫植物置于强光下，植物生长也不好，也可能死亡(图2-18c)。强光也是影响野生植物资源不能在园林中应用的主要原因之一，如著名观赏植物珙桐，由于不能忍受强光直射和高温，基本上只能在高山应用，在大中城市中还很难应用，但是在局部小气候如有遮蔽、能避免阳光直射的情况下生长还可以(图2-20)。

图2-20　湖南长沙种植的珙桐

图2-21　湖南长沙种植的黄栌9月得了严重的霜霉病

另外，光照也是影响园林植物引种和驯化的一个十分重要的因素，北方的红叶植物黄栌引种到长沙后，早春生长还可以，但是到了秋天后由于光照、温度和湿度的变化，叶片出现严重的霜霉病，不仅达不到观赏红叶的效果，而且给景观还来负面的影响，使景观可观性下降(图2-21)。

(2) 影响园林植物的生长发育

有些植物的发芽需要光照，如桦树；有些需要荫蔽条件，如百合科植物。在群落中通过光对幼苗能否发芽而影响群落的演替，如果幼苗能在荫蔽的条件下生长，则该种群能自然更新；相反，如果不能在荫蔽的条件下发芽、生长，则该群落的主要优势种就会被其他的植物所取代，这也是顶极群落能维持和群落不断发生演替的原因。

光强影响植物茎干和根系的生长，通过影响光合强度而影响干物质的积累而影响生长。影响植物的开花和品质。一般来说，作为园林中应用的植物观花的种类较多，而开花是需要大量消耗营养的，营养的积累则是植物通过光合作用完成的，光强直接影响光合速率的高低，从而影响植物的开花数量和品质。光照充足的条件下，植物开花的数量多、颜色艳；而在光照不足的条件下，植物花朵的数量少，颜色浅，从而影响植物的观赏性。

(3) 影响园林植物的形态

光的强弱影响植物叶片的形态，阳生叶叶片较小、角质层较厚、叶绿素含量较少；阴生叶则叶片较大、角质层较薄、叶绿素含量较高。这与植物的环境是相一致。在荫蔽的条件下，植物的光强较弱，为了满足植物的生长，植物组织增加了色素的含量，增加叶面积，尽可能将到达的光能捕获；而在强光的条件下，到达的光能很多，往往超过了植物的需求，所以植物只需少量的色素和较小的叶面积吸收的光能就能满足植物生长的需求(图2-22)。

光强影响树冠的结构。喜光树种树冠较稀疏、透光性较强，自然整枝良好，枝下高较高，树皮通常较厚，叶色较淡；耐荫树种树冠较致密、透光度小，自然整枝不良，枝下高较矮，树皮通常较薄，叶色较深。而中性树种介于两者之间。植物树冠形态的变化也与植物对光的需求相一致。

2. 光辐射时间对园林植物的影响

（1）影响园林植物的开花

在长期与环境的适应中，植物形成固定的开花规律，这就是我们在园林中看到植物的自然开花，但是由于观赏的需要，我们往往希望植物能够按照我们的希望在一些特殊的节假日开花，如春节、端午节、中秋节、国庆节等，还有在一些盛大的活动中能开花，如在举办奥运会期间，如果调节植物的生长，使它们在固定的时间开花，除了使它们营养生长旺盛，具备了开花的基本条件外，主要是通过控制对植物的光照来实现了。如短日照植物可以通过在晚上间隔照光半小时来打断它的暗期而使其无法开花，使开花的时间推迟；如果要它提早开花则

图 2-22　同一株树上阴生叶和阳生叶形态上的差异

人工缩短光照时间，通过这种方式则可使花卉按照我们的要求随时开花。当然，植物的营养生长要基本结束，积累的营养物质能满足开花的需求。对长日植物也是一样，通过人为地延长或缩短日照时间，就能使植物提前或推迟开花。

通过这些措施，改变植物的开花时间后，在市场上销售时价格会存在较大的差异，往往会成倍增加花卉的利润，并能恰当地美化我们的环境。

（2）影响植物的休眠

光周期是诱导植物进入休眠的信号，植物一般短日照促进休眠。进入休眠后植物对于不良环境的抵抗力增强；如果由于某种原因使植物进入休眠的时间推迟，则植物往往就会受到冻害的危胁。如在城市中路灯下的植物，由于晚上延长其光照的时间，使得一些落叶植物落叶的时间也后延，其进入休眠的时间后延，这时如果气温突变，会使植物受到冻害。如果对一些不耐寒的落叶植物在温室中可以通过缩短光照时间来使植物提早进入休眠状态，以提高植物对低温的抵抗能力。

（3）影响植物的其他习性

影响植物的生长发育，如短日植物置于长日照下，长得高大；长日植物置于短日条件下，节间缩短；影响植物花色性别的分化，如苎麻在温州生长雌雄同株，在14h的长日条件下仅形成雄花，8h短日下形成雌花；影响植物地下贮藏器官的形成和发育，如短日照植物菊芋，长日条件下形成地下茎，但并不加粗，而在短日条件下，则形成肥大的茎。

3. 利用光因子促进园林植物的生长

（1）提高园林植物的光能利用率

植物对太阳光的利用率由于多种原因，一般只有 1.5%～3%，这也是现在作物产量较低的原因；相反一些对光能利用率较高的植物，如桉树，则生长十分迅速。提高园林植物对光能的利用率则可以增加园林系统中能量的积累，有利于保持系统的稳定性。

要提高园林植物的光能利用率，有以下几种方法：第一，必须增加单位面积上的有效光合叶面积，较好的方法就是乔、灌、草的多层次搭配，使得进入风景园林生态系统的能量在垂直方向上不断地被吸收，增加光能的吸收率；第二，就是对现有的园林植物进行品种选

育，培育出高光合速率和高观赏特性的园林植物品种；第三，就是在种植时注意植物之间的株行距，使得植物大部分叶片都变成光合有效叶片，减少不能进行光合作用的叶片的数量，以减少植物呼吸的消耗，以提高植物对光能的利用率。提高植物对光能的利用率，能加快植物的生长，对于营造景观，提高植物的观赏性都有一个良好的基础。

(2) 利用太阳辐射调整园林植物的生长发育

通过人为措施，调整太阳辐射时间，控制人工栽培条件下，如温室中园林植物的花期和休眠（主要在花卉上）。根据长日植物、短日植物和日中性植物开花所需日照时数的特点，人为调节光照周期，促使它们提早或延迟开花。

第三节 温度因子

温度是人们最熟悉的环境因子，所有生物都受温度的影响，温度影响有机体的体温，体温高低又决定了生物生长发育的速度、新陈代谢的强度和特点、数量繁殖、行为和分布等。植物是变温有机体，其温度的变化近似于环境温度，因此植物的生长、发育和产量均受环境温度的影响。植物生理活动，特别是光合、呼吸作用；CO_2和O_2在植物细胞内的溶解度；蒸腾作用；根吸收水分和养分的能力均受温度的影响。温度对植物很重要，还在于温度的变化能引起环境中其他因子，如湿度、土壤肥力和大气移动的变化，从而影响植物生长发育、产量和质量。太阳辐射使地表受热，产生气温、水温和土温的变化，温度因子和光因子一样存在周期性变化，称为节律性变温。节律性变温和极端温度对生物有影响。

一、温度的地理和时间变化

由于日、地的相对位置，使到达地球各地的太阳辐射数量有季节变化和日变化，从而引起温度的变化。决定温度地理变化的3个主要变量是纬度、海拔高度和是否邻近大水体。纬度和海拔影响辐射和热量平衡，而传导和对流使热量发生交换。由于水的比热大，水体附近的温度变幅较小。各地的温度是由其热量平衡、热的传导、地形等因素决定的。

1. 热量平衡

全球的热量平衡包括辐射收入和支出（图2-23）。

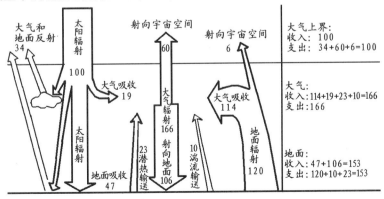

图2-23 全球热量平衡

地面的热量收入 = 太阳直接辐射 + 散射辐射 + 大气逆辐射

地面的热量支出＝地面辐射＋地面对太阳辐射的反射

如果地面的热量收入大于支出，则地面温度升高；相反，地面的热量低于支出的热量，则地面温度下降。土壤和其他环境也一样。

2. 温度变化规律

（1）温度的空间变化

①温度随纬度的变化规律　纬度是决定一个地区太阳入射高度角的大小及昼夜长短的重要因素。低纬度地区太阳高度角大，太阳辐射量也大，但因昼夜长短差异较小，太阳辐射量的季节分配要比高纬度地区均匀。随着纬度增高，太阳辐射量减少，温度逐步降低。纬度每增加一度（约111km），年均温下降0.5~0.9℃。因此，随着纬度的升高，温度将划分为不同的温度带，相应生长的植物也随着发生变化。我国的温度带除了上述几种类型外，还有青藏高原垂直温度带，该范围气温垂直变化十分明显。

②温度随海陆的变化规律　由于水的比热大，因而大面积水体也影响温度的变化。海、陆辐射和热量平衡的差异，形成温度或气压梯度，从而影响气团移动方向。我国属于典型的季风气候。夏季盛行温暖湿润的热带海洋气团，运行方向是从东南向西北；冬季盛行极地大陆气团，寒冷而干燥，西或北向东或南推进。因而我国大部分地区夏季酷热，冬季严寒，温度年变化较大。

③地形和海拔　不同地形和海拔高度的变化往往对温度造成很大的影响。东西走向的山脉，如我国的天山、秦岭、阴山、南岭等，对季风有明显的阻隔作用，削弱了冬季风的南侵，阻碍了夏季暖湿气流的北上，使得山的南北的温度和降水发生了明显的变化，往往是不同温度带划分的依据之一。地形的变化往往是伴随着海拔的升高，随着海拔的升高，风力加大，空气稀薄，保温作用差，从而影响气温的变化，大致是海拔每升高100m，气温下降0.5~0.6℃，这种变化规律一般是夏季较大，冬季由于整个气温都较低，变化幅度相对较小。也正因为不同海拔地段温度的差异才在同一位置不同海拔处形成不同的景观，使得植物的开花也出现了物候期变异的情况。

不同坡向，热量分配不均。北半球南坡接受的太阳辐射量高，所以南坡空气和土壤温度比北坡高，土温则西南坡比东坡、北坡高。这是因为西南坡耗于蒸发的热量少，用于土壤和空气增温的热量较多的缘故。不同坡向，由于所得热量不同，也影响植物的生长与分布。同样，山顶和山谷由于局部气候的差异导致气温的变化，在海拔相差不大的情况下，山顶由于风速大，热量散发快，所以一般气温较低；而山谷由于无风或只有微风，所以热量散失较慢，导致局部地区温度相对较高。

温度的变化有一种特殊的现象就是逆温。逆温是在对流层内，有时上层空气比接近地面的空气更暖的现象。形成逆温的原因主要是由于在天晴风小的夜晚尤其是冬季，地面因长波辐射强烈，大量失去热量，地面温度显著降低，以致贴近地面的空气层温度也随之冷却。

山区晴朗天气的夜间，因地面辐射冷却，近地面形成一层冷空气，密度大的冷空气顺山坡向下沉降并聚于谷底，将暖空气抬升至山坡一定高度，前者称霜穴或"冷湖"，后者称暖带。这都是逆温现象的体现。逆温往往会对环境造成影响，如对植物造成低温伤害。当逆温与大气污染结合在一起时往往使危害更加严重，如20世纪发生"世界八大公害事件"都是逆温与大气污染结合才发生的，造成了许多市民的受害。

（2）温度的时间变化

①昼夜变化　气温日变化中,最低值出现在将近日出的时候。日出后,气温上升,至13~14时达到最高值。土壤温度变化随着土壤深度的变化而呈现不同的规律。土表温度变化远较气温剧烈,主要是由于土壤的热容量较小。土表以下温度变幅减小,一天中最高最低温度有后延现象。至35~100cm深以上,土温几乎无昼夜变化。

②季节变化　温度的年变化是温度季节变化的一个重要指标。大陆性气候区的气温季节性变化比海洋性气候区的剧烈。温带、寒带的气温变化又较热带剧烈。我国幅员辽阔,难以统一划分季节,一般用温度指标来划分季节,如22℃以上的为夏季,10℃以下为冬季等。温度的日变化和季节变化是植物形成温周期适应和物候的主要影响因素。土壤温度的变化会影响植物根系的生长及其节律,间接影响植物的外在观赏形态。

二、温度因子的生态作用

1. 与温度有关的概念

温度三基点:指最低温度、最适温度和最高温度。

最低温度一般指植物生长发育和生理活动所能忍受的最低温度。最高温度一般指植物生长发育和生理活动所能忍受的最高温度。最适温度是生物生长发育和生理活动最佳的温度,一般来说植物最适温度中白天和晚上的温度是不一样的。C4植物光合作用的最适温度在30℃以上。C3植物为20~30℃。耐荫植物为10~20℃。早春和高山植物与耐荫植物相同。温暖气候生长的树木和喜光草本植物,光合作用的最适温度均在20~30℃。除热生境的C4植物外,多数植物CO_2吸收的最低温度界限是0℃以上下。而多数植物光合作用的最高温度界限是40~50℃。

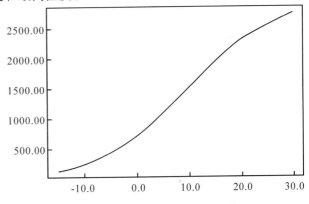

图2-24　生物的生长速率与温度的关系

温度三基点是生物生长发育过程中最重要的三个指标。不同生物的"三基点"不同:水稻种子发芽的最适温度25~35℃,最低温度8℃,45℃中止活动,46.5℃就要死亡;雪球藻和雪衣藻只能在冰点温度范围内生长发育;而生长在温泉中的生物可耐受100℃的高温。

在生物生长发育的适宜范围内,生物的生长速率与温度成正比,随着温度的升高,生物的生长速率加快(图2-24)。如果超过了植物的最适温度则植物生长会受到限制,超过了植物能忍受了的最高温度则植物会出现死亡。

2. 温度与生物发育

低温"春化"作用:冬性一年生植物如果在秋天播种,则当年发芽、生长,在田间越冬,第二年春天拔节开花,但如果在春天播种,则当年只是陡长,不开花,同样至第二年开花。假如把这种冬性一年生植物种子吸胀,并加以一定的人工低温处理后,它就能当年播种开花。这种低温诱导开花的过程叫做"春化作用"。

温度与生物发育的最普遍规律是有效积温法则。有效积温法则指生物完成其生活所需要的有效积温是一个恒值,只要在生长期内生物积温达到了这个定值,生物就能完成其生活史。转化为公式：

$$K = N(T - T_0)$$

式中：K—该生物所需的有效积温；T—当地该时期的平均温度；T_0—该生物生长活动所需的生物学零度；N—完成生活史所需要的天数；生物学零度指生物开始生长发育的温度，如树液开始流动时的温度。一般来说，在生物适应的范围内温度越高，植物生长发育越快，完成生活史的时间也越短（图2-25）；温度越低，完成生活史的时间越长。

有效积温对于园林实践都具有十分重要的指导意义。如根据各地的温度条件，初步估计某一地区能栽种或引种哪些作物；可以根据各树种对积温的需要量推测或预测植物各发育阶段的时间，如某年气候异常，气温普遍偏高，则观花的时间可能提前；相反则可能滞后。

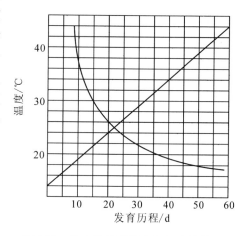

图 2-25 地中海果蝇发育与温度的关系

有效积温还可以用于农业生产，如病虫害的防治，根据某一害虫完成生活史的K值，估计其完成生活史的时间，从而预报下一代为害的时间，以便进行防治；还可以预报在一年内可能发生为害的次数（一年内能完成生活史的代数）。有效积温可以明确全年的农作物茬数，如水稻在海南岛可以种三季，湖南种两季，黑龙江种一季，主要的依据就是水稻生长所需的有效积温。有效积温还可以指导生产，如生物学零度一般温带地区是5℃，亚热带地区是10℃，则当气温高于10℃时，所有生物的生长活动开始加快，光合作用和物质积累增加，这时喜温植物也可以播种。

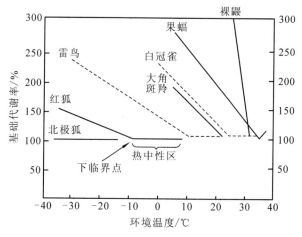

图 2-26 恒温动物的代谢速率与温度的关系

不同生物的最适温度不同，所以不同生物分布范畴才不一样，而且在同一温度下不同生物的代谢也不一样（图2-26）。

三、生物对极端温度的适应

1. 生物对低温环境的适应

生物对低温环境的适应在形态、生理和行为方面表现很多明显的适应。

在形态上，北极和高山植物的芽和叶片常受到油脂类物质的保护，芽具有鳞片，植物体表面有蜡粉和密毛，植物矮小成匍匐状、垫状或莲座状，有利于保持较高的温度。在寒冷的冬季，植物通过落叶进入休眠来提高对环境的适应能力。高纬度恒温动物的身体往往比低纬度的同类个体大。因为个体大的动物，其单位体重散热量相对较少（Allen定律）。例如北极狐的外耳明显短于温带的赤狐，赤狐的外耳又明显短于热带的大耳狐。恒温动物在寒冷地区增加毛或羽毛的数量和质量或增加皮下脂肪的厚度。

在生理上，植物减少细胞中的水分含量和增加细胞中糖类、脂肪和色素等有机物质来降低植物的冰点。动物靠增加体内产热量，但不同地带情况不同。寒带动物有隔热性能良好的毛皮，往往能使其在少增加甚至不增加代谢产热的情况下，就能保持恒定的体温。

2. 低温对园林植物的伤害

（1）冷害　0℃以上的低温对植物体产生的伤害。冷害一般是耐寒较差的植物在遇到低温时所产生的伤害。如薇甘菊在5℃时就会产生冷害，引起植株体的死亡。热带树种轻木的致死低温也是5℃。冷害对植物的伤害可分为直接伤害和间接伤害。直接伤害是气温骤变造成的伤害，如冷空气入侵，温度急骤降到0~10℃，在1~2天内，就能在植物体上看到伤痕。间接伤害，是缓慢降温造成的危害，1~2天内，从植物形态结构上还看不出变化，一周左右才出现组织萎蔫，甚至脱水等。冷害的原因是低温造成植物代谢紊乱，膜性改变和根系吸收力降低等。冷害是喜温植物北移时的主要障碍。

（2）霜害　由于霜降出现而造成的植物的伤害称霜害。霜害往往发生秋天无云的夜晚，由于地面辐射强烈，气温降到零度以下，引起空气中的水汽在植物表面凝结后对植物体造成伤害。

（3）冻害　当植物体受到冻点以下的低温胁迫，使植物组织发生冰冻而引起的伤害为冻害（图2-27）。冰点下，植物细胞间隙形成冰晶，冰的化学势、蒸汽压比过冷溶液低，水从细胞内部转移到冰晶处，造成冰晶增大细胞失水。原生质失水收缩，盐类等可溶性物质浓度相应增高，引起蛋白质沉淀。当水与原生质一旦分离，酶系统失活，化学键破裂，膜性改变和蛋白质变性，从而导致植物明显受害。不同植物对冻害的忍受能力不同。在我国北方地区，冻害是主要的低温伤害形式。

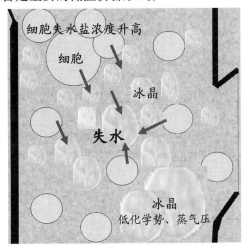

图2-27　冻害对植物组织的影响

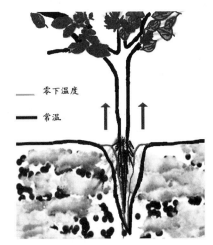

图2-28　冻拔对植物的影响

（4）冻拔　是间接的低温伤害，由土壤反复、快速冻结和融化引起（图2-28）。强烈的冷却使土壤从表层向下冻结，升到冰冻层的水继续冻结并形成很厚的垂直排列的冻晶层。针状冻能把冻结的表层土、小型植物和栽植苗抬高10cm，冰融化后下落，从下部未冻结土层拉出的植物根不能复原到原来的位置。经过几次冰冻、融化的交替，树苗会被全部拔出土壤。遭受冻拔的植物易受风、干旱和病原危害。冻拔是寒冷地区植物受害的主要方式。

(5) 冻裂　多发生在日夜温差大的西南坡上的林木。下午太阳直射树干，入夜气温迅速下降，由于木材导热慢，造成树干西南侧内热胀、外冷缩的弦向拉力，使树干纵向开裂。受害程度因树种而异，通常向阳面的林缘木、孤立木或疏林易受害。冻裂不会造成树木死亡，但能降低木材质量，并可能成为病虫入侵的途径。防止冻裂的方法通常是采用树干包扎稻草或涂白等措施。

(6) 生理干旱　又称冻旱，指尽管土壤水分充足但由于土壤低温或土壤溶液盐分浓度高而使植物根系吸收不到水分，地上部分因气温较高却不断蒸腾失水所引起的水分失调使叶片变黄、枝条受损甚至整株苗木生长受抑制乃至死亡的现象。其次，低温还能伤害芽和1年生枝顶端，从而影响树形和干形，甚至使乔木变为灌木状。

3. 影响低温对园林植物的伤害的因素

(1) 极端低温值　不同地区的气候不一样，导致其极端低温值差别很大，对植物的伤害程度也不一样。特别是出现历史上比较罕见的极端低温值时，往往对植物的伤害会非常大。如长沙历史上的极端低温值是 $-11℃$，而一般情况下冬天的最低温度只有 $-2\sim3℃$；突遇极端低温会使一些耐寒性较差的植物死亡。

(2) 低温持续时间　低温持续时间也是影响低温对园林植物伤害的重要因素。如果低温持续时间很短，如只有1~2天，然后气温缓慢回升，植物受到的伤害往往比较小，如果低温持续时间很长，超过4~5天且遭遇极端低温值往往会造成大面积的植物死亡，影响景观质量。

(3) 温度变化速度　温度变化的速率往往会对植物的适应性产生较大的影响，从而影响低温对植物的伤害。如果温度变化缓慢，则植物的适应能力会慢慢增强，植物受到的伤害比较轻；相反如果温度变化剧烈，则植物来不及进行生理变化，植物往往受到严重的伤害。

(4) 土壤低温　土壤中的温度直接影响低温对植物的伤害，如果土壤温度过低，特别是土壤层含水量过高而且结冰后对植物根系的伤害特别多，会使植物根系的生理干旱或者冻拔。

(5) 日照长短　日照长短对于园林植物的伤害主要是通过影响植物的休眠而影响的。如果日照过长，使植物进入休眠的时间后延，没有进入休眠就遇低温往往会使植物受到伤害。相反，如果日照按照正常的周期变化，植物进入休眠后对于环境的抵抗能力往往比较强。

(6) 光照强度　植物通过光合作用固定太阳能，同时积累有机物质，植物细胞中有机质含量的高低往往影响植物对低温的抵抗力。细胞中有机质的含量较高，则细胞的冰点较低，细胞中的水分不容易结冰，对低温的抵抗力较强；相反，如果细胞中有机质含量较低，则细胞中的冰点会接近零度，细胞中的水分容易结冰，很容易对植物产生伤害。

(7) 土壤含水量　土壤中含水量越多，植物吸收的水分也越多，相对的细胞中的有机质的浓度下降，细胞的冰点升高，植物容易受到伤害。另一方面，土壤中的含水量越多，土壤结冰的可能性越大，土壤结冰对植物根系的伤害也越大。

(8) 土壤营养　土壤中营养状况会直接影响植物的生长，植物生长健壮，则对于不良环境的抵抗力强；相反，如果土壤中的营养较差，植物生长较差，则植物对不良环境的抵抗能力较差，容易受到低温的伤害。

(9) 植物本身的抗寒性　不同植物种类的抗寒性不同，有的植物能抵抗零下30℃的低温，而有些植物在5℃就会受害。所以不同植物本身对低温的抵抗力相差很大，这是植物在引种驯化过程中必须考虑的因素。植物的抗寒性往往决定了其野外的种植范围。

4. 提高植物抗寒性的途径

虽然植物的抗寒性是相对固定的，但可采取一些措施增强植物的抗寒性。

(1) 抗寒锻炼　提高植物抗寒性的各种过程的综合称为抗寒锻炼。一般分三步：首先是预锻炼阶段，进行短日诱导使植物停止生长并启动休眠；然后进入锻炼阶段，进行零下低温的诱导，使原生质的细微结构和酶系统发生变化和重新改组，以抵抗低温结冰、失水的危险；最后进行超低温诱导，使植物获得最大的抗寒性。通过抗寒锻炼，植物的抗寒性得到增强。

(2) 喷施化学物质　通过改变植物体内内含物的种类或数量，使其适应外界的低温条件，而要达到这个目的，可通过喷施化学物质如化学防冻剂、硫胺素、苯酸钠、矮壮素、吲哚乙酸、多效唑、烯效唑、脱落酸等来改变植物体内的内含物状况，以提高园林植物的抗寒性。

(3) 栽培措施　环境条件的变化如日照长短、水分盈亏、温度变化等都可以影响抗寒性的强弱。改善园林植物的生长条件，加强水肥管理如适时控制水分，注意提高磷钾肥的比例等可提高园林植物的抗寒性，防止或减轻寒害的发生和危害。

5. 高温对植物的伤害

(1) 间接伤害　高温破坏植物的光合作用和呼吸作用的平衡，使呼吸作用超过光合作用，植物因长期饥饿而受害或死亡；高温还能促进蒸腾作用的加强，破坏水分平衡，使植物干枯甚至致死；高温抑制氮化物的合成，氨积累过多，毒害细胞。

(2) 直接伤害　当温度突然升高到40℃以上时，蛋白质受高热而发生凝聚或变性；当温度到50℃时，生物膜的脂类液化，使膜的基本结构难以维持，膜的半透性丧失，脂类和蛋白质的比例也发生改变，饱和脂肪酸可能减少，植物代谢紊乱。还使一些耐荫能力较弱的植物的叶片出现严重的烧伤情况。

6. 高温伤害植物的症状

(1) 根茎灼伤　土表温度增高，灼伤幼苗弱根茎。松柏科幼苗当土表温度达40℃就会受害。夏季中午强烈的太阳辐射，常使苗床或采伐迹地土表温度达45℃以上而造成根茎灼伤。

(2) 树皮灼烧　强烈的太阳辐射，使树木形成层和树皮组织局部死亡。多发生于树皮光滑树种的成年树木上，如成、过熟的冷杉常受此害。受害树木树皮呈斑状死亡或片状剥落，给病菌的侵入创造条件。

7. 生物对高温环境的适应

(1) 植物形态上　植物生有密毛和鳞片，能过滤部分阳光；有些植物体为白色、银白色，叶革质发亮，反射部分阳光，使植物体免受热伤害；有些植物叶片垂直排列使叶缘向光或在高温条件下折叠，减少光的吸收面积；还有有些植物的树干或根茎生有很厚的木栓层，具有绝热和保护作用。

(2) 植物的生理适应　降低细胞含水量，增加糖或盐的浓度，减缓代谢速率和增加原生质的抗凝结力；其次是靠旺盛的蒸腾作用避免使植物体因过热受害。还有一些植物具有反射红外线的能力，夏季反射的红外线比冬季多，这也是避免植物体受到高温伤害的一种适应。

(3)动物对高温环境的适应 动物通过放松恒温性，使体温有较大的变幅，这样在高温炎热的时刻就能暂时吸收和贮存大量的热并使体温升高，而后在环境条件改善时或躲到阴凉处时再把体内的热量释放出去，体温也会随之下降。动物也在行为上采取一些适应对策来适应高温环境，如夏眠、穴居等躲避行为。

8. 提高植物抗高温能力

进行适当的高温锻炼，可使植物的抗热性有所提高，从植物体本身的生理上得到适应，从而更能适应特定的高温环境。实践中，可采用遮荫、喷水、适当早播等措施来使植物免受高温伤害。

四、温度与生物的地理分布

1. 温度是决定某种生物分布区的重要生态因子之一

温度因子涉及：年平均温度、最冷月、最热月平均温度等指标变量。日平均温度累计值的高低（有效积温）、极端温度（最高和最低温度）是限制生物分布的重要条件。如苹果、梨，橡胶、椰子、可可、马尾松和黄山松等。"杉不过淮水，樟不过长江"马尾松北界不过华中地区。

2. 不同气候带

我国根据气温≥10℃的天数、≥10℃的积温值、1月平均气温等划分出不同的气候带：寒温带（处于大兴安岭的北部，寒温带针叶林，兴安落叶松林）、中温带（从东北地区一直延伸到新疆，针阔混交林和落叶阔叶林）、暖温带（黄淮海、渭河、汾河、流域以及南疆地区，落叶阔叶林）、亚热带（滇北、贵州、汉水上游、长江中下游；滇中、川鄂湘黔、四川盆地、长江上游河谷、长江以南等地；滇南、桂西、闽南、珠江流域、台湾中北部，常绿阔叶林）、热带（西双版纳、德宏、河口、雷、琼、台南，以及西、中、南沙群岛等地区，热带雨林和季雨林）、高原寒带（位于唐古拉山与昆仑山之间，海拔4800~5100m，高寒荒漠草原）、高原温带（冈底斯山以北的南羌塘地区，高原草原）、高原亚热带和热带北缘山地（喜马拉雅山南翼低山地区，季雨林和雨林）。

3. 温度对植物分布的限制作用

温度限制植物的水平和垂直分布。包括限制生物向高纬度及高海拔，和向低纬度及低海拔的分布。树种分布区边界处首先出现林木线，然后出现树木线。

(1) 高纬度和高海拔的限制

①冬温过低 对植物直接作用是妨碍新陈代谢，使组织结冻，降低养分和水分可利用性及机械伤害。冬季低温引起的间接影响，如土壤搅动、冻拔和泥流作用，都是温度剧烈波动的结果。非季节性低温，如出现在早秋或晚春的霜冻，有时可能比冬季低温更严重。

②夏温不足 夏季温度不能满足生长和繁殖的需要，也限制分布。夏季短而凉的地方，总光合不足以补偿呼吸消耗，植物凋落，无净生长。另外，夏温不足植物也难以结实。

(2) 低纬度和低海拔的限制

①夏温过高 引起植物新陈代谢紊乱、过热死亡、失水过度、呼吸速率增高、水分和养分可利用性下降。光合、呼吸作用易于平衡的植物，移到低纬度或低海拔会受到限制，这是因为夜间呼吸作用比白天光合作用增加的幅度大。

②冬季冷期过短 冬季冷期过短或寒冷程度不够，不能满足植物低温需要也会限制树种

向低纬度和低海拔的分布。尤其是需要低温打破休眠和刺激开花的树种。温带植物和昆虫不能分布到亚热带,就是因为缺乏必要的寒冷或低温。这也是苹果、桃、梨等在低纬度栽植不能开花结果的原因。

4. 生物的多样性与温度的关系

一般来说,温暖地区的生物种类多,寒冷地区的种类较少。例如,我国两栖类动物,广西有57种;福建有41种;浙江有40种;江苏有21种;山东、河北各有9种;内蒙古只有8种;爬行动物也有类似的情况,广东、广西分别有121种和110种;海南有104种;福建有101种;浙江有78种;江苏有47种;山东、河北都不到20种;内蒙古只有6种。植物的情况也一样。我国高等植物有3万多种;巴西有4万多种;而俄罗斯国土面积位于世界第一,但植物种类只有16 000多种,主要原因就是由于气温过低。

五、温周期现象及其对园林植物的生态作用

1. 温周期现象

植物随着昼夜、季节有规律的温度变化而表现出来的各种反应称之为温周期现象。不同地区温度的日较差和年较差不同,生物对昼夜变温和温周期变化的反应也不相同。主要表现为日温周期现象和年温周期现象。

2. 变温对园林植物的生态作用

(1) 变温对园林植物种子萌发的影响

变温能提高种子的萌发率。变温能改善种子萌发中的通透条件,从而提高了细胞膜的透性,也有人认为变温有利于某些激素的形成而促进萌发。变温对一些种子有利于打破休眠促进种子萌发。许多种子的萌发需要低温处理,一般1~5℃的低温是最有效的。通常植物要打破休眠需在0~10℃以下的低温260~1000 h,如桃为400h。大多数植物在变温下发芽较好。如草地早熟禾(*Pop pratensis*)和鸭茅(*Dactylis glomerata*)。

(2) 变温对园林植物生长的影响

在植物的最适温度范围内,变温对植物的生长有促进作用。白天适度高温和夜间适当低温的情况下,植物生长加快,变幅越大生长越快。据G. Bonnier试验(1943),波斯菊生长在变温条件下(白天26.4℃,夜间19℃)比生长在恒温条件下(昼夜均为26.4℃或19℃)重量要增加1倍;F. W. Went(1944)在美国加利福尼亚技术研究所的试验,证明番茄的正常生长也要求昼夜温度的变化,而且在温度的变化中要求白天比夜间温度高(表2-4)。

表2-4 变温对番茄茎生长的影响

温度条件/℃	番茄茎的日生长量/mm
昼夜26.5	23.1
昼夜19	19.5
白天20,夜间26.5	19.4
白天26.5,夜间20.5	26.1~35.0

原产大陆性气候地区的植物,在日变幅为10~15℃条件下,生长发育最好;原产海洋性气候区的植物,在日变幅为5~10℃条件下生长发育最好。当然,温度的变幅应控制在植物的最适温度范围内,超过了最适的范围则会抑制植物生长。

(3) 变温对园林植物开花结实的影响

变温有利于园林植物的开花结实，一般温差越大，开花结实相应增多。有些花卉在开花前需要一段时间的低温刺激，才具有开花的潜力，如金盏菊、雏菊、金鱼草等，这种经过低温处理促使植物开花的作用称为春化作用。有些花卉经春化作用不仅会提早花芽分化，而且每一花序上着生的花朵数量会增多。植物花粉母细胞减数分裂和开花孕蕾更需要变温。变温在促进生长、开花的同时，也同样促进结实。

变温能明显增加作物的产量，有句俗语："黑夜下雨白天晴，打的粮食无处盛"。因为晚上下雨时气温较低，植物呼吸作用弱，消耗的养分较少；白天天晴光合作用强，积累的养分元素多，植物净积累的有机物质多，作物的产量当然高。当然这其中雨水充足也是一个重要的因素。

(4) 变温对植物产品品质的影响

变温对植物的产品品质影响较大。新疆的水果品质较好原因是昼夜温差大所致。"早穿棉、午穿纱，抱着火炉吃西瓜"。吐鲁番盆地在葡萄成熟季节，昼夜温差在10℃以上，所以浆果含糖量达22%以上，而烟台受海洋性气候影响，昼夜温差小，浆果含量仅为18%左右。

六、物候节律

季节明显地区，植物适应与气候条件的节律性变化，形成与之相适应的植物发育节律，称为物候。植物发芽、生长、现蕾、开花、结实、果实成熟、落叶休眠等生长、发育阶段的开始和结束称为物候期。研究生物季节性节律变化与环境季节变化关系的科学称为"物候学"。

物候期受纬度、经度和海拔高度的影响，因为这三者是影响气候的重要因素。植物的物候现象是同周围环境条件紧密相关的，是适应过去一个时期内气候和天气规律的结果，是比较稳定的形态表现。因此，通过长期的物候观赏可以了解园林植物生长发育规律，为更好地观赏园林的形态提供依据。

美国霍普金斯（Hopkins）根据大量研究得出：北美洲温带，每向北移动纬度1°，或者向东移动经度5°，或海拔上升124m，植物在春天和初夏的阶段发育（物候期），将各延迟4天；秋天恰好相反，即向北移动纬度1°，或者向东移动经度5°，或海拔上升124m都要提早4天，这是有名的霍普金斯物候定律。该定律在其他地区应用时应予修正。我国东南部等物候线几乎与纬度相平行，从广东沿海直到北纬26°的福州、赣州一带，南北相距5个纬度，物候相差50天之多，即每一纬度相差10天；该区以北情况复杂，北京与南京纬度相差7°多，3、4月间，桃、李始花相差只有9天，每纬度平均约差2.7天；但到4、5月间，两地物候相差只有9天，平均1.3天左右。这种差别的原因是我国冬季南北差异大，而夏季相差很小。造成我国物候线纬度差异的原因之一是受冬季和早春的强冷空气入侵影响。物候的东西差异是受大陆性气候强弱的影响，凡是大陆性气候较强的地方，冬季严寒、夏季酷暑；反之，海洋性气候地区，则冬春温凉、夏秋暖热等。

物候研究方法：观测物候谱、物候图或等物候线。园林植物物候的观察对于更好地应用园林植物具有十分重要的意义，特别是新引种的植物必须对它的物候进行观察才能掌握其生长发育规律。

物候节律中还有一个就是生物钟。生物钟是某些生物的活动是按照时间的变化（昼夜交替、四季变更或潮汐涨落等)来进行的,具有周期性。自然界有许多生物钟现象。有种鸟叫雀鹛鹭,生活在离海边约50km的地方,它们每天飞到海边的时间,总比前一天推迟五十分钟。这样,每天退潮之后,它们总是海滩上的第一批食客,因为潮汐时间每天恰好向后推迟50分钟。砂蚤是栖居于海滨的一种生物。每当涨潮高峰时,它们从沙滩里钻出来,在波涛翻滚的大海中游泳觅食,落潮时就钻入沙滩,静候着下次高潮的到来。豆、豌豆、三叶草的叶子夜间垂下,白天竖起。如果把它们完全置于黑暗之中,它们的叶子依然周期性地垂下和竖起。虽然事实上白天与黑夜的影响已被排除,但是,它们还是继续在受着昼夜交替的影响。用除虫菊灭蝇,下午三时使用特别有效,而用以杀蟑螂,则下午五时半最有效。

七、休眠

休眠是指生物的潜伏、蛰伏或不活动状态,是抵御不利环境的一种有效的生理机制。进入休眠的动植物可以忍耐比其生态幅宽得多的环境条件。动物中变温动物的休眠现象十分普遍。由于变温动物本身不能维持体温的恒定,所以在寒冷的冬天往往通过进入休眠状态来度过这种不良环境。恒温动物中也有休眠现象(如熊)。植物休眠主要表现为种子休眠。

八、园林植物对城市气温的调节作用

1. 园林植物的遮荫作用

通过植物的冠层对太阳辐射的反映,使到达地面的热量有所减少(植物叶片对太阳辐射的反射率约为10%～20%,对热效应最明显的红外辐射的反射率可高达70%),而城市的铺地材料如沥青的反射率仅为4%,鹅卵石的反射率为3%,因此通过植物的遮荫,会产生明显的降温效果。

园林植物的遮荫作用不单纯指对地面的遮荫,对建筑物的墙体、屋顶等也具有遮荫效果。据日本学者调查,在夏季,墙体温度

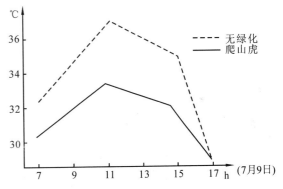

图2-29 爬山虎对墙体温度的影响

都可达50℃,而用藤蔓植物进行墙体、屋顶绿化,其墙体表面温度最高不超过35℃,从而证明墙体、屋顶园林植物的遮荫作用(图2-29)。

2. 园林植物的凉爽作用

绿地中的园林植物能通过蒸腾作用,吸收环境中的大量热量,降低环境温度,同时释放水分,增加空气湿度(18%～25%),使之产生凉爽效应,对于夏季高温干燥的地区,园林植物的这种作用就显得特别重要(表2-5,表2-6)。在干燥的季节,每平方米树木的叶片面积,每天能向空气中散发约6kg的水分。

3. 营造局部小气候的作用

夏天,由于各种建筑物的吸热作用,使得气温较高,热空气上升,空气密度变小;而绿地内,特别是结构比较复杂的植物群落或片林,由于树冠反射和吸收等作用,使内部气温较低,冷空气因密度较大而下降,因此,建筑物和植物群落之间会形成气流交换,建筑物的热

表 2-5 上海市不同类型植物群落的降温效果比较(%)

测点	乔木林	乔灌草1	乔灌草2	灌木林	草坪
西郊公园	3.6~4.7	3.4~4.1			1.0~1.4
长风公园		0.3~0.4	0.7		0.3~0.4
中山公园		0.8~0.9	0.4~0.7		0.4~0.5
人民公园		1.5~1.9		1.0~2.2	0.4~0.5
光启公园		1.0~1.9		0.6~1.3	0~0.2
曹溪北路		1.4~2.8		0.9~2.0	0.7~1.4
康乐小区		1.0~2.2		0.8~2.2	0.6~1.5
杨高路		1.6~2.5	1.0~2.2	0.3~0.4	

表 2-6 上海市不同类型植物群落的增湿效果比较

测点	乔木林	乔灌草1	乔灌草2	灌木林	草坪
西郊公园	10.7~11.5	6.9~11.9			4.5~6.0
长风公园		3.5~4.6	4.8~5.4		1.5~3.0
中山公园		2.2-5.2	0.4~2.4		1.3~4.5
人民公园		3.5~4.4		4.2~6.0	1.2~1.5
光启公园		1.5~4.2		2.1~4.5	0.2~1.7
曹溪北路		3.4~4.1		3.2~3.8	2.0~2.5
康乐小区		3.4~9.5		1.3~7.0	0.5~5.1
杨高路		9.5~11.2	6.0~7.9	1.5~2.4	

空气流向群落,群落中的冷空气流向建筑物,从而形成一股微风,形成小气候,冬天则相反。冬季有林区比无林区的气温要高出 2~4℃。

4. 园林植物对热岛效应的消除作用

增加园林绿地面积能减少甚至消除热岛效应。据统计,1hm^2 的绿地,在夏季(典型的天气条件下),可以从环境中吸收 81.8MJ 的热量,相当于 189 台空调机全天工作的制冷效果。例如北京市建成区的绿地,每年通过蒸腾作用释放 4.39 亿 t 水分,吸收 107 396 亿焦的热量,这在很大程度上缓解了城市的热岛效应。当然,园林植物对于热岛效应的消除需要一定的数量,局部小面积的园林植物对整个大城市的作用相当小,但对局部的影响还是较大。

5. 园林植物的覆盖面积效应

解决城市问题不完全取决于园林植物的覆盖面积,但它的大小是城市环境改善与否的重要限制因子。园林植物的降温效果非常显著,而绿地面积的大小更直接影响着降温效果。

绿化覆盖率与气温间具有负相关关系,即覆盖率越高,气温越低。据此推算,北京市的绿化覆盖率达 50% 时,北京市的城市热岛效应基本可以消除。

九、温度的调控在园林中的应用

1. **温度调控与引种**

引种成功与否除了光照是否相似外,其中温度是一个重要的因素。一些北方种植的植物种类往往由于适应不了南方的夏季高温而死亡，南方植物在向北引种过程中往往受不了北方的严寒而被冻死。因而园林植物引种过程中，必须注意引种地的温度变化范围是否在植物温度三基点范围内，如果不是，可能要考虑经过驯化后再引种。

2. 温度调控与种子的萌发及休眠

种子发芽需要一定的温度，因为种子内部营养物质的分解与转化，都要在一定的温度范围内进行。温度过低或过高都会造成种子伤害，甚至死亡。如水稻种子发芽的最适温度是 25~35℃，最低是 8~12℃，最高是 38~42℃。

冷温水处理比较容易发芽的种子，可加快出苗速率。比较容易发芽的种子，可直接进行播种，但如果用冷水、温水处理则会促进种子的萌发。如万寿菊、羽叶茑萝，一些仙人掌类种子，可用冷水（0~30℃）浸种 12~24h，温水（30~40℃）浸种 6~12h，以缩短种子膨胀的时间，加快出苗速度。

变温处理出苗比较缓慢的种子，可加快出苗速度，提高苗木的整齐度。珊瑚豆、文竹、君子兰、金银花等，在播种前应进行催芽。先用温水浸种，待种子膨胀后，平摊在纱布上，然后盖上湿纱布，放入恒温箱内，保持 25~30℃ 的温度，每天用温水连同纱布冲洗 1 次，待种子萌动后立即播种。

3. 温度调控与园林植物的开花

温度对园林植物的生长发育尤其是开花有着极为重要的影响。有的花卉在低温下不开花，有的则要经过一个低温阶段（春化作用）才能开花，否则处于休眠状态，不开花。因而对不同的植物应采取不同的措施以促进或延迟园林植物的开花。

升高温度能促进部分园林植物的开花。一些多年生花卉如在入冬前放入高温或中温温室培养，一般都能提前开花，如月季、茉莉、米兰、瓜叶菊、旱金莲、大岩桐等常采用这种方法催花；正在休眠越冬但花芽已形成的花卉，如牡丹、杜鹃、丁香、海棠植物在早春开花的木本花卉，经霜雪后，移入室内，逐渐加温打破休眠，温度保持在 20~35℃，并经常喷雾，就能提前开花，可将花期提前到春节前后；其他还有非洲菊、大丽花、美人蕉、象牙红、文殊兰等，都可用加温的方法来延长花期。

降低温度，延长休眠期，可推迟园林植物开花的时间。一些春季开花的较耐寒、耐荫的晚花品种，春暖前将其移入 5℃ 的冷室，减少水分的供应，可推迟开花。在冷室中存放时间的长短，要根据预定的开花时间和花卉习性来决定，一般需提前 30 天以上移至室外，出室后注意避风、遮荫，逐渐增加光照。

对于植物的开花，温度只是其中一个方面，仅有一部分花卉通过单纯的调温处理可提前或延后开花。大部分花卉，要采取综合措施才能调整花期。

4. 温度调控与防寒

冬季，多数盆栽花卉搬进室内，管理时要注意对温度等环境的控制。花卉的生长习性不同，对温室要求也不同，一般根据对温度的要求可将其分为四种：冷室花卉，如棕竹、蒲葵等，冬季在 1~5℃ 的室内可越冬；低温温室花卉，如瓜叶菊、海棠等，最低温度在 5~8℃ 才能越冬；中温温室花卉，如仙客来、倒挂金钟等，最低温度 8~15℃ 才能越冬；高温温室花卉，如气生兰、变叶木等，最低温度在 15~25℃ 才能越冬。因此，对于不同的花卉类型，应采取不同的温度配置，使其安全越冬。

第四节　水分因子

水分子的结构,决定了它具有独特的物理和化学性质,一切生物学机能都离不开它。水是生命存在的先决条件,生命是从水体中形成和演化的。

一、水的不同形态

在地球表面和大气层中的全部水约有 1.5×10^9 km^3,其中海水占97%,余下的3%中,3/4为固态水,汽态水、地表水和地下水仅占1/4,可以说水是十分珍贵和缺乏的资源。对大多数陆地生态系统而言,降雨是水分输入的主要形式,其他还有雪、露、雹、雾凇等。降水量是指降落到地面上各种形态的水,积聚在地平面上的水层厚度,以毫米(mm)计算。降水量的分布、持续时间、强度和变化对于植物的分布都有重要的影响。

雨是降水中最重要的一种形式。雨的生态效应不仅由年降水量所决定,而且也与年际间变化、季节分配和降雨强度有关。区域性的气候特点是影响年降水量的重要因素,从而决定着植被的类型。如我国华南地区的降水量超过 2000mm,故可生长茂密的雨林和季雨林,西北地区的年降水量一般少于 250mm,个别地区不足 100mm,分布着草原和荒漠植被。降雨的变化对于植物影响也十分大。大雨能打落植物的叶片,摧毁草本植物,侵蚀土壤和淤塞溪流。大雨和暴雨提供给植物可利用的水分较少,而小雨则较多。树木吸收的水分主要来自土壤,土壤水分的补充则主要靠降水。

雪也是重要的降水形式,春季具有补充土壤水分的作用。干旱地区高山上的积雪,每年在夏季融化后,成为灌溉农业、牧业和生活用水的重要来源。雪的覆盖对土壤温度有明显影响,也正由于雪的覆盖,使得土壤温度高于气温 3~5℃,因而在一定程度上有保护植物和幼苗幼树越冬的作用。雪能造成林木的雪压、雪折、雪倒等机械伤害。有时山区还发生雪崩,危害更大。

雪凇、雾凇为固体形态水分,对树木的危害与雪相似。1959 年 2 月河南鸡公山雨凇、雾凇同时出现,林木折损率4.6%~42.9%,枝条折断率13.6%~64.7%,严重的达100%。

雾和露是一些地区重要的生态因子。它们是由于大气中的水汽含量较高,当夜晚气温下降,水汽在大气中的微小颗粒在植物或其他物体表面凝结的现象。如果没有其他污染物,雾和露水对补充植物所需的水分具有十分重要的意义,但是,如果和大气污染物结合在一起,则往往带来较大的伤害。

与植物关系最直接的是土壤水分。若降水量充足,下渗水一直可达到地下面,这种受重力作用而下移的水分,即为重力水。重力水流走后,悬浮在大孔隙、充满小孔隙和附着在土壤颗粒表面水膜形式存在的水,称为毛管水。从生态意义来说,毛管水作用最大,大多数时间,植物根系吸收的水主要是毛管水。

二、水因子的生态作用(水的重要性)

1. 水是生物生存的重要条件

水是构成植物体的主要成分之一。从生活细胞到树木种子,都含有不同比例的水,原生质平均含水量达85%~90%;根和茎端的生长部分含水量约占其鲜重的90%;新伐木材含水量约占50%。植物的生命活动需要水,水是光合作用的原料。有机物的水解作用需要有水参与反应。从土壤水→根皮层和木质部→茎木质部→叶维管束→叶肉细胞→气孔→大气,构成了树木水分吸收、运输、蒸腾的系统,蒸腾作用和液流输导保证了树木对水分的需要,降低了体温并完成了养分的吸收、运输和利用。水使植物和树木组织保持膨压,维持器官的紧张度,使其具有活跃的功能。水的比热较高,可使植物体温度趋于稳定。同时,水也是维持地球表面温度不剧烈变化的重要原因,因为地球表面3/4的部位都被水覆盖,水的比热较高,即使白天受到太阳直射水体温度也不会升得很高,相反,晚上水体温度也不会下降很多,从而维持了水体温度和地表温度的整体稳定。同时,水也是养分的溶剂。

由于水对植物具有的多种功能,所以区域性的水分状况和水的可利用性,决定了生物生产力和生物量的高低及其分配。植物对水分条件的不同适应,产生了各种各样的生态类型及适应方式。

2. 水对动植物生长发育的影响

水量对植物的生长也有最高、最适和最低3个基点。低于最低点,植物萎蔫、生长停止;高于最高点,根系缺氧、窒息、烂根;只有处于最适范围内,才能维持植物的水分平衡,以保证植物有最优的生长条件。种子萌发时,需要较多的水分,因水能软化种皮,增强透性,使呼吸加强,同时水能使种子内凝胶状态的原生质转变为溶胶状态,使生理活性增强,促使种子萌发。水分还影响植物其他生理活动。实验表明,植物在萎蔫前蒸腾量减少到正常水平的65%时,同化产物减少到正常水平的55%;相反,呼吸却增加到正常水平的62%,从而导致植物生长基本停止。

水对动物也有较重要的影响。在水分不足时,可以引起动物的滞育和冬眠。例如,降雨季节在草原上形成一些暂时性水潭,其中生活着一些水生昆虫,其密度往往很高,但雨季一过,它们就进入滞育期。许多动物的周期性繁殖也与降水季节密切相关。如羚羊幼兽的出生时间,正好是降水和植被茂盛的时期。

3. 水对动植物数量和分布的影响

降雨量受地理位置和海拔高度的影响,随着降水量的不同(表2-7),植被类型也发生变化,以植物为食的动物种类也发生变化。我国从东南到西北,可以分为3个降雨量区,因而植物类型也可分为3个区,即湿润森林区、干旱草原区及荒漠区。即使是同一山体,迎风坡和背风坡,也因降水的差异各自生长着不同的植物,伴随分布着不同的动物。水分与动植物的种类和数量存在着密切的关系。在降水量最大的赤道热带雨林中植物达52种/hm^2,而降水量较少的大兴安岭红松林群落中,仅有植物10种/hm^2,在荒漠地区,单位面积物种数更少。

表2-7 降雨量与植物类型关系

年降雨量/mm	0~24.5	24.5~73.5	73.5~1225	>1225
植物类型	荒漠	草原	森林	湿润森林

三、生物对水因子的适应

1. 植物对水因子的适应

植物对水因子的适应体现在组织、形态、生理等方面。如水生植物的通气组织发达,机械组织退化，叶形状产生退化。如浮水植物睡莲和挺水植物芦苇都具有发达的茎，荷花叶形变成盾生叶而且十分宽大。根据植物叶片与水的距离可将植物分为沉水植物、浮水植物和挺水植物。沉水植物一般植物体的根和叶都位于水平面以下，植物主要吸收水中的氧气来满足植物呼吸作用的需求，如狐尾藻。浮水植物可分为两类：一类是根系着生于水中的土壤中，叶浮于水体表面，如睡莲；另一类是根系漂浮于水中，而叶浮于水体表面，整个植株体的固定性较差，而浮动性较强，如浮萍。挺水植物则根系着生于水中的土壤中，但是茎和叶片位于水面以上，通过茎将空气中的氧气输送到根部满足植物根呼吸的需求，如荷花。

陆生植物则根据对水分的适应性可分为湿生植物、中生植物和旱生植物。一般湿生植物生长在水分较多、湿度较高的环境中，而中生植物的耐湿性和抗旱性都介于湿生植物和旱生植物之间。旱生植物一般都具有减少水分损失或贮存水分的组织或机构，以适应干燥的环境。

土壤中的含水量是影响植物生长的一个重要因素，如果水分过多，则导致土壤中空气中O_2含量下降，植物根系呼吸需要的氧气不够，导致根系无氧呼吸产生酒精，长时间会导致植物根系生长衰退或腐烂。

2. 动物对水因子的适应

水生动物生活在水的包围之中，似乎不存在缺水问题。但因为水是很好的溶剂，不同类型的水溶解有不同种类和数量的盐类，水生动物表面通常具有渗透性，所以也存在着渗透压调节和水分平衡的问题。不同类群的水生动物，有着各自不同的适应能力和调节机制。水生动物的分布、种群形成和数量变动都与水体中含盐量的情况和动态特点密切相关。渗透压调节可以限制体表对盐类和水的通透性，通过逆浓度梯度主要吸收或排出盐类和水分，改变所排出的尿和粪便的浓度与体积，例如，淡水动物体液的浓度对环境是高渗透性的，体内的部分盐类既能通过体表组织排出，又能随粪便、尿液排出体外，当体内盐类有降低的危险时，它们会使排出体外的盐分降低到最低限度，并通过摄取食物和鳃，从水中主动吸收盐类。海洋中的大多数生物体内的盐量和海水是等渗的（如无脊椎动物和盲鳗），有些比海水低渗（如七鳃鳗和真骨鱼类），低渗使动物易于脱水，于是在喝水的同时又将盐吸入，它们对吸入多余的盐类排出的方法是将尿液量减少到最低限度，同时鱼的鳃可以逆浓度梯度向外分泌盐类。一些广盐性鱼类其体表对水分和盐类渗透性较低，有利于在浓度不同的海水和淡水中生活。当它们从淡水中转移到海水中时，虽然有一段时间体重因失水而减轻，体液浓度增加，但48h内，一般都能进行渗透压调节，使体重和体液浓度恢复正常。反之，当它们由海水进入淡水时，也会出现短时间的体内水分增多、盐分减少的现象，但它们可以通过提高排尿量来维持体内的水分平衡。如美洲鳗鲡的肾脏能改变机能，在咸水中能排泄盐类，而在淡水中能吸收水分。

陆生动物对水分的适应主要体现在形态、行为和生理上。

形态结构上的适应有多方面，如昆虫具有几丁质的体壁，防止水分的过量蒸发；生活在高山干旱环境中的烟管螺可以产生膜以封闭壳口来适应低温条件。鸟类具有羽毛和尾脂腺，哺乳动物有皮脂腺和毛，都能防止体内水分过分蒸发，以保持体内水分平衡。

行为上的适应也有多方面，一般沙漠动物白天躲在洞内，夜里出来活动，更格卢鼠能将洞口封住，这表现了动物行为上的适应。干旱地区的许多鸟类和兽类在水分缺乏、食物不足时迁移到别处去，以避开不良的环境条件。

生理上的适应方式也较多。如"沙漠之舟"骆驼可以17天不喝水，身体脱水达体重的27%仍然照常行走。它不仅具有贮水的胃，驼峰中还储藏有丰富的脂肪，在消耗过程中产生大量的水分，血液中具有特殊的脂肪和蛋白质，不易脱水。

四、植被的水文调节作用

1. 水分平衡

一个地区的水分平衡状况与降水量、蒸发、蒸腾、地表径流、地下径流等多种因素有关（图2-30，图2-31）。

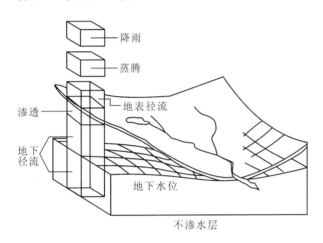

图2-30 降水过程中水流的变化

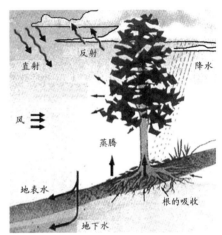

图2-31 水分的平衡

降雨量 P = 林冠截留量 I + 蒸发散量 E + 地表径流 Qs + 地下径流 Qss + 土壤含水量增量 △W

认识和研究一个地区水分平衡和水文效益的实用方法——小集水区（Catchment）技术。小集水区技术指在一个小的集水区，观察降水量、蒸发量、径流量等因素来分析各种因素对当地水分平衡的影响。

2. 水文学过程

（1）蒸发

蒸发是指土壤水经植被蒸腾和林地地面蒸发而进入大气的作用。

一般来说森林的蒸腾量大于草地、农田作物。主要原因是森林中的植被个体高大，叶片数量多。

影响森林蒸腾量的因素主要有树种、叶面积的大小和气候状况等。由于森林绝大部分地面都被植物所覆盖，所以森林的蒸发散主要取决于蒸腾的数量。不同树种由于其遗传特性不一样，所以其生长速率也不一样，蒸发散也不一样，比如桉树，由于其光合速率高，生长快，对水分的消耗也大，蒸发的水分也多。相反一些生长速率慢的植物则蒸发散的数量较小。蒸发散与叶面积密切相关。叶面积大，可蒸腾的面积也就大，蒸腾的水分也较多。森林的蒸发散也与气候状况有关。一般来说，气温高时植物的蒸腾和蒸发作用旺盛，蒸发散也大；相反当气温低时，植物往往进入休眠状态，蒸腾和蒸发作用都相当弱。而且植物所处的大环境不一样，蒸腾作用也不一样，如在干燥的环境中，植物的蒸发、蒸腾作用较强，而处于高湿度的环境中植物的蒸发、蒸腾作用往往较弱。

（2）地表径流

地表径流对于一个地区的植被具有重要的意义。径流量小的小河对于当地气候的影响相对较小，而径流量大的河流对一个地区的气候往往影响很大，特别是降大雨和暴雨时。

Ⅰ 森林可以显著减少地表径流

森林可以显著减少地表径流的主要原因有：林内死地被物能吸收大量降水，减少径流；森林土壤疏松、孔隙多、富含有机质和腐殖质，水分容易被吸收和入渗。地表径流受树干、下木、活地被物和死地被物的阻挡，流动缓慢，有利于被土壤吸收和入渗。

Ⅱ 植被对降水的再分配和树冠截流

树冠截留雨量 = 林外雨量 − 林内雨量

林内雨量等于滴落量（drip）加上茎流量（Stem flow）和穿透雨量（Through fall）。林外雨量指在连续降雨的一段时间内，林冠上部或旷地雨量。

影响植被截留量的因素主要有树种、林冠结构、年龄和林分密度。树木树种不同，其冠幅大小、叶片大小、叶片上的附属组织不同，对降水的截留量也不一样。树木年龄不一样，其树冠结构也不一样，如幼树、成年树和衰老树其树冠结构有着明显的变化，衰老树的树冠稀疏，叶片排列不是很紧密，所以对降水的截留量相对较少；而成熟的树木树冠相当紧密，叶片多，对降水的截留量大。另外一个因素是林分的密度，如果林分的密度大，则不同树木之间的空隙小，整个林分的郁闭度大，整个林分对降水的截留量大。

降水在下降的过程中，会有一部分沿着树干向下流动。影响茎流的因素主要有树种形态、树皮粗糙度等。很明显光滑的树干对于茎流的影响相对较小，基本上对于茎流中的养分元素影响不大；但是树皮粗糙的树木对于茎流中的养分元素影响较大，一般情况下，养分元素的含量增加。如在小兴安岭椴树红松林测定茎流提供的养分元素，钾为 $0.6 kg/hm^2 \cdot a$，钙 0.8，镁 0.2，氮 0.2。而枫桦红松林分别为 1.8，1.1，0.2，0.3。

Ⅲ 入渗土壤的水

降水向土壤中渗透的过程，称为入渗。相关的概念主要有初渗率和终渗率。

初渗率：在水分渗入土壤中时，在初期入渗速率很大，即初渗率。

终渗率：初渗率在短时间内即急剧下降，最后趋于稳定，即终渗率。

在相同情况下，同一土壤的初渗率高，终渗率要低得多。主要原因是，在降水初期，土壤中的含水量很低，所以水分大量、快速地向土壤中渗透，但是水分不断地被土壤吸收，降水向土壤中下渗的速率越来越慢。

一般情况下，林地的终渗率较高，相对来说，城市土壤的终渗率则要低得多。主要原因是土壤物理结构和理化性质不同，土壤紧实的终渗率相对要小得多，而土壤结构疏松的土壤的终渗率则比较大。对于风景园林生态系统，不同地段由于土壤条件的不同，入渗土壤的水分相差很大。对一些土壤结构好，孔隙度大，

图 2-32　含水较少地段应用观赏草

地表枯枝落叶覆盖较多的公园地段,土壤的保水能力较强,需要人工灌溉的次数较少。相反在一些土壤紧实,含有较多的石块或建筑垃圾的地段,则土壤的保水能力较差,遇上持续的高温需要人工灌溉才能保证其正常生长。另外,根据土壤结构和理化性质的不同,应选择合适的植物进行造景(图2-32)。

五、植物对降水的影响

山地森林的存在会增加降雨量,其主要原因是当雾进入森林时,雾滴附着在树体上,变成水滴而滴落,称为水平截留(horizontal interception)。这种现象在雾多的地段效果较为明显,如日本北海道东海岸的防雾林。在冷杉、槭等针阔混交的天然林中,生长季(4~10月)观测林内外的雨量,因树冠对雾的截留,4月和7月份林内雨量比林外分别多11%(28mm)和10%(48mm),这种情况在山地森林中更明显。

在无林地区,大面积造林明显增加森林覆盖率后,也会增加降水量。如广东省雷州半岛经大面积造林,降水量较造林前增加200mm以上,印度南部造林前后比较,年降水量增加149mm。

六、水分对风景园林生态系统的影响

1. 水分影响园林植物的分布

在园林植物景观设计过程中,不同地段土壤中含水量的不同,直接影响植物的配置。如水体植物只能是耐水湿的植物,如垂柳;而在干旱地区则只能是一些耐旱植物如柽柳。而一些喜湿耐荫植物的分布受到限制,如珙桐由于城市环境中的湿度、光照和温度达不到其生长要求而很少种植。

2. 水分影响的园林植物生态型

根据植物对水分的忍耐程度将植物分为旱生植物、中生植物、湿生植物和水生植物。

(1)旱生植物　旱生植物能长期忍受干旱而正常生长发育。根据其适应干旱环境的方式可分为少浆植物或硬叶植物、多浆植物或肉质植物和冷生植物或干矮植物。

Ⅰ 少浆植物或硬叶植物　体内的含水量很少,而且在丧失1/2含水量时仍不会死亡。它们的形态特征具有如下特点:叶面积小,多退化成鳞片状、针叶或刺毛状。叶表具有厚的蜡层、角质层或毛茸,以防止水分的蒸腾。叶的气孔下陷并在气孔腔中生有表皮毛,以减少水分散失。当体内水分降低时,叶片卷曲或呈折迭状。如卷柏。根系极发达,能从较深的土层内和较广的范围内吸收水分。细胞液的渗透压极高,叶片失水后不萎凋变形。气孔数较多。

Ⅱ 多浆植物或肉质植物　体内有薄壁组织形成的贮水组织,体内含有大量的水分。其形态和生理特点如下:茎或叶多肉且具有发达的贮水组织。茎或叶的表皮有厚角质层,表皮下有厚壁细胞层,这种结构可减少水分的蒸腾。大多数种类的气孔下陷,气孔数目不多。根系不发达,属于浅根系植物。细胞液的渗透压很低。

Ⅲ 冷生植物或干矮植物　具有旱生植物的旱生特征,但又有自己的特征。依其生长环境可分为两种:一种是土壤干旱而寒冷,植物具有旱生性状,主要分布在高山地区。二是土壤多湿而寒冷,植物亦呈旱生状性。生理干旱。常见于寒带、亚寒带地区,是温度与水分因子综合影响所致。

(2)中生植物 中生植物不能忍受过湿或过干的环境。此类植物种类众多，因而对于干和湿的忍受程度差异较大。

(3)湿生植物 需生长在潮湿的环境中，在干燥的环境中则生长不良。可分为喜光湿生植物和耐荫湿生植物两类。

Ⅰ 喜光湿生植物 生长在阳光充足，土壤水分经常饱和或仅有较短的干旱期地区的湿生植物。如鸢尾声、落羽杉、池杉、水松等。

Ⅱ 耐荫湿生植物 生长在光线不足，空气湿度较高，土壤潮湿环境下的湿生植物。如热带雨林或亚热季雨林中、下层的许多种类，蕨类、秋海棠。

(4)水生植物 生长在水中的植物，可分为挺水植物、浮水植物和沉水植物三大类。

Ⅰ 挺水植物 植物体的大部分露在水面以上的空气中，如芦苇、香蒲等。

Ⅱ 浮水植物 叶片飘浮在水面。可分为半浮水植物(根生于水下泥中，如睡莲)和全浮水植物(植物体完全浮于水面，如凤眼莲、浮萍、满江红)。

Ⅲ 沉水植物 植物体完全沉没在水中，如金鱼藻、苦草等。

3. 园林植物对水分不正常的忍受

在水分不正常的区域，常常有缺水和水分过多两种极端情况。

(1)耐旱树种

耐旱树种可分为五类，分别是耐旱力最强的树种、耐旱能力较强的树种、耐旱力中等的树种、耐旱力较弱的树种和耐旱力最弱的树种。

Ⅰ 耐旱力最强的树种 经受2个月以上的干旱高温，未采取抗旱措施，树木生长缓慢，树种有：雪松、黑松、响叶杨、加杨、垂柳、旱柳、杞柳、化香树、小叶栎、白栎、栓皮栎、石栎、继木、桃、石楠、光叶石楠、山槐、合欢等52种。

Ⅱ 耐旱能力较强的树种 经受2个月以上的干旱高温，未采取抗旱措施，树木生长缓慢，有叶黄及枯梢现象，树种有：马尾松、油松、赤松、湿地松、圆柏、柏木、龙柏、毛竹、水竹、棕榈、毛白杨、滇杨、青钱柳等99种。

Ⅲ 耐旱力中等的树种 经受2个月以上的高温干旱不死，但有较重的落叶和枯梢现象，树种有：罗汉松、日本五针松、白皮松、落羽杉、香柏、杜仲等85种。

Ⅳ 耐旱力较弱的树种 干旱高温期在一个月以内不致死亡，但有严重落叶枯梢现象，生长几乎停止，如旱期再延长而不采取抗旱措施就会逐渐枯死，有：粗榧、三尖杉、华山松、柳杉、玉兰、腊梅、大叶黄杨、珙桐等21种。

Ⅴ 耐旱力最弱的树种 旱期一月左右即死亡，在相对湿度降低，气温达40℃以上时死亡最为严重，树种有：银杏、杉木、水杉、水松、日本扁柏、檫木等9种。

(2)耐淹树种

Ⅰ 耐淹力最强的树种 能耐3个月以上的深水浸淹，当水退后生长正常或略见衰弱，树叶有黄落的现象，有时枝梢枯萎，如垂柳、旱柳、龙爪槐、桑、豆梨、紫穗槐、落羽杉等。

Ⅱ 耐淹力较强的树种 能耐2个月以上的深水浸淹，当水退后生长衰弱，树叶常见黄落。如水松、棕榈、栀子、麻栎、枫杨、榉树、沙梨、乌桕等23种。

Ⅲ 耐淹力中等的树种 能耐较短(1~2个月)的水淹，水退后必呈衰弱，时期一久即趋枯萎，即使有一定萌芽力也难以恢复生长，树种有侧柏、千头柏、圆柏、龙柏、水杉等29

种。

Ⅳ 耐淹力弱的树种　仅能忍耐 2~3 周短期水淹，超过时间即趋枯萎，一般经短期水淹后生长显然衰弱。如罗汉松、黑松、刺柏、樟树、花椒、冬青等 27 种。

Ⅴ 耐淹力最弱的树种　最不耐淹，水仅浸淹地表或根系的一部分至大部分时，经过不到 1 周的时间即趋枯萎而无恢复生长的可能。主要树种有：马尾松、杉木、柳杉、柏木、海桐、桂花等 26 种。

4. 耐淹、耐旱树种的特点

对阔叶树而言，一般情况耐淹力强的树种，其耐旱力也很强。如柳类、柘、榔榆、梨类、紫穗槐、雪柳等。深根性树种大多数耐旱，如松类、栎类、樟树等，但檫木例外。浅根性树种大多不耐旱，如杉木、柳杉等。树种的耐力与其生境有关，生长于湿生环境的植物，其耐淹力较强，而耐旱性较差。在针叶树类中，其自然分布广及属于大科、大属的树木比较耐旱，如松科、柏科的树种。

5. 水分的其他形态对树木的影响

（1）雪　降雪可覆盖大地，增加土壤水分，保护土壤，防止土温过低，有利植物越冬。但大雪较大的地区，容易使树木受雪压。在长江流域以北的地区由于暴雪、特大暴雪引起许多树木被压断的现象。

（2）冰雹　冰雹对松木等树木的损害取决于冰雹的直径和持续时间/直径越大，持续时间越大，对树木的危害就越大，严重的会造成局部地区大面积植物的死亡或被毁。

（3）雨凇、雾凇　会在树枝上形成一层冻壳，严重时，易使树枝折断，一般以乔木受害较多，多发生在高山上。

（4）雾　伴随着大的湿度，虽然能影响光照，但由于能补充水分，所以对植物的生长有利。

第五节　土壤因子

一、土壤因子的生态作用

1. 土壤的生态意义

土壤无论对植物还是动物都是重要的生态因子。植物的根系与土壤有着极大的接触面，在植物和土壤之间进行着频繁的物质交换，彼此有着强烈的影响，因此通过控制土壤因素可影响植物的生长和产量。对动物来说，土壤是比大气更为稳定的生活环境，其温度和湿度的变化幅度要小得多，因此土壤常常成为动物的极好隐蔽所，在土壤中可以躲避高温、干燥、大风和阳光直射。由于在土壤中运动要比大气中和水中困难得多，所以除了少数动物能在土壤中掘穴居住外，大多数土壤动物都只能利用枯枝落叶层中的孔隙和土壤颗粒间的空隙作为自己的生存空间。

土壤是所有陆地生态系统的基底或基础，土壤中的生物活动不仅影响着土壤本身，而且也影响着土壤上面的生物群落。生态系统中的很多重要过程都是在土壤中进行的，其中特别是分解和固氮过程。生物遗体只有通过分解过程才能转化为腐殖质和矿化为可被植物再利用的营养物质，而固氮过程则是土壤氮肥的主要来源。这两个过程都是整个生物圈物质循环所不可缺少的过程。

土壤对于植物具有重要的意义，体现在以下几方面：

（1）固定作用　生长期在石质山地上的树木，根系可扎到岩隙或风化岩石的20m深以下，十分抗风倒。密林中的树木，根系、树冠相互交织在一起，在根系不足支撑地上部分的情况下，可增加树木的稳定性。一旦森林遭受破坏，在强风中就往往发生成片风倒的现象。土壤通气不良、物理板结、化学胶结、地下水位过高、有毒化学物质的积累、土温过低、季节冻层或永久冻层等原因，均会限制根系的活动。长在深厚但长期或短期积水土壤上的植物，通常比浅层石质土上的林分更易遭风倒。

（2）供应水分　土壤能吸水和储水，无土壤的地方也无植被，其中主要原因是没有水分储存。保水能力极差的土壤（如粗糙的砾质土）无植被生长或只生有稀疏耐旱植物。土壤水分过多对大多数植物生长也不利，因为缺少根呼吸所需的氧气。排水良好且生长季内保持湿润的土壤，一般有茂盛植被且生产力很高。只有在土壤气、水比例适当时，植物才能获得最佳生长状况。有机质含量多的土壤也会产生过湿的问题，如泥炭藓类形成的土壤总是常年处于水分过饱和状态，绝大多灵敏植物难以生存。

③供应养分　植物生长可通过多种途径获取养分，如从大气、土壤溶液、矿物风化物、有机质分解以及体内养分内部再分配等。另外菌根共生营养也十分重要。每年树木吸收的大部分养分也来自生物地球化学循环，即主要通过土壤的森林死地被物，主要是氮和磷。

2. 影响土壤形成的因素

影响土壤和土壤特性的成土因素分别是母质、气候、生物因素、地形和时间5个方面。

母质是指最终能形成土壤的松散物质，这些松散物质来自于母岩的破碎和风化或外来输送物。母岩可以是火成岩、沉积岩，也可以是变质岩，岩石的构成成分是决定土壤化学成分的主要因素。其他母质可以借助风、水、冰川和重力被传送，由于传送物的多样性，所以由传送物形成的土壤常要比母岩破碎形成的土壤肥沃。

气候影响土壤，因为温度决定着风化的速度，决定着有机物和无机物质分解和腐败速度，还决定着风化产物的淋溶和移动；此外，还决定着一个地区的植物和动物，动物又是影响土壤发育的重要因素。

地表影响着进入土壤的水量。斜坡上流失的水较多，渗入土壤的水较少，导致了斜坡上土壤发育不良，土层薄且分层不明显。在平地常有额外的水进入土壤，使土壤深层湿度很大且呈现灰色。

时间也是土壤形成的一种因素，因为一切都需要时间，如岩石的破碎和风化、有机物质的积累、腐败和矿化、土壤上层无机物的流失、土壤层的分化，所以这些过程都需要很长的时间。良好的土壤的形成可能要经历2000~20 000年的时间。

植物、动物、细菌和真菌对土壤的形成和发育有很大的影响。植物迟早会在风化物上定居，把根潜入母质并进一步使其破碎，植物还能把深层的营养物吸到表面上来，并对风化后进入土壤的无机物进行重复利用。生物通过有机物质的分解把有机化合物转化成了无机营养物。植物的生长可减弱土壤的侵蚀与流失并能影响土壤中营养物的含量。动物、细菌可使有机物分解并与无机物混合，有利于土壤的通气性和水的渗入。

3. 土壤质地和结构

土壤质地和结构是土壤最重要的物理性质。土壤质地是指组成土壤的矿质颗粒，即石砾、沙、粉沙、黏粒的相对含量。质地是土壤分类的依据之一，也是影响水分、通气、肥力和生产力的重要因素。土壤中黏粒含量对肥力影响最大，黏粒具有胶体性质，表面的负电荷有吸收阳离子的作用，可保护养分（Ca、Mg、K、Na 等）不受淋溶，从而维持土壤肥力。土壤质地不同，具有不同保持水分、养分和通气性的能力，从而影响植物根系的分布。例如生长在砂质土上的红松根系较深，生长发育良好。含有石砾的土壤中，根系生长也好；但在通气不良的重壤或黏土中，根系仅限于 A 层。云杉在排水不良和通气差的黏土中，长成浅根系并易发生风倒，但生长在沙壤土或沙质土壤上，根系生长发育良好。在华北山区，油松与栎的分布常与土壤质地有关，质地粘重以栎为主，土壤砂粒较多则适宜油松生长。

土壤结构是指土壤颗粒排列状况，如团粒状、片状、柱状、块状、核状等。团粒结构是林木生长最好的土壤结构形态，它使土壤水分、空气和养分关系协调，改善土壤理化性质，是土壤肥力的基础。林地死地被物所形成的腐殖质可与矿物颗粒互相粘结成团聚颗粒，能促进良好结构的形成。

4. 土壤中的水分和空气

土壤中的水分和空气主要取决于降水、土壤的质地和土壤结构。

降水使土壤中的水分饱和后，大孔隙中的水受重力作用下渗，经过 2~5 天重力水排完。因重力水容易排掉，且仅在下降过程中，与根系接触才被利用，故对植物的水分供应是有限的。重力水下渗后，土壤所持有的水，称为田间持水量。这时土壤持有的可移动水分主要是毛管水。毛管水移动缓慢，能溶解植物所需的养分，是对植物生长发育最重要的有效水。质地细、含有有机质和胶体多的土壤要比粗质地土壤储水量多，故田间持水量按沙土、壤土、腐殖土的次序递增。土壤有效水，经植物吸收、蒸腾，以及蒸发耗尽时，植物萎蔫，甚至夜间或人工采取避免植物蒸腾措施时，也不再恢复，这种状态称为永久萎蔫。此时土壤含水量为永久萎蔫系数。土壤田间持水量与萎蔫系数之差，是土壤有效含水量。

水分不足影响着植物幼苗的存活和树高、径的生长。温带地区，生长季节缺乏水分，不仅影响树木的新梢生长，也会影响树木直径的生长。所以干旱地区森林生产力较低。土壤水分过多，尤其是地下水位过高，会使土壤缺氧气和提高二氧化碳含量，阻碍根呼吸和吸收养分，甚至根系腐烂。沼泽地和地下水位高的土壤，树木生长不良，主根不发达，侧根水平分布。生长在池沼的落羽杉、池杉侧根常隆出水平，形成"根膝"以呼吸空气。

土壤空气也是植物生长发育的重要因素，它影响根系呼吸及生理活动，也影响土壤微生物的种类、数量及分解活动。土壤中，植物根系、动物和微生物的呼吸作用和有机质的分解，不断消耗氧气，放出二氧化碳，使土壤空气中，氧气和二氧化碳的含量明显不同于大气。土壤空气中二氧化碳的含量可达 2%，而氧气含量较少，土壤板结、积水而通气不良的情况下，氧气含量可低于 10%。土壤空气中二氧化碳不断以气体扩散的形式进入近地面空气层，供叶片吸收。当土壤缺少氧气，二氧化碳积累过多时，均不利于植物生长。土壤空气中二氧化碳含量过多，氧气含量过低，会形成对植物有毒害作用的硫化氢、亚铁。缺氧条件下，可发生反硝化作用，造成土壤氮的损失。不同树种，对土壤空气中氧气含量的适应性有很大的差别。松树和云杉，在土壤含氧量 10% 左右，根生长显著受到抑制。只有少数树种，在土壤含氧量 2% 时仍能生长。

5. 土壤温度

土壤温度直接影响根系生长、吸水力，从而影响全株生长。土温还制约着土壤中多种理化和生物作用的速率,而间接影响植物生长。

温带木本植物根系生长的最低温度相当低,在2~5℃。芽开放前,根已开始生长,一直延续到晚秋。温暖地区植物的根系生长要求温度较高,柑橘类的根,在10℃以上才能生长,最适土温为20~25℃,再增加5~10℃,根的生长即停止。土壤冻结,根的生长也停止。永冻层的土壤中,根系都很浅。

土壤温度影响植物的吸水力和水分在土壤中的黏滞性。植物从温暖土壤中吸收要比冷凉土中吸水更容易。温度低时,植物原生质对水的透性降低而减少吸水,低温使根生长速度变慢,减少了吸收表面和利用水的能力。许多草本和木本植物,零上几度的温度就会大大降低对水分的吸收,如温暖地区的菜豆、黄瓜等当温度低于5℃即停止吸水。

6. 土壤的化学性质

(1) 土壤酸度

土壤受母岩、降水、地形、植被等影响,有酸、碱和中性反应(用pH值表示)。湿润地区多数森林土壤呈弱酸到中性反应,沼泽土酸性较强,干旱地区的盐碱土则为碱性。为确切表示pH值与林木生长的关系,需测定整个土壤剖面不同层次,尤其是根系密布区的pH值,另外还要注意季节变化。

pH值影响土壤的理化性质和微生物的活动,进而影响土壤肥力和植物生长。化学风化作用,在酸性条件下最强。腐殖化作用和生物活性,在微酸和中性条件下最旺盛。酸性较强的土壤里,许多养分元素被淋失,而使有效性降低。pH值小于6,固氮菌活性降低,pH大于8,硝化作用受抑制,使有效氮减少。

pH值还直接影响植物的生活力。pH值低于3.5和高于9,多数植物根细胞的原生质受到损害,而不能生长。微生物适宜生长的pH值范围窄,细菌以中性、微酸性为宜,而真菌适宜酸性条件。大多数针叶树种能适应pH值为3.7~4.5,大多数阔叶树种能适应pH值为5.5~6.9,pH值大于8.5多数树种难以生长。

(2) 土壤养分元素

土壤养分元素源于矿物风化所释放的养分,如Ca、K、Mg、P、Fe、B、Cu、Mn、Mo、Zn等。以有机态形式积累和贮藏在土壤中的N、P、S等,它们在土壤中的含量与有机质含量及微生物活性密切相关。由于土壤有机质的分解比岩石风化速度快,所以土壤有机质提供养分元素所占的比例也较大。

共生和非共生固氮微生物的固氮作用,给土壤增添氮素,也是土壤重要的养分来源。据估算,自生固氮菌的固氮量可达20~100 kg/hm²·a。大气降水也给土壤输入养分,如NH_4^+约为5 kg/hm²·a,NO_3^-约为 kg/hm²·a。

土壤中的养分元素大部分保持在有机碎屑物、腐殖质、不溶性的无机化合物中,约占98%。这些养分元素要通过缓慢的风化和腐殖质化才能成为有效养分,为植物所吸收利用。植物所利用的有效养分,为土壤胶粒吸附的养分元素和土壤溶液中的盐类。阳离子如NH_4^+、K^+、Na^+、Ca^{2+}等大部分附着在胶粒上,而阴离子如SO_4^{2-}、NO_3^-、Cl^-等和一些阳离子大都存在于土壤溶液中。林木根系通过离子交换和接触代换方式吸收这些养分元素。

植物对于养分元素的适应性不同,可分为耐瘠薄树种和不耐瘠薄树种,如马尾松、蒙古栎等耐贫瘠,而槭树、杉木、乌桕等为不耐贫瘠树种,一般根据树木对养分元素的吸收状况来说明其对养分的需要量。

(3)土壤有机质

土壤有机质是由植物、动物、微生物遗体、分泌物、排泄物及它们的分解产物组成的。森林中植物的凋落物是土壤有机质的主要来源，但许多研究表明，每年地下细根、共生生物死亡的数量，可能等于或超过地上凋落物的量，但都未计算在内，目前对土壤有机质的估算量都偏低。

死地被物层覆盖在土壤矿质层的最上面，它的数量直接影响到土壤中有机质的数量和土壤的结构。死地被物层可分为凋落物层、半腐殖质层和腐殖质层。

凋落物层　由森林凋落的枯枝落叶、剥落的树皮、果实等组成，枯黄色的死有机体仍保持着凋落物的原状，尚未分解或刚开始分解，湿度随环境而变。

半腐殖质层　位于凋落物层下面，凋落物已被分解成碎片，但其大部分仍可辨出来源，比凋落物层湿润且色深。常含有大量真菌菌丝和树木细根，它们把正在分解的凋落物连成松软的毡状体。

腐殖质层　凋落物已高度分解，其来源难以辩认，湿度大、颜色深、常与下部矿质土层充分混合。

影响死地被物种类和分解速率的主要因素是树种和立地条件。因针叶林死地被物多呈酸性反应，限制微生物活动，特别是细菌活动，所以分解缓慢，常形成粗糙死地被物。阔叶林相反，多形成柔软死地被物。林下植被产生的枯枝落叶可占总量的15%～28%，对养分回归还有利。土壤潮湿、低温、林内阴暗、通气不良的条件，易形成粗糙死地被物。

7．土壤肥力

土壤肥力是指土壤为植物生长提供养分、水分和空气的能力。从物质和能量转化观点来认识，土壤肥力是其内在的，可被植物利用、转化的物质和能量。凡地表物质具有能被植物利用转化的物质和能量，就能生长植物，就具有肥力。

土壤肥力评价有几下几种途径：

(1)养分的测定　分析测定土壤全量养分及其有效性。其中以土壤全量养分分析更好。它代表了土壤养分的长期储量。土壤养分储量的估测常以土壤中最大扎根深度为基础，称为根系吸收带。虽然最大扎根深度可达2m，但吸收根可能都集中在表层土壤上部几十厘米的范围内。因此，用根系吸收带内储存的养分估算树木可利用的养分量，显然偏高。

(2)叶部养分分析　测定植物体内养分元素的浓度或含量，通常是用叶片。这需要确定叶片中化学成分和植物生长之间的关系。该方法较为迅速和经济，其不足是若植物生长很好，其叶部某种养分元素浓度却可能比生长中等的同种植物低，这是由于其浓度被稀释了的缘故。

(3)用植物产量估测肥力　土壤肥力最终表现在植物生长力上。只要气候适宜，无大的病虫害、植物竞争，根系就能深入土层，并有效利用土壤中的养分。因而，植物生产力是评价土壤肥力的很好指标。在土壤养分不是主要限制因子的地方，这种方法不能评价出土壤的肥力。

(4)植物与立地条件　研究表明，植物产量是随水分和养分条件而变化的，由此产生了许多生物量各参数和土壤各种参数之间的数学关系式。但由于环境因子间的相互作用和补偿作用，只能在本地区使用。

(5)施肥试验和缺少养分诊断　评价土壤肥力最为可靠和广泛利用的方法，是设立缺乏养分的田间施肥试验。这种试验省钱省时且有利于预测施肥反应。已证实温室盆栽试验不能令人满意，这是因为很难确定盆栽和田间反应间的关系。

二、植物对土壤养分的适应

不同土壤类型对植物的供养能力不同。植物长期适应于特定的土壤养分状况形成其特定的适应。按照植物对土壤养分的适应状况将其分为两种类型：耐瘠薄植物和不耐瘠薄植物。

不耐瘠薄植物对养分的要求较严格，营养稍缺乏就能影响它的生长发育。

耐瘠薄植物是对土壤中的养分要求不严格，或能在土壤养分含量低的情况下正常生长。

对园林植物的选择，必须考虑园林绿地的土壤特点、园林植物与土壤的适应性，才能合理进行配置。

三、植物对土壤酸碱性的适应

按照植物对土壤酸碱性的适应程度笼统的分为酸性植物、中性植物和碱性植物。

（1）酸性植物　在酸性或微酸性土壤的环境下生长良好或正常的植物，如红松、马尾松、杜鹃、山茶、广玉兰等。

（2）中性植物　在中性土壤环境条件下生长良好或生长正常的植物，如丁香、银杏、雪松、龙柏、悬铃木、樱花等。

（3）碱性植物　在碱性或微碱性土壤条件下生长良好或正常的植物，如柽柳、紫穗槐、沙枣、柳、杨、槐树、榆叶梅、牡丹等。

四、土壤中的含盐量及植物的适应

1. 土壤盐渍化

土壤盐渍化是指易溶性盐分在土壤表层积聚的现象或过程，土壤盐渍化主要发生在干旱、半干旱和半湿润地区。按照植物对土壤盐渍化的适应程度可将其分为耐盐植物和不耐盐植物。一般认为盐分对植物的危害程度依次为：$MgCl_2 > Na_2CO_3 > NaCl > CaCl_2 > MgSO_4 > Na_2SO_4$。

2. 依耐盐能力对植物的分类

根据植物对于盐分的耐受力可将植物分为喜盐植物、抗盐植物、耐盐植物和碱土植物四大类。

（1）喜盐植物　旱生喜盐植物（干旱的盐土地区）、湿生喜盐植物（沿海）可吸收大量的盐并积聚在体内，细胞的渗透压可达40~100个大气压。

（2）抗盐植物　亦有分布于干旱或湿地的种类。根细胞膜对盐类的透性小，很少吸收土壤中的盐类。其高渗透压不是由于体内积盐而是由于体内含有较多的有机酸、氨基酸或糖类所形成。

（3）耐盐植物　亦有分布于干旱或湿地的种类。有泌盐作用。

（4）碱土植物　能适应pH值8.5以上和物理性质极差的土壤，如藜科。

3. 耐盐植物的应用

在不同程度的盐碱土地区，较常用的耐盐碱树种有：

柽柳、白榆、加杨、小叶杨、桑、杞柳、旱柳、枸杞、楝树、臭椿、刺槐、紫穗槐、白刺花、黑松、皂荚、国槐、美国白蜡、白蜡、杜梨、桂香柳(沙枣)、乌柏、杜梨、合欢、枣、复叶槭、杏、钻天杨、胡杨、君迁子、侧柏、黑松等。

五、土壤沙化

1. 土壤沙化的基本概念

土壤沙化和土地沙漠化泛指良好的土壤或可利用的土地变成含沙很多的土壤或土地甚至变成沙漠的过程。土壤沙化和土地沙漠化的主要过程是风蚀和风力堆积过程。在沙漠周边地区，由于植被破坏或草地过渡放牧或开垦为农田，土壤因失水而变得干燥，土粒分散，被风吹蚀，细颗粒含量降低。因此，土壤沙化包括草地土壤的风蚀过程及在较远地段的风沙堆积过程。

我国沙漠化土地面积约 33.4 万 km^2，沙化非常严重。按照土壤发生层次 A、B、C 各层被风蚀破坏的程度分为若干种发展状态，其相对分布见表 2-8。

表 2-8 我国土壤风沙化分级及其比例（见黄昌勇主编《土壤学》，2000）

类 型	吹蚀深度	风沙覆盖(cm)	0.01mm 损失(%)	生物生产力下降(%)	分布面积(万 km^2)	占全部(%)
轻度风蚀沙化（潜在沙漠化）	A 层剥蚀 <1/2	<10	5~10	10~25	15.8	47.31
中度风蚀沙化（发展中沙漠化）	A 层剥蚀 >1/2	10~50	10~25	25~50	8.1	24.25
重度风蚀沙化（强烈沙漠化）	A 层殆失	50~100	25~50	50~75	6.1	18.26
严重风蚀沙化（严重沙漠化）	B 层殆失	>100	>50	>75	3.4	10.18

2. 土壤沙化和沙漠化的类型

根据土壤沙化区域差异和发生发展特点，我国沙漠化土壤(地)大致可分为三类：

(1) 干旱荒漠地区的土壤沙化

主要分布在内蒙古的狼山—宁夏的贺兰山—甘肃的乌鞘岭以西的广大干旱荒漠地区，沙漠化发展快，面积大。该地区气候极端干旱，沙化后很难恢复。

(2) 半干旱地区的土壤沙化

主要分布在内蒙古中西部和东部、河北北部、陕西及宁夏东南部。该地区属于农牧交错的生态脆弱带，由于过渡放牧、农垦，沙化呈大面积区域化发展，人为因素影响很大，土壤沙化有逆转可能。

(3) 半湿润地区的土壤沙化

主要分布在黑龙江、嫩江下游，其次是松花江下游、东辽河中游以北地区，呈狭带状断续分布在河流沿岸。沙化面积小，发展程度较轻，并与土壤盐渍化交错分布，属林—牧—农交错地区，降水量在 500mm 左右。这类沙化可控制和修复。

3. 影响土壤沙化的因素

(1) 干旱气候引起的风沙

第四纪以来，随着青藏高原的隆起，西北地区干旱气候日益加剧，雨水稀少，风大沙多，使土壤沙化逐渐发展。

(2) 人为活动引起的风沙

人为活动是土壤沙化的主导因素，原因是：人类活动使水资源短缺，加剧干旱和风蚀；农垦和过渡放牧，植被覆盖率降低。据统计，人为因素引起的土壤沙化占总沙化面积的94.5%，其中农垦不当占25.4%，过渡放牧占28.3%，森林破坏占31.8%，水资源利用不合理占8.3%，开发建设占0.7%。

4. 土壤沙化的危害

土壤沙化对经济建设和环境危害极大。首先，土壤沙化使大面积土壤失去农、林、牧生产能力（图2-33），使有限的土地资源面临更为严重的挑战。我国从1979年到1989年10年间，草场退化每年约130万hm^2，人均草地面积由0.4hm^2下降到0.36hm^2。其次，土壤沙化使大气环境恶化。由于土壤大面积沙化，使风挟带大量沙尘在近地面大气中运移，极易形成沙尘暴，甚至黑风暴。20世纪30年代在美国，60年代在前苏联均发生过强烈的黑风暴，70年代以来，我国新疆发生过多次黑风暴。土壤沙化的发展，造成土地贫瘠，环境恶劣，威胁人类的生存。我国汉代以来，西北的不少地区是一些古国的所在地，如宁夏地区是古西夏国的范围，塔里木河流域是楼兰古国的地域，大约在1500年前还是魏晋农垦之地，但现在上述古文明已从地图上消失了。从近代时间看，1961年新疆生产建兵团32团开垦的土地，至1976年才15年时间，已被高1~1.5m的新月形沙丘所覆盖。

图2-33 沙化土地侵吞家园

5. 土壤沙化的防治途径

土壤沙化的防治必须重在防。从地质背景上看，土地沙漠化是不可逆的过程。防治重点应放在农牧交错带和农林草交错带，在技术措施上要因地制宜。

国外有许多防沙经验。如澳大利亚就采取了林地封育保护、舍饲畜牧业、草地动态监测和风能利用等多种途径来防止或减轻土壤的沙化。以色列通过稀树草原工程、灌木防护体系、防护林建设和节水造林等措施来减轻土壤沙化。

我国采取以下措施来减轻土壤的沙化。

(1) 营造防沙林带　我国沿吉林白城地区的西部—内蒙古的兴安盟东南—哲里木盟和赤峰市—古长城沿线是农牧交错带地区，土壤沙化正在发展中。我国已实施建设"三北"地区防护林体系工程，应进一步建成为"绿色长城"。一期工程已完成600万hm^2植树造林任务。目前已使数百万公顷农田得到保护，轻度沙化得到控制。

(2) 实施生态工程　我国的河西走廊地区，昔日被称为"沙窝子"、"风库"，当地因地制宜，因害设防，采取生物工程与石工程相结合的办法，在北部沿线营造了 1220 多 km 的防风固沙林 13.2 万 hm²，封育天然沙生植被 26.5 万 hm²，在走廊内部营造起约 5 万 hm² 农田林网，河西走廊一些地方如今已成为林茂粮丰的富蔗之地。

(3) 建立生态复合经营模式　内蒙古东部、吉林白城地区、辽西等半干旱、半湿润地区，有一定的降雨量资源，土壤沙化发展较轻，应建立林农草复合经营模式。

(4) 合理开发水资源　这一问题在新疆、甘肃的黑河流域应得到高度重视。塔里木河建国初年径流量 $100 \times 10^8 m^3$，20 世纪 50 年代后上游地区尚稳定在 $40 \times 10^8 \sim 50 \times 10^8 m^3$。但在只有 2 万人口、2000 多 hm² 土地和 30 多万只羊的中游地区消耗掉约 $40 \times 10^8 m^3$ 水，中游区大量耗水致使下游断流，300 多千米地段树、草枯萎和残亡，下游地区的 4 万多人口、1 万多 hm² 土地面临着生存威胁。因此，应合理规划，调控河流上、中、下游流量，避免使下游干涸、控制下游地区的进一步沙化。

(5) 控制农垦　土地沙化正在发展的农区，应合理规划，控制农垦，草原地区应控制载畜量。草原地区原则上不宜农垦，旱粮生产应因地制宜控制在沙化威胁小的地区。印度在 1.7 亿 hm² 草原上放牧 4 亿多头羊，使一些稀疏干草原很快成为荒漠。内蒙古草原的理论载畜量应为 0.49 只羊/hm²，而实际载畜量每公顷达 0.65 只羊，超出 33%。因此，牧业的持续发展必须减少放牧量，实行牧草与农作物轮作，培育土壤肥力。

(6) 完善法制，严格控制破坏草地　在草原、土壤沙化地区，工矿、道路以及其他开发工程建设必须进行环境影响评价。对人为盲目垦地种粮、樵柴、挖掘中药等活动要依法从严控制。

在实际治沙工作中，也取得了不少成绩，如北京永定河岸沙地综合治理开发、荒漠绿洲生态农业模式、内蒙科尔沁沙地立体开发和美国大平原地区农田土壤风蚀防治等。这些治沙模式都是根据当地的气候环境综合治理的结果。

第六节　风因子

一、风的主要类型

风的主要类型有季风、干热风、热带气旋、水陆风、山谷风和焚风等。

季风：全年变向两次，夏季从海洋吹向陆地，冬季相反，这是我国典型季风气候的特征。

干热风：春夏之交，欧亚大陆北部南下的冷空气，沿途经过已增暖的下垫面和大面积干热沙漠后，出现又干又热的干热风天气。多数地区最高气温可大于 25℃、相对温度小于 30%~40%、风速大于 4~5 m/s。我国淮河以北、华北、西北、东北和内蒙古等地常有不同程度的干热风。

热带气旋常在西太平洋发展成为台风。我国是西太平洋沿岸国家中受台风袭击最严重的国家之一，每年 7~9 月是台风在我国登陆盛期，其中强者每年平均 3~4 次。我国有 4/5 的省区均能受到西北太平洋和南海登陆台风的影响。

水陆风：发生在海岸和湖岸地区，白天从水体吹向陆地，夜间相反。

山谷风：白天风从山谷吹向山顶，夜间从坡上吹向山谷。

焚风：由于气流下沉而变得又干又热的风。

二、风对园林植物的生态作用

1. 适度的风是园林植物生长发育的必要因素

适度的风可以保持园林植物的光合作用和呼吸作用。适度的风可以加快空气的流通，使得由于光合作用降低的二氧化碳浓度升高，促进光合作用的进行。也可以补充由于呼吸作用降低的氧气的浓度，满足植物进行呼吸作用对氧气的需求。

适度的风促进地面蒸发和植物蒸腾，散失热量，因而能降低地面和植物体温度，提高植物对养分、水分的吸收效率。从而营造局部特殊的小气候，使得在园林局部地方，可以栽种不同的植物。有时也会使得物候期提前或推迟。如位于风口的腊梅，由于有风的作用，其开花的时间提前了7~10天；而位于背风面的腊梅的开花时间则要后延。

适度的风有助于花粉或种子的扩散。园林中许多风媒花植物其花粉的传播需要有风的条件下才能完成，无风则不能完成其传粉，导致植物不能结果或结果率大大降低。

适度的风可保持植物群落内树木枝叶间适宜的相对湿度，避免湿度的过高，从而抑制病虫害发生，促进植物的健康生长。

2. 风对植物的危害

风会传播一些病原菌等造成植物受害。如孢子囊、子囊菌等一些病原菌等都是由于风的作用而在大气中传播的。还会使一些检疫性的病虫害大面积爆发，如2002年深圳大面积爆发的薇甘菊，其传播主要是由于种子十分轻，随风传播后大范围扩散，导致了在深圳大面积的为害。

风速过大会对植物形态、发育等方面产生不利影响，会导致茎叶枯损。如生长在高山的植物由于风速过大，往往造成树枝偏向一边生长。

山地或沿海的大风，常使树干向主风方向弯曲，形成偏冠、树木矮化、长势衰弱等。

其他环境因子与强风重叠，可对园林植物造成复合伤害。如干热风，使植物蒸腾和土壤蒸发加剧，即使在水分充足的条件下，植物水分平衡失调和正常生理活动受阻，使植株在较短时间内受到危害或死亡。

沙尘暴对植物具严重的破坏作用，不但造成严重的机械损伤，其夹杂的污染物质也加重了伤害的程度。

三、风对生态系统的影响

1. 风是物质气态循环的主要动力

对一些气态物质来说，其循环的主要动力就是风，如氮、硫、碳等。没有风的影响，这些物质可能在局部积累，同时会使系统需要的物质无法得到供应，如在林地内部，如果没有风，会造成二氧化碳的积累，而植物呼吸所需要的氧气则得不到供应。对于城市生态系统来说，由于其自身的不完善，需要周围乡村生态系统供应物质和能量才能使城市生态系统的正常运转，其中城市生态系统本身所生产的氧气远远不能满足高密度人群和动物的需要，所以只能通过风的作用将远处的氧气带来，再将城市生态系统产生的二氧化碳带离，从而维持城市生态系统的碳氧平衡。

2. 携带污染物质

污染物质在生态系统中的传播往往是通过风的作用来完成的。如城市生态系统中的尘埃的传播是风的作用下向四周扩散的。垃圾场的垃圾也是在风的作用下，扩大其污染范围。

3. 通过风向生态系统传送营养物质

由于风的作用，不同生态系统能不断接收到其他生态系统传送来的营养物质，使得部分生态系统的营养物质不断积累。

4. 通过风倒、风折对生态系统产生干扰。

在大风或强风的作用下，对生态系统产生许多影响。如影响树木的形态，使得迎风面树枝较少，而背风面的树枝较多，生长旺盛。

四、园林植物对风的影响及适应

1. 植物对风的影响

园林树木在冬季能降低风速20%，可减缓冷空气的侵袭。园林绿化可调节冬季积雪量，密植绿化可使雪堆变得窄而厚，随着透风系数的增大，雪堆则变得浅薄。园林植物还可减少风沙天气。园林植物在夏季由于降温效应引起它与非绿地之间产生温差，在它们之间形成小环流。配置良好的植物，可造成有益的峡谷效应，使夏季居住环境获得良好通风。

园林植物降低风速主要决定于园林植物形体大小、枝叶繁茂程度等。乔木好于灌木，灌木又好于草本；阔叶树好于针叶树，常绿树又好于落叶阔叶树。

2. 常见防风林结构

紧密结构 树木密度较大，纵断面很少透水，一般是风向上抬升后再越过林分。背风面，近林带边缘风速降低到最大，随后逐渐恢复到旷野风速。因而林带背后降低风速明显，但防风范围小。

稀疏结构 林冠和下部均透风，风速降低较小，林带边缘附近风速逐渐加强。

透风结构 林带较窄，树冠不透风或很少透风，但下部透风，背风面，林带边缘附近，风速降低小，随后风速缓慢减弱，减风效应远。

防风林带结构的设计，应考虑风状况、庇护作物类型和土地经营者的愿望。落叶阔叶林树林带，不能阻挡冬季的风来庇护家畜，因其背风林带处风速大。紧密的针叶林带不能阻挡夏季风，保护农作物免受危害，因背风面的湍流和只有短距离风速的降低。

第七节 大气因子

一、大气的组成

大气由恒定部分、可变部分和不定部分组成，每部分的物质组成不一样，其来源也不一样(表2-9)，作用更是不相同。

表 2-9　大气组成

大气组成	物质	来源	备注
恒定部分	氮气、氧气、稀有气体	来自大气组成的最初，在近地表大气中，含量几乎不变	由恒定部分和正常状态下的可变部分组成的大气，称为洁净大气。洁净大气去掉水蒸汽称为干洁大气
可变部分	二氧化碳、水蒸气等	来自最初大气组成。通常 CO_2 含量为 $0.02 \sim 0.04\%$，水蒸气为 4% 以下，它们的含量随季节、气象的变化以及人类的活动而变化	
不定部分	尘埃、S、H_2S、S_xO_y、N_xO_y、盐类及恶自气体	自然界的火山爆发、森林火灾、海啸、地震等暂时性灾害所引起	造成局部性和暂时性污染
	煤烟、尘埃、S_xO_y、N_xO_y	由于人类社会的发展、城市增多与扩大、人口密集或由于城市工业布局不合理、环境管理不善等人为因素造成	是造成大气污染的主要来源

二、大气污染对园林植物的影响

1. 污染物质的形成

（1）大气污染是指大气中的有害物质过多，超过大气及生态系统的自净能力，破坏了生物和生态系统的正常生存和发展的条件，对生物和环境造成危害的现象。

（2）污染物的形成有自然原因和人为原因。一般自然原因所产生的污染物种类较少，浓度也低，在一定时间后可得到恢复，如自然林火、火山爆发等。为人原因是造成大气污染的主要原因，特别是人类工业生产和生活，是形成污染物的主要因素。

2. 主要污染物质

大气中的主要污染物质有硫化物、氮氧化物、碳氧化物、光化学烟雾和颗粒污染物等五个方面（表2-10）。

表 2-10　主要大气污染物质

名称	成分	主要来源
SO_x	SO_2 和 SO_3	燃烧含硫的煤和石油等燃料
NO_x	NO 和 NO_2	矿物燃料的燃烧、化工厂及金属冶炼厂所排放的废气、汽车尾气等
CO_x	CO 和 CO_2	燃料燃烧、汽车尾气、生物呼吸等
光化学烟雾	参与光化学反应的物质、中间产物和最终产物及烟尘等多种物质的浅蓝色的混合物	光化学反应，即氮氧化物和碳氢化合物在太阳光的作用下，反应生成 O_3、醛类、过氧乙酰硝酸酯和多种自由基
颗粒污染物	降尘、飘尘、气溶胶等	燃料不完全燃烧的产物、采矿、冶金、建材、化工等多种工业

3. 主要污染物质对园林植物的危害

（1）SO_2 对园林植物的伤害

主要来源：火山爆发、居民生活用煤、工业生产排放。

对植物的伤害：

Ⅰ 危害同化器官叶片，降低和破坏光合生产率从而降低生产量使植株枯萎死亡。

Ⅱ SO_2 通过叶片呼吸进入组织内部后积累到致死浓度时使细胞酸化中毒,叶绿体破坏,细胞变形,发生质壁分离细胞崩溃,从而在叶片的外观形态上表现出不同程度的受害症状。

Ⅲ 大部分阔叶树,受 SO_2 危害后在叶片的脉间出现大小不等,形态不同的坏死斑,因树种不同而呈现出褐色、棕色或浅黄色。受害部分与健康组织之间界限明显。

Ⅳ 针叶树受害后的典型症状是叶色褪绿变浅,针叶顶部出现黄色坏死斑或褐色环状斑并逐渐向叶基部扩展至整个针叶,最后针叶枯萎脱落。受害最重的是当年发育完全的成熟叶,老叶和未成熟的叶受害较轻。

Ⅴ 一般 SO_2 浓度超过 0.3mol/L 时植物就表现出伤害症状,但不同植物受伤害的浓度不同,出现症状的时间也不同(表 2-11)。

表 2-11 SO_2 对植物叶片的伤害程度(曝露浓度为 1.5mol/L)

树种	症状出现时间/h	症状	受害程度
侧柏	8	叶片未出现可见症状	轻
白皮松	8	叶片未出现可见症状	轻
卫矛	7	叶缘和中脉间出现轻微褪绿斑	轻
沙松	6	针叶先端出现褪绿斑	较轻
京桃	5	叶片出现褪绿斑	较轻
小叶朴	4	全部叶片叶脉间出现黄褐色斑	重
油松	3	2/3 的针叶先端褪绿	重
连翘	2	开始出现褪绿斑,继而发展为褐色斑	重

(2)氯气的来源及对园林植物的伤害

氯气的来源 化工、制药、化纤等生产中的工业排放,如电解食盐生产烧碱、盐酸、漂白粉、氯乙烯,自来水消毒等。

对植物的伤害:

Ⅰ 氯气使原生质膜和细胞壁解体,叶绿体受到破坏。树木受到氯气危害后主要症状为出现水渍斑,在低浓度时水渍斑消退,出现褐色或褪绿斑,褪绿多发生在脉间。

Ⅱ 针叶树受害后叶的色褪绿变浅,针叶顶端产生黄色或棕褐色伤斑,随症状发展向叶基部扩展,最后针叶枯萎脱,与 SO_2 所产生症状较相似。

Ⅲ 阔叶树受氯气危害后,症状最重的是枝下部老叶及发育完全、生理活动旺盛的功能叶、枝顶部未完全展开的幼叶受害轻或不受害。

Ⅳ 氯气对植物毒性较高,一般空气中的最高允许浓度为 0.03mol/L,危害多是急性类型。1972 年沈阳市新华大街落叶松行道树 300 余株,栽植当年经受几次氯气和 SO_2 为主的有害气体为害后,当年死亡率达 80% 以上。

Ⅴ 不同植物受氯气伤害的浓度不同,出现症状的时间也不同(表 2-12)。

(3)氟化氢的来源及对园林植物的伤害

氟化氢为无色有毒气体,具有强烈的刺激性和腐蚀性,大气中的氟化氢主要来自冶金工业的电解铝和炼钢,化学工业的磷肥和氟塑料生产。

氟化氢对植物的伤害:

Ⅰ 毒性强,对环境造成很大危害,氟化氢毒性约为 SO_2 的几十到几百倍,一般

0.003mol/L 可使植物受毒害。

表 2-12　氯气对植物叶片的伤害程度（浓度 0.5mol/L）

树种	症状出现时间/h	症状	受害程度
桧柏	8	未出现可见症状	轻
旱柳	8	部分叶片出现水渍斑	轻
卫矛	8	部分叶片褪绿有少量褐色斑	轻
云杉	8	二年生针叶顶端出现褪绿斑	轻
白皮松	8	针叶先端褪绿变黄	中等
山梨	2	叶片出现水渍斑，继之出现褐色斑	重
雪柳	1	部分叶片出现褐色斑，8h 时全部叶片出现褐色斑	重
落叶松	2	针叶先端褪绿，8h 全部出现褐色斑	重

Ⅱ 使组织产生酸性伤害，原生质凝缩，叶绿素破坏。浓度较低时叶尖和叶缘处出现褪绿斑，有时也出现在叶脉间。部分树木受害后在叶片背面沿叶脉出现水渍斑。

Ⅲ 针叶树对氟化物十分敏感，在受氟化氢危害后，针叶尖端出现棕色或红棕色坏死斑，与健康组织界限明显，随症状发展而逐渐向叶基部扩展，最后干枯脱落。一般有氟化物的地方，很少有针叶树生长。

Ⅳ 阔叶树受害后一般枝条顶端的幼叶受害最重，枝条中部以下的叶片受害较轻。

Ⅴ 氟化氢对植物的危害较重，一般在低浓度下，较短时间内就会出现受害症状。

（4）其他污染物对园林植物的伤害

O_3　一般 O_3 浓度超过 0.05mol/L 时就会对植物造成伤害。植株叶片表现褐色、红棕色或白色斑点，斑点较细，一般散布整个叶片。

大气飘尘和降尘　堵塞气孔，如含重金属则毒害植物。

氮氧化物　抑制光合作用，长期高浓度下产生急性伤害。

4. 影响污染物质危害园林植物的因素

（1）内部因素影响大气污染物对植物的伤害　相同条件下，同种植物的不同个体及同一个体的不同生长发育阶段对大气污染的抗性不同（表 2-10，表 2-11，表 2-12）。

（2）环境因素影响大气污染对植物的伤害　环境因素主要有光照、温度、湿度、降雨、土壤状况、风和地形，这些因素在前面都有论述。

三、园林植物对大气污染的净化作用

园林植物对大气污染的净化作用体现在维持碳氧平衡、吸收有害气体、滞尘效果、杀菌作用、减噪效果、增加空气中的负离子和对室内空气污染的净化作用。这里重点论述空气负离子的作用和和植物对室内空气污染的净化作用。

1. 空气负离子的作用

空气中的负离子近来最受人们关注，空气中的负离子主要以负氧离子含量最多，对人体作用最明显，体现在以下几方面。

（1）负离子能改善人体的健康状况

负离子有调节大脑皮质功能、振奋精神、消除疲劳、降低血压、改善睡眠、使气管黏膜上皮纤毛运动加强、腺体分泌增加、平滑肌张力增高、有改善肺的呼吸功能和镇咳平喘的功效。空气负离子能增强人体的抵抗力，抑制葡萄球菌、沙门氏菌等细菌的生长速度，并能杀死大肠杆菌。

（2）空气负离子具有显著的净化空气作用

空气负离子有除尘作用。空气负离子通过电荷作用可吸附、聚集、沉降微尘，减少微尘对于人体的为害。

空气负离子具有抑菌、除菌作用。空气负离子对空气中的葡萄球菌和链孢霉菌有明显的抑制和消除作用，对葡萄球菌、霍乱弧菌、沙门氏菌等也具有抑制作用，而且能降低或预防感染流感病毒等。

空气负离子还具有除异味作用。与空气中的有机物起氧化作用而清除其产生的异味。

空气负离子具有改善室内环境的作用。居室中的许多设施都具有减少空气负离子的作用，空气负离子能缓解和预防"不良建筑物综合症"。

2. 对室内空气污染的净化作用

可改善室内环境。增加 O_2、增加室内空气湿度，吸收有毒气候及除尘。

可有效地清除装修等带来的化学污染，如甲醛、苯类等。芦荟、吊兰、虎尾兰可清除甲醛污染。研究表明，虎尾兰和吊兰，有极强的吸收甲醛的能力，24h 后由装修带来的甲醛污染的 90% 可被吸收。$15m^2$ 的居室，栽两盆虎尾兰或吊兰，就可保持空气清新，不受甲醛之害。常春藤、苏铁、菊花可减少室内的苯污染。雏菊、万年青可以有效清除室内的三氯乙烯污染。月季能较多地吸收硫化氢、苯、苯酚、氯化氢、乙醚等。一些叶大的植物吸收有毒气体的能力更强。

四、园林植物对大气污染的抗性

1. 二氧化硫

在长江中下游地区对二氧化硫抗性强的树种有：夹竹桃、女贞、广玉兰、香樟、蚊母树、珊瑚树、枸骨、山茶等。

对二氧化硫抗性中等的有：大叶黄杨、八角金盘、悬铃木、广玉兰等。

对二氧化硫抗性弱的有：雪松。

2. 光化学烟雾

园林植物中对光化学烟雾抗性极强的园林植物有：银杏、柳杉、日本扁柏、日本黑松、樟树、海桐、青冈栎、夹竹桃、日本女贞等。

抗性强的园林植物有：悬铃木、连翘、冬青、美国鹅掌楸等。

抗性一般的园林植物有：日本赤松、东京樱花、锦绣杜鹃、梨等。

抗性弱的园林植物有：杜鹃、大花栀子、大八仙花、胡枝子等。

抗性极弱的园林植物有：木兰、牡丹、垂柳、毛白杨、悬钩子等。

3. 氯及氯化氢

现在塑料产品日益增多，在聚氯乙烯塑料厂的生产过程中可能造成空气污染属于本类物质。

耐毒能力最强园林植物有：木槿、合欢、五叶地锦等。

耐毒能力强的园林植物有：黄檗、胡颓子、构树、榆、接骨木、紫荆、槐、紫穗槐等。

耐毒能力中等的园林植物有：皂荚、桑、加拿大杨、臭椿、青杨、侧柏、复叶槭、丝棉木、文冠果等。

耐毒能力弱的园林植物有：香椿、枣、黄栌、圆柏、洋白蜡、金银木等。

耐毒能力很弱的园林植物有：海棠、苹果、槲栎、小叶杨、油松等。

不耐毒易死亡的园林植物有：榆叶梅、黄刺玫、胡枝子、水杉、雪柳等。

4. 氟化物

如空气中的氟化物浓度高于十亿分之三，在叶尖和叶缘首先出现受害症状。

抗性强的园林植物有：国槐、臭椿、泡桐、龙爪柳、悬铃木、胡颓子、白皮松、侧柏、丁香、金银花、小叶女贞、大叶黄杨等。

抗性中等的园林植物有：刺槐、桑、接骨木、桂香柳、火炬松、君迁子、杜仲、文冠果、紫藤、华山松等。

抗性弱的园林植物有：榆叶梅、山桃、李、葡萄、白蜡、油松等。

思 考 题

一、基本概念

生态因子　限制因子　生态幅　昼夜节律　光周期现象　长日照植物　短日照植物　中日照植物　中间型植物　温度三基点　有效积温法则　物候节律　休眠

二、简答题

1. 生态因子作用的一般特征有哪些？
2. 什么是 Liebig 最小因子定律和 Shelford 耐性定律？
3. 生物内稳态是如何保持的？如何实现对其耐性限度的调整？
4. 光强度对生物生长发育的影响体现在哪些方面？
5. 光因子对园林植物的影响体现在哪些方面？
6. 如何利用光因子促进园林植物的生长？
7. 生物对极端温度的适应体现在哪些方面？
8. 温度对植物分布的限制作用体现在哪些方面？
9. 变温对园林植物的生态作用体现在哪些方面？
10. 园林植物对城市气温的调节作用体现在哪些方面？
11. 温度的调控在园林中的应用体现在哪些方面？
12. 水因子的生态作用体现在哪些方面？
13. 根据植物对水分的忍耐程度将植物分为哪些类型？
14. 土壤的生态意义？
15. 影响土壤形成的五种因素有哪些？
16. 风的主要类型有哪些？
17. 风对园林植物的生态作用有哪些？
18. 风对生态系统的影响体现在哪些方面？
19. 氧气、氮气、二氧化碳的生态作用体现在哪些方面？
20. 主要污染物质有哪些？对园林植物有哪些影响？植物如何适应污染物质？

第三章 风景园林生态系统的生物成分

[主要知识] 种群的概念、种群落密度的概念和统计方法、种群的空间特征及其分布格局、种群的出生率和死亡率、种群的年龄结构、种群的性比、生命表、存活曲线、种群增长率 r 和内禀增长率 rm、与密度无关的种群增长模型、与密度有关的种群增长模型、种群波动、外源性种群调节理论、种群自我调节学说、最后产量恒值法则、−3/2 自疏法则、他感作用、相生相克在园林植物配置时的应用、他感作用的生态学意义、领域性、社会等级、利它行为、通讯、竞争排斥原理、竞争的类型及一般特征、生态位分化、食草作用、寄生、偏利共生、互利共生、K 对策种的特征、r 对策种的特征、繁殖对策、生长对策、生物群落的概念、群落的基本特征、保存完整的自然群落意义、优势种和建群种、亚优势种、伴生种、少见种或稀见种、丰富度、盖度、种的多样性、物种多样性在空间上的变化规律、解释物种多样性变化的各种学说、生活型、群落的外貌与季相、群落的垂直结构、群落交错区、生态交错区的主要特征、边缘效应、影响群落结构和组成的因素、干扰、中度干扰假说、岛屿性、岛屿的种类-面积关系、岛屿生态与自然区建设、生物群落的内部动态、演替、控制演替的主要因素、单元演替顶极学说、多元演替顶极学说、顶级格式假说、演替过程的理论模型、园林植物种群的特点、园林植物种群的动态、园林植物群落的特点、园林植物群落的结构特征

生态系统的生物成分按其功能来说分为生产者、消费者和分解者。对生产者、消费者和分解者来说,对它们的研究只能从分类管理的角度来研究。按其分类管理来说,可分为个体、种群和群落 3 个层次。

个体层次来说,主要涉及到个体的新陈代谢、生长发育特点;环境对个体行为和生理的影响;个体对环境的影响;个体与环境的相互影响机制。种群层次来说,主要涉及种群的基本特征(种群的数量或密度、种群中个体的空间分布格局、种群的年龄结构)、种群动态(种群的分布、种群变动和扩散、种群的调节)和种群间的相互关系(不同种群之间的相互作用)等。群落层次来说,主要涉及群落的结构特征(包括垂直结构、水平结构、时间结构)、功能特征(生产功能等)和动态变化(群落演替等)等几个方面。

第一节 生物种群

一、种群的概念

种群是指在一定空间范围内同种个体的总和。也可以定义为在一定空间中,能相互进行杂交的、具有一定结构的、一定遗传特性的同种个体的总和。种群的基本构成成分是具有潜在互配能力的个体。种群是物种具体的存在单位、繁殖单位和进化单位。一个物种通常可以

包括许多种群，不同种群之间存在着明显的地理隔离，长期隔离的结果有可能发展为不同的亚种，甚至产生新的物种。

事实上，种群的空间界限和时间界限并不是十分明确的，除非种群栖息地具有清楚的边界，如岛屿、湖泊等。因此，种群的空间界限常常要由研究者根据研究的需要予以划定。种群中的个体通常只和同一种群中的个体交配，但是，动物偶尔可以远远离开它的繁殖种群，植物的种子也有时被风吹得很远很远，在这种情况下，不同种群的个体之间偶尔发生基因交流，但这种交流一般也只能在同一物种的不同种群之间进行，因为不同物种之间存在着各种基因交流的障碍，如空间隔离、生态隔离、行为隔离、细胞学和遗传学隔离等。

种群生态学：研究种群数量、分布以及种群与其栖息环境中的非生物因素和其他生物种群的相互作用。

种群生态学与其他学科交叉产生了新的学科：种群遗传学——研究种群的遗传过程，包括选择、基因流、突变和遗传漂流等。种群由个体组成，但具有自己独立的特征、结构和功能的整体，种群是组成群落和生态系统的基本成分。每一个种群都由一定数量的个体组成，它们之间错综复杂的相互关系及种群与非生物环境之间的相互作用是种群生态学的研究内容。

二、种群统计学

种群具有个体所不具备的各种群体特征。这些特征多为统计指标，大致可分为三类：一是种群密度，它是种群的最基本特征；二是初级种群参数，包括出生率、死亡率、迁入和迁出，这些参数与种群的密度变化密切相关；三是次级种群参数，包括性比、年龄结构和种群增长率等。种群的动态涉及到种群统计学。种群统计学是一门对种群的出生、死亡、迁移、性比、年龄结构等进行统计学研究的科学。种群统计学所研究的内容是个体所不具备的。

种群动态是种群生态学的核心问题。种群动态研究种群数量在时间和空间上的变化规律。包括：种群的数量或密度、种群的分布、种群变动和扩散迁移和种群调节几个方面。

1. 种群密度

（1）概念

种群密度通常以单位面积上的个体数目或种群生物量表示。由于在某一单位空间内，种群并不占据所有的空间，因为有些空间是完全不适于居住的，如田间的野菊往往呈一丛丛、一团团生长，这就说明种群在空间分布的不均匀。密度包括绝对密度和相对密度。

（2）统计方法

在任何一个地方，种群的密度都随着季节、气候条件、食物储量和其他因素而发生很大的变化。但是，种群密度的上限主要是由生物的大小和该生物所处的营养级决定的。一般来说，生物越小，单位面积中的个体数量就越多。例如，在$1km^2$森林中，林姬鼠的数量就比鹿的数量多，甚至可容纳小树的数量就比大树的数量多。另一方面，生物所处的营养级越低，种群的密度也就越大，例如，同样是$1km^2$森林，其中植物的数量就比草食动物多，而草食动物的数量又比肉食动物多。

密度是种群最重要的参数之一。密度部分地决定着种群的能流、资源的可利用性、种群内部生理压力的大小以及种群的散布和种群的生产力。

对种群密度常用的统计方法有直接计数和标记重捕法。直接计数法是直接数出在统计范围内的生物的数量。标记重捕法往往应用于动物的统计,首先在调查范围内捕获一定数量的物种数并对它们进行标记,然后将它们释放;经过一段时间后这些标记过的动物经过自身的运动已均匀分布;再捕获一定数量的物种数,统计其中被标记过的数量,通过公式计算出样地内总的物种数量(图3-1)。

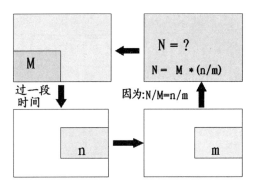

图3-1 标志重捕法计算种群数量

当种群中的个体大小或经济价值相差悬殊时,为经营上的方便,常分层次统计种群密度,如园林上进行植物种植设计时常常规划树木的胸径,一般用统计范围内的株数来表示,对于灌木则按每平方米的株数来表示。

林分中下木和草本植物的种类和数量对林分的更新有很大影响。下木和草本植物因呈丛生多分枝或个体矮小,不易查数,通常不以单位面积上植株个体数量计量种群密度,多采用多度(调查样地上个体的数目)或盖度(植株枝叶覆盖地面的百分数)反映种群密度。林分调查时,先选用多度或盖度的等级标准,采用目测估计法,填写调查的种群属于何等级。多度和盖度等级的划分标准较多,一般常用的是德鲁捷(Drude)的等级标准,他把多度和盖度结合在一起,划分为七个等级。

SOC"极多"——植株地上部分密闭,形成背景,覆盖面积75%以上。

COP^3 "很多"——植株很多,覆盖面积50%~75%。

COP^2 "多"——个体多,覆盖面积25%~50%。

COP^1 "较多"——个体尚多,覆盖面积5%~25%。

SP"尚多"——植株不多,星散分布,覆盖面积5%。

SO"稀少"——植株稀少,偶见一些植株。

Un"单株"——仅见一株。

除了生态系统常见的植物、动物外,人群的密度也分布不均,在沿河、沿江、沿海的地区,由于水资源丰富、交通方便,人口密度较大;而一些山区、偏远地区,由于交通、资源及对外交流较少等原因,人口密度较低。

2. 种群的空间特征及其分布格局

(1)空间特征

种群在一定的分布区,组成种群的每一个有机体都需要有一定的空间进行生长繁殖。不同种类的有机体所需的空间性质和大小不同。种群所占据的空间大小与生物有机体的大小、活力以及生活潜力有关系,如东北虎活动范围需300~600km^2,体型较小的需要空间相对小些。当然由于环境资源以及竞争等因素,种群所占据的空间与其实际能够占据的空间常有差距。

衡量一个种群生存发展的趋势,一般要视其空间和数量的关系而定。随着种群内个体数量的增多和种群个体的生长,在有限的空间中,每个个体所占据的空间将逐渐缩小,个体间将出现领域行为和扩散迁移等现象。一般来说,一个种群所占用的生存空间越大,其生存发展的潜势越大。

(2)分布格局

种群大体上有3种分布类型，即随机分布、均匀分布和集群分布（图3-2）。

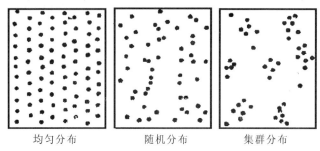

图 3-2　种群的分布格局

Ⅰ 随机分布　随机分布指组成种群的每个个体在种群领域中各个点上出现的机会均等，并且其位置不受其他个体分布影响的种群分布格局。一般只有在环境均一，资源在全年平均分配而且种群内成员间的相互作用并不导致任何形式的吸引和排斥时，才可能出现随机分布。自然界中呈随机分布的种群很少，如森林底层的某些无脊椎动物、一些特殊的蜘蛛、纽芬兰中部冬季的驼鹿和某些森林树种等。

Ⅱ 均匀分布　均匀分布个体之间的距离要比随机分布更为一致。均匀分布是由于种群成员之间在进行种内竞争所引起的，例如，在相当匀质的环境中，领域现象经常导致均匀分布。在植物中，森林树木为争夺树冠空间和根部空间所进行的激烈竞争，以及沙漠植物为争夺水分所进行的竞争都能导致均匀分布。干燥地区所特有的自毒现象是导致均匀分布的另一原因，自毒现象是指植物分泌一种渗出物，对同种的实生苗有毒。还有一种就是人工种植（图3-3）。

图 3-3　柳杉的均匀分布

Ⅲ 集群分布　集群分布是3种分布型中最普遍、最常见的，这种分布型是动植物对生境差异发生反应的结果，同时也受气候和环境的日变化、季节变化、生殖方式和社会行为的影响。人类的人口分布就是集群分布，这主要是由社会行为、经济因素和地理因素决定的。集群分布可以有程度上的不同和类型上的不同。集群的大小和密度可能差别很大，每个集群的分布可以是随机的或非随机的，而每个集群内所包含的个体，其分布也可以是随机的或非随机的。

植物的集群分布常受植物繁殖方式和特殊环境需要的影响。橡树和雪松的种子没有散布能力，常落在母株附近形成集群；植物的无性繁殖也常导致集群分布。此外，种子的萌发、实生苗的存活和各种竞争关系的存在都能影响集群分布的程度和类型。

种群的分布型还有两个值得注意的特性，即强度（intensity）和粒性（grain）。如果在分布区内，种群的密度变化范围很大，则认为是强度大；如果种群的密度变化范围很小，则认为是强度小。如果种群分布区内的每个集群很大，而且各集群间的距离也大，则被认为是粗粒型分布（coarse-grained）；如果每个集群很小，而且集群间的距离也很小，则被认为是细粒型分布（fine-grained）。呈细粒型分布的种群（在生境中占有多种小生境）随着密度的增加常表现为随机分布，因此能在较大的密度变化范围内保持一种较均匀的分布。呈粗粒型分布的种群(在生境中只占有某种小生境)随着种群密度的增加,总是表现为更大的集群性,这是由于个体偏爱某种小生境的结果,但当密度增加到极大时,种群中的个体便不得不去占有那些不大偏爱的小生境,因此,种群的分布也就趋于均匀分布。

3. 种群的出生率和死亡率

出生率(natality)和死亡率(mortality)是影响种群增长的最重要因素。出生率可用生理出生率(physiological natality)和生态出生率(ecological natality)表示,生理出生率又叫最大出生率(maximum natality),是种群在理想条件下所能达到的最大出生数量。由于野生生物种群不太可能达到生理出生率水平,所以,测定生理出生率意义不大。生态出生率又叫实际出生率(realized natality),是指在一定时间内,种群在特定条件下实际繁殖的个体数量,它受到生殖季节类型、一年生殖次数、妊娠期长期和孵化期长短等因素的综合影响,并且还受环境条件、营养状况和种群密度等因素的影响。

出生率的高低在各类动物之间差异极大,主要决定于下列因素:①性成熟程度:如人和猿的性成熟需要 15~20 年,熊需要 4 年,黄鼠只要 10 个月,而低等甲壳类动物出生几天后就可以生殖,蚜虫一个夏季就能繁殖 20~30 个世代。②每次产仔数量:灵长类、鲸类和蝙蝠通常每胎只产一仔,鹑鸡类一窝可孵出 10~20 只幼雏,刺鱼一次产几百粒卵,而某些海洋鱼类一次产卵量可达数万至十万粒。③每年生殖次数:鲸类和大象每 2~3 年才能生殖一次;蝙蝠是一年生殖一次;某些鱼类(如大马哈鱼)一生只产一次卵,产卵后很快死亡;田鼠一年可产 4~5 窝。此外,生殖年龄的长短和性比率等因素对出生率也有影响。

出生率一般以种群中每单位时间(如年)每 1000 个个体的出生数来表示,如 1983 年我国的人口出生率为 15.62‰,即表示平均每 1000 人出生了 15.62 个人。同样,死亡率一般也以种群中每单位时间每 1000 个个体的死亡数来表示,如 1983 年我国人口的死亡率是 5.68‰,即表示平均每 1000 人死亡 5.68 人。出生率减去死亡率就是人口的自然增长率,如 1983 年我国人口的自然增长率等于 15.62‰ - 5.68‰ = 9.94‰。

此外,种群的出生率也可以用特定的年龄出生率表示,特定年龄出生率就是按不同的年龄或年龄组计算其出生率。对人类来说,15~45 岁是生育年龄,但出生率最高的年龄组是 20~25 岁,其次是 26~30 岁,其他年龄组的出生率都比较低。

死亡率同出生率一样也可以用生理死亡率(或最小死亡率)和生态死亡率(实际死亡率)表示。生理死亡率是指在最适条件下所有个体都因衰老而死亡,即每一个个体都能活过该物种的生理寿命(physiological longevity),因而使种群死亡率降至最低。对野生生物来说,生理死亡率同生理出生率一样是不可能实现的,它只具理论和比较意义。生态死亡率(实际死亡率)是指在一定条件下的实际死亡率,可能有少数个体能活满生理寿命,最后死于衰老,但在部分个体将死于饥饿、疾病、竞争、遭到捕食等。

死亡率一般也是以种群中每单位时间(年等)每 1000 个个体的死亡数来表示,此外,也可用特定年龄死亡率来表示,因为处于不同年龄或年龄组的个体,其死亡率的差异是很大的。一般来说,低等动物的早期死亡很高,而高等动物(包括现代人)的死亡主要发生在老年阶段。

4. 种群的年龄结构

任何种群都是由不同年龄个体组成的,因此,各个年龄或年龄组在整个种群中都占有一定的比例,形成一定的年龄结构。由于不同的年龄或年龄组对种群的出生率有不同的影响,所以年龄结构对种群数量动态具有很大影响。

年龄结构：不同年龄组的个体在种群内的比例和配置情况构建生物种群的年龄结构有两个层次，即个体的年龄和组成个体的构建年龄。

从生态学角度，可以把一个种群分为3个主要的年龄组（即生殖前期、生殖期和生殖后期）和3种主要的年龄结构类型（即增长型、稳定型和衰退型）（图3-4），这在不同国家的人口增长中得到充分体现，如卢旺达人口呈增长趋势（图3-5）、匈牙利人口趋于稳定（图3-6左）、立陶宛人口趋于下降（图3-6右）。这种变化是根据人口净增长率来判断的。当种群的增长率逐渐下降，最终达到稳定的时候，生殖前期与生殖期的个体数量就会大体相等，而生殖后期的个体数量仍然维持较小的比例，这就是稳定型年龄结构的特点，其年龄结构金字塔呈钟型（图3-4B，图3-6左）。如果一个种群的出生率急剧下降，生殖前期的个体数量就会明显少于生殖期和生殖后期，此时的年龄结构金字塔表现为瓮形，这是衰退型的年龄结构（图3-4C，图3-6右）。

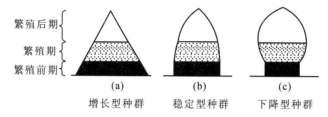

图3-4　种群年龄结构的3种类型

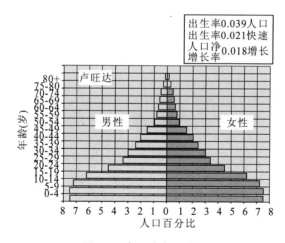

图3-5　卢旺达人口增长

5. 种群的性比

有性生殖几乎是动植物的一个普遍特性，虽然有些生物主要进行无性生殖，但在它们生活史的某个时期也进行有性生殖，因为只有靠基因的混合和重组，才能使一个种群保持遗传的多样性。

性比：雌性与雄性个体的比例，可分为第一性比，第二性比，第三性比。

第一性比：指受精卵的雄与雌比例，比例是50:50。当幼体出生，第一性比就会改变，有时雌性多，有时雄性多，幼体成长到性成熟这段时间里，由于种种原因，雌雄的比例继续变化，至个体开始性成熟为止，雌雄的比例叫做第二性比。此后，还会有充分成熟的个体性

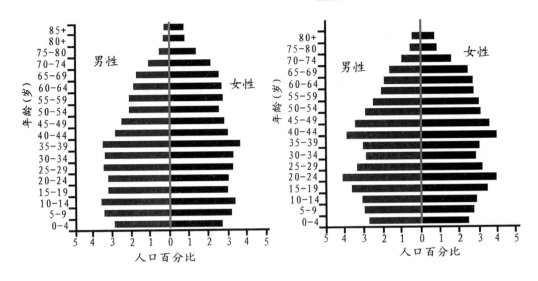

图 3-6 匈牙利(左)和立陶宛(右)人口增长

比叫第三性比。

性比和种群的配偶关系,对出生率有很大影响,在单配种(即一夫一妻)中雌鸟和雄鸟的比例决定着繁殖力。多夫种(即多夫一妻或一夫多妻)的情况则相反。与性比相关联的因素,还有个体性成熟的年龄,即交配年龄,它也是对繁殖力有影响的内在因素。不同种群由于其内在因素的不同,其性比不同(图3-7)。

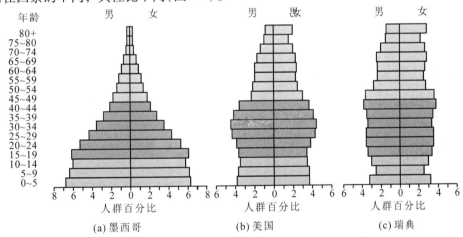

图 3-7 不同国家的男女性别比例及年龄分布

6. 生命表

(1)生命表

生命表:最清楚、最直接展示种群死亡和存活过程的一览表,研究种群动态的有力工具。

生命表实际上是图示法的数值化,它被广泛应用于人口统计、动植物种群研究中。生命表一般分为动态生命表和静态生命表。动态生命表是根据对同一时间出生的所有个体存活数月进行动态监测而编制的生命表。静态生命表是根据某一特定时间对种群作一个年龄结构调查,并根据结果而编制的生命表。

生命表包括计算死亡曲线，存活曲线，特定年龄生育率(mx)，世代历期(T)和内禀增长能力(r)（表3-1）。生命表的作用就是通过对某一种群在某个特定时间或特定时间内数量的变动，找出影响种群动态的主要因素，对于一些要改变其种群数量的物种，针对其关键因素采取措施，从而影响其种群的波动，达到人为调控其种群数量的目的。另一方面对于农业生产可以进行病虫害的预报预测。因而，在生产上应用较多。

表3-1 景天(Sedumsmallii)自然种群生命表

生活史阶段 x	生活史阶段的长度（月）D_x	存活数 l_x	死亡数 d_x	死亡率 $1000q_x$	平均存活数 L_x	留存种群的生存时间 T_x	期望寿命 e_x
生产的种子	4	1000	160	160	920	4436	4.4
有效种子	1	840	630	750	525	756	0.9
发芽	1	210	177	843	122	230	1.1
苗期	2	33	9	273	28	109	3.3
莲座期	2	24	10	417	19	52	2.2
成熟的植物	2	14	14	1000	7	14	1.0

（2）存活曲线

将各个时期存活的物种数量记录下来，将各个年龄的存活率连接起来就成了一条曲线，这就是存活曲线。可以将存活曲线分为三种基本类型（图3-8）。

在现实生活中的生物种群，不会有完全这样典型的存活曲线，但可表现出接近于某型或中间型，大型哺乳动物和人的存活曲线接近于A型；而像达氏甲壳类等在自由游泳的幼体期死亡率很高，但一旦找到合适固着的基底固定下来，其生命期望就明显改善，其存活曲线接近于C型；接近于C型的还有海洋鱼类，海底无脊椎动物和寄生虫等。每个年龄的存活率都相似的类型属于B型，如许多鸟类。如果生活史各期的存活率区别很大，如在全变态昆虫的生活周期中各阶段的死亡率差别很大，则可能出现类似B的阶梯状存活曲线。

动物、植物种群的存活曲线不同（图3-9，图3-10）。

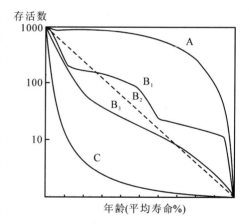

图3-8 存活曲线的类型

A型：凸型的存活曲线，表示种群在接近于生理寿命之前，只有个别的死亡，即几乎所有个体都能达到生理寿命；B型：呈对角线的存活曲线，表示个体各时期的死亡率是相等的；C型：凹型的存活曲线，表示幼体的死亡率高，以后的死亡率低而稳定。

7. 种群增长率 r 和内禀增长率 r_m

种群的实际增长率称为自然增长率，用 r 来表示。自然增长率可由出生率和死亡率相减来计算出。世代的净增殖率 R_0 虽是很有用的参数，但由于各种生物的平均世代时间并不相等，进行种间比较时 R_0 的可比性并不强，而种群增长率 r 则显得更有应用价值。r 可按下式计算：$r = \ln R_0 / T$。式中 T 表示世代时间，它是指种群中子代从母体出生到子代再产子的平均时间。

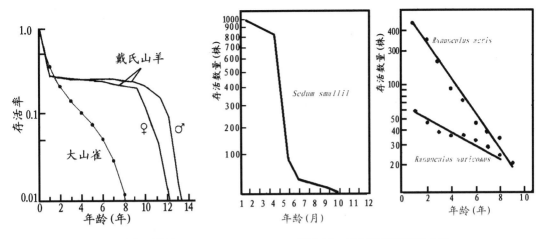

图 3-9　动物种群的存活曲线　　　　　图 3-10　植物种群的存活曲线

在长期观察某种群动态时，r 值的变化是很有用的指标。但是，为了进行比较，人们经常在实验室不受限制的条件下观察种群的内禀增长率 r_m。按 Andrewartha 的定义，r_m 是具有稳定年龄结构的种群，在食物不受限制、同种其他个体的密度维持在最适水平，环境中没有天敌，并在某一特定的温度、湿度、光照和食物等的环境条件组配下，种群的最大瞬时增长率。因为实验条件并不一定是"最理想的"，所以由实验测定的 r_m 值不会是固定不变的。

从 $r = \ln R_0 / T$ 来看，r 随 R_0 增大而变大，随 T 增大而变小。据此式，控制人口数量有两条途径：①降低 R_0 值，即使世代增殖率降低，这就要限制每对夫妇的子女数；②增大 T 值，可以通过推迟首次生殖时间或晚婚来达到。

三、种群增长模型

在自然界种群的增长受到多种因素的影响，如种群本身的净增长率、居住空间、食物、与其有关的其他生物因素等，都会影响到种群的增长。因而，种群在增长过程中会呈现出不同的规律。

数学模型是用来描述实验系统或其性质的一个抽象的、简化的数学结构。建立模型的目的是阐明自然种群动态的规律及其调节机制，帮助理解各种生物的和非生物的因素是怎样影响种群动态的。

1. 与密度无关的种群增长模型

种群在"无限"的环境中，即假定环境中空间、食物等资源是无限的，则其增长率不随种群本身的密度而变化，这类增长通常呈指数式增长，可称为与密度无关的增长（density-independent growth）。

与密度无关的增长又可分为两类，如果种群的各个世代彼此不相重叠；如一年生植物和许多一年生殖一次的昆虫，其种群增长是不连续的、分步的，称为离散增长，一般用差分方程描述；如果种群的各个世代彼此重叠，例如人和多数兽类，其种群增长是连续的，用微分方程描述。

种群离散增长模型的前提是：

（1）种群离散增长模型

最简单的种群离散增长模型由下式表示：$N_{t+1} = R_0 N_t$，式中：N_t 表示 t 世代种群大小，N_{t+1} 表示 t+1 世代种群大小，R_0 为世代净繁殖率。

如果种群以 R_0 速率年复一年地增长，即：$N_1 = R_0 N_0$；$N_2 = R_0 N_1 = R_0^2 N_0$；$N_3 = R_0 N_2 = R_0^3 N_0 \ldots N_t = N_0 R_0^t$

将方程式 $N_t = N_0 R_0^t$ 两侧取对数，即得：$\lg N_t = \lg N_0 + t \lg R_0$ 这是直线方程 $y = a + bx$ 的形式。因此，以 $\lg N_t$ 对 t 作图，就能得到一条直线，其中 $\lg N_0$ 是截距，$\lg R_0$ 是斜率。

R_0 是种群离散增长模型中的重要参数，$R_0 > 1$，种群上升；$R_0 = 1$，种群稳定；$0 < R_0 < 1$，种群下降；$R_0 = 0$，雌体没有繁殖，种群在下一代灭亡。

(2) 种群连续增长模型

大多数种群的繁殖都要延续一段时间并且有世代重叠，就是说在任何时候，种群中都存在不同年龄的个体。这种情况要以一个连续型种群模型来描述，涉及到微分方程。假定在很短的时间 dt 内种群的瞬时出生率为 b，死亡率为 d，种群大小为 N，则种群的增长率 $r = b - d$，它与密度无关。即：

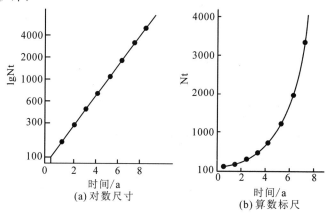

图 3-11　种群增长曲线（$N_0 = 100$；$r = 0.5$）

$dN/dt = (b - d)N = rN$，其积分式为：$N_t = N_0 e^{rt}$

例如，初始种群 $N_0 = 100$，r 为 0.5，则 1 年后的种群数量为 $100 e^{0.5} = 165$，2 年后为 $100 e^{1.0} = 272$，3 年后为 $100 e^{1.5} = 448$。以种群大小 N_t 对时间 t 作图，得到种群的增长曲线（图 3-11）。显然曲线呈"J"字型〔如 9500 年赤松种群的增长（图 3-12）〕，但如以 $\lg N_t$ 对 t 作图，则变为直线。

r 是一种瞬时增长率（instantaneous rate of increase），$r > 0$ 种群上升；$r = 0$，种群稳定；$r < 0$，种群下降。

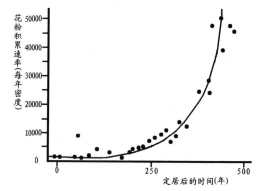

图 3-12　赤松的指数增长（9500 年前）

我们可以根据上述指数增长模型来估测非密度制约性种群的数量加倍时间。根据 $N_t = N_0 e^{rt}$，当种群数量加倍时，$N_t = 2N_0$

因而，$e^{rt} = 2$ 或 $\ln 2 = rt$，$t = 0.69315/r$。

2. 与密度有关的种群增长模型

因为环境是有限的，生物本身也是有限的，所以大多数种群的"J"字型生长都是暂时的，一般仅发生在早期阶段，密度很低，资源丰富的情况下。而随着密度增大，资源缺乏、代谢产物积累等，环境压力势必会影响到种群的增长率r，使r降低（图3-13）。图3-14所示为用不同方式培养酵母细胞时酵母实验种群的增长曲线。每3h换一次培养基代表种群增长所需的营养物质基本不受限制时的状况，显然此时的种群增长呈"J"型的指数增长。随着更换培养液的时间延长，种群增长逐渐受到资源限制，增长曲线也渐渐由"J"型变为"S"型，这就是我们将要介绍的种群在有限环境下的增长曲线。

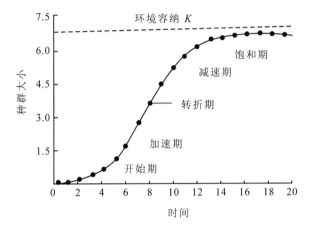

图3-13　种群增长模型图

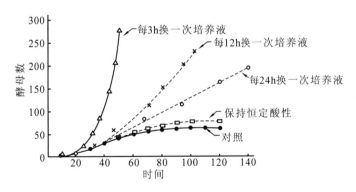

图3-14　酵母种群的增长曲线

受自身密度影响的种群增长称为与密度有关的种群增长（density-dependent growth）或种群的有限增长。种群的有限增长同样分为离散的和连续的两类。下面介绍常见的连续增长模型。

与密度有关的种群连续增长模型，比与密度无关的种群连续增长模型增加了两点假设：①有一个环境容纳量（carrying capacity）（通常以K表示），当$N_t = K$时，种群为零增长，即$dN/dt = 0$；②增长率随密度上升而降低的变化是按比例的。最简单的是每增加一个个体，就产生1/K的抑制影响。换句话说，假设某一空间仅能容纳K个个体，每一个体利用了1/K的空间，N个体利用了N/K的空间，而可供种群继续增长的"剩余空间"，就只有(1 - N/K)B。按此两点假设，密度制约导致r随着密度增加而降低，这与r保持不变的非密度制约性的情况相反,种群增长不再是"J"字型,而是"S"型。"S"型曲线有两个特点:①曲线渐近于K值,即平衡密度;②曲线上升是平滑的(图3-13)。

产生"S"型曲线的最简单的数学模型可以解释并描述上述指数增长方程乘以一个密度制约因子$(1-N/K)$,就得到生态学发展史上著名的逻辑斯谛方程(logistic equation)

$$dN/dt = rN(1-N/K)$$

其积分式为:$N_t = K/(1+e^{\alpha-rt})$,式中 α 的值取决于 N_0,是表示曲线对原点的相对位置。

在种群增长早期阶段,种群大小 N 很小,N/K 也很小,因此 $1-N/K$ 接近于 1,所以抑制效应可以忽略不计,种群增长实质上为 rN,呈几何增长。然而,当 N 变大时,抑制效应增加,直到当 N = K 时,$(1-N/K)$ 变成了 $(1-K/K)$,等于 0,这时种群的增长为零,种群达到一个稳定的大小不变的平衡状态(图3-15,图3-16)。

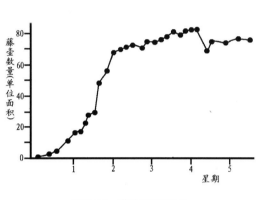

图3-15　藤壶种群增长

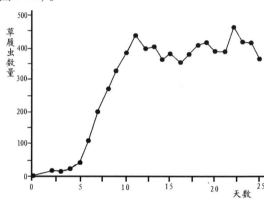

图3-16　草履虫种群增长

逻辑斯谛曲线常划分为 5 个时期:①开始期,也可称为潜伏期,种群个体数量很少,密度增长缓慢;②加速期,随个体数增加,密度增长逐渐加快;③转折期,当个体数达到饱和密度一半(即 K/2 时),密度增长最快;④减速期,个体数超过 K/2 以后,密度增长逐渐变慢;⑤饱和期,种群个体数达到 K 值而饱和(图3-13)。

逻辑期斯谛方程中的两个参数 r 和 K,均具有重要的生物学意义。r 表示物种的潜在增殖能力,K 是环境容纳量,即物种在特定环境中的平衡密度。但应注意 K 同其他生物学特征一样,也是随环境条件(资源量)的改变而改变的。

逻辑斯谛方程的重要意义体现在以下几方面:①是许多两个相互作用种群增长模型的基础;②是渔业、牧业、林业等领域确定最大可持续产量的主要模型;③模型中两个参数 r 和 K,已成为生物进化对策理论中的重要概念。

四、自然种群的数量变化

自然种群不可能长期地、连续地增长。只有在一种生物被引入或占据某些新栖息地后,才出现由少数个体开始而装满"空"环境的种群增长。种群经过增长和建立后,既可出现不规则的或规则的波动,也可能较长期地保持相对稳定。许多种类有时会出现骤然的数量猛增,即大发生,随后是大崩溃。有时种群数量会出现长时期的下降,称为衰落。

1. 种群增长

自然种群数量变动中，"J"型和"S"型增长均可以见到，但曲线不像数学模型所预测的光滑、典型，常常还表现为两类增长型之间的中间过渡型。图3-17为蓟马种群数量的变化图。图3-17表明，在环境条件较好的年份，其数量增加迅速，直到繁殖结束时增加突然停止，表现出"J"型增长，但在环境条件不好的年份则呈"S"型增长。对比各年增长曲线，可以见到许多中间过渡型。因此，"J"型增长可以视为一种不完全的"S"型增长，即环境限制作用是突然发生的，在此之前，种群增长不受限制。

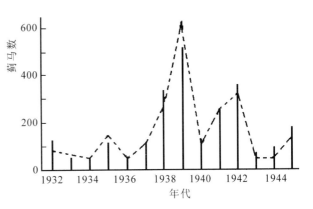

图3-17　蓟马种群变化

2. 季节消长

在一年四季中，种群在不断地发生变化，这种变化与生物所处的环境密切相关。当环境中的资源丰富时，种群增加个体数量较多；而资源较少时，种群增加个体数较少，甚至可能会减少。图3-18为一年生草本植物北点地梅8年间的种群动态，图表明虽不同年份北点地梅从开始的萌芽、营养生长、开花到结实，不同阶段个体数量变化较大，但是变化有规律，整体趋势一样。

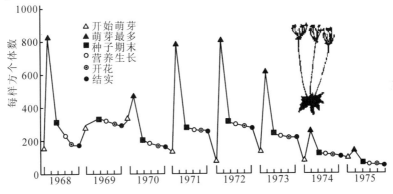

图3-18　北点地梅8年间的种群动态

3. 种群波动

大多数真实的种群不会或完全不在平衡密度保持很长时间，而是动态的和不断变化的（图3-19）。因为以下几个原因，种群可能在环境容纳量附近波动：①环境的随机变化。因为随着环境条件如天气的变化，环境容纳量就会相应的变化。②时滞或称为延缓的密度制约，在密度变化和密度对出生率和死亡率影响之间导入一个时滞，在理论种群中很容易产生波动。种群超过环境容纳量时会表现出缓慢的减幅振荡直到稳定在平衡密度。③过渡性补偿性密度制约，即当种群数量和密度上升到一定数量时，存活个体数目将下降。密度制约只有在一定条件下才会稳定。如果没有过渡补偿时，减幅振荡和种群周期就会发生变化。这些稳定极限环在每个环中间有一个固定的时间间隔，并且振幅不会随着时间变化而减弱。如果与高的繁殖率相结合，极端过渡补偿会导致混乱波动，没有了固定间隔和固定的振幅。

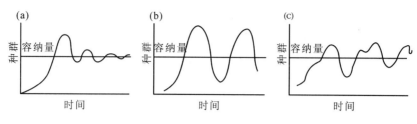

图 3-19 种群波动
(a)减幅振荡　(b)稳定极限周期　(c)混沌动态

(1)不规则波动　环境的随机变化很容易造成种群不可预测的波动。许多实际种群，其数量与年份好坏相对应，会发生不可预测的数量波动。小型的短寿命生物，比起对环境变化忍耐性更强的大、长寿命生物，数量更容易发生巨大变化。图3-20为Wisconsin绿湾中藻类数量随环境的变化，主要是由于温度变化及营养状况而造成的。营养状况变化的无规律性，也造成了藻类数量变化的无规律性。种群的不规则波动主要有以下几方面的原因：自然灾害、接近环境容纳量的一个随机因素、低环境容纳量的一个随机因素和突然定居或补充后、种群衰落。

(2)周期性波动　在一些情况下，捕食或食草作用导致的延缓的密度制约会造成种群的周期性波动。灰线小卷蛾生活在瑞士森林中。在春天，随着落叶松的生长，灰线小卷蛾的幼虫同时出现。幼虫的吞食对松树的生理有一定的影响，减小松针大小，致使来年幼虫食物质量下降。高密度幼虫使松树来年质量变差，因此导致灰线小卷蛾种群下降。低的幼虫数量使松树得到恢复，反过来随着食物质量提高，幼虫数量又有所增加(图3-21)。

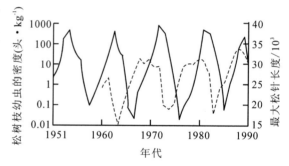

图 3-21　灰线小卷蛾响应松树质量(松针长度)的周期性

(3)种群爆发　具有不规划或周期性波动的生物都可能出现种群的爆发。最著名的爆发见于害虫和害鼠，如蝗灾。随着水体污染和富营养化程度的加深，近几年我国海域经常发生赤潮。赤潮是水中一些浮游生物爆发性增殖引起水色异常的现象，赤潮发生后常造成大量水生生物死亡。

(4)种群平衡　种群较长期地维持在几乎同一水平上，称为种群平衡。大型生物有蹄类、食肉动物等多数一年只产一仔，寿命长，种群数量一般是很稳定的。另外，一些蜻蜓成虫和具有良好内调节机制的社会性昆虫，其数量也是十分稳定。

(5)种群的衰落和灭亡　当种群长久处于不利条件下(如栖息地被破坏)，其数量会出现持久性下降，即种群衰落，甚至灭亡。个体大、出生率低、生长慢、成熟晚的生物，最易出现这种情况。种群衰落和灭亡的速度在近代大大加快了，究其原因，不仅是人类的过度捕杀，更严重的是野生动物的栖息地被破坏，剥夺了物种生存的条件。种群的持续生存，不仅需要有保护良好的栖息环境，而且要有足够的数量达到最低种群密度。因为过低的数量会因近亲繁殖而使种群的生育力和生活力衰退。

(6)生态入侵　由于人类有意识或无意识地把某种生物带入适宜其栖息和繁衍的地区，该生物种群不断扩大，分布区逐步稳定扩展，这种过程称为生态入侵。现在由于生态入侵后对当地物种及环境造成严重为害的有许多种，如兔子入侵澳大利亚后给当地的畜牧业造成严重危害；薇甘菊入侵我国后造成大面积的植物被绞杀；美国白蛾入侵我国后引起大面积的植物被啃食，所到之处只剩下光秃秃的树干。

五、种群调节

种群数量的变动，是互相矛盾的两组过程，出生和死亡、迁入和迁出相互作用的综合结果。因此，所有影响上述4个因素的因子都会影响种群的数量变动，决定种群数量变动过程的是各种因子的综合作用。对此，生态学家提出不同的解释方法。

1. 外源性种群调节理论

（1）气候学派　气候学派多以昆虫为研究对象，认为种群参数受天气条件强烈影响。证明昆虫早期死亡率的85%～90%是由于气候条件不良而引起的。

（2）生物学派　主张捕食、寄生、竞争等生物过程对种群调节起决定作用。澳大利亚生物学家Nicholson是生物学派的代表。他虽然承认非密度制约因子对种群动态有作用，但认为这些因子仅仅是破坏性的，而不是调节性的。

（3）食物因素　认为就大多数脊椎动物而言，食物短缺是最重要的限制因子。认为食物短缺、捕食和疾病是种群调节的三种原因，其中食物是决定性的。图3-22为食物对旅鼠种群数量的调节示意图。很明显，生活在荒漠地区的旅鼠，食物是影响其生存的主要生态因子，因而食物的数量直接影响其种群的数量。

以上学说都是外因调节学说。

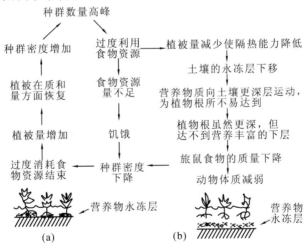

图3-22　食物对旅鼠数量的调节

2. 种群自我调节学说

将研究焦点放在动物种群内部。强调种内成员的异质性，特别是个体之间的相互关系在行为、生理和遗传特性上的反应。他们认为种群自身的密度变化影响本种群的出生率、死亡率、生长、成熟和迁移等种群参数，种群调节是各物种所具有的适应性特征。调节学派可分为行为调节学说、内分泌调节学说和遗传调节学说。

（1）行为调节　动物社群行为是调节种群的一种机制。社群等级使社群中一些个体支配另一些个体，这种等级往往通过格斗、吓唬、威胁而固定下来；领域性则是动物个体通过划分地盘而把种群占有的空间及其中的资源分配给各个成员。通过这两种方式使空间、资源、繁殖场所在种群内得到最有利于物种整体的分配，并限制了环境中动物数量，使食物资源不被消耗完。当种群密度超过一定限度时，领域的占领者要产生抵抗，不让新个体进来，种群中就会产生一部分"游荡者"或"剩余部分"，它们不能繁殖，缺乏保护也容易死亡，种内这种社群等级限制了种群的增长（图3-23）。

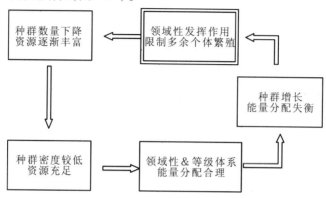

图 3-23　行为调节

（2）内分泌调节　内分泌调节是由克里期琴在1950年提出的，用来解释某些哺乳动物的周期性数量变动。他认为，当种群数量上升时，种内个体经受的社群压力增加，加强了对中枢神经系统的刺激，影响了脑垂体和肾上腺的功能，使生殖激素分泌减少和促肾上腺皮质激素增加。生长激素的减少使生长和代谢发生障碍，育幼情况不佳，幼体抵抗力降低。种群增长停止或抑制，这样又使社群压力降低（图3-24）。

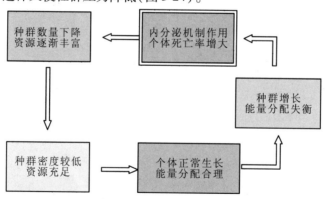

图 3-24　内分泌调节

（3）遗传调节　当种群密度增高时，自然选择压力松弛驰下来，结果是种群内变异性增加，许多遗传型较差的个体存活下来，当条件回到正常时候，这些低质的个体由于自然选择的压力增加而被淘汰，于是降低了种群内部的变异性。

六、种内关系

1. 密度效应

植物种群内个体间的竞争，主要表现为个体间的密度效应，反映在个体产量和死亡率上。因为植物不能像动物那样逃避密集和不良环境的影响，其表现只是在良好情况下可能枝繁叶茂，而高密度下可能枝叶少。这其中有两个基本规律。

(1) 最后产量恒值法则　在一定范围内，当条件相同时，不管一个种群的密度如何，最后产量差不多是一样的。这一法则是 Donald(1951) 对三叶草的密度与产量的关系作研究时得出的。

最后产量恒值法则可用以下公式表示：Y = W × d = Ki

其中：W 表示植物个体平均重量；d 为密度；Y 为单位面积产量；Ki 是一常数。

最后产量恒值法则的原因是在高密度情况下，植株之间的光、水、营养物的竞争十分激烈。在有限的资源中，植株的生长率降低，个体变小，导致最后的生物量保持恒定（图 3-25）。

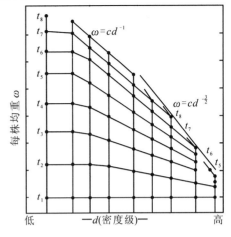

图 3-25　植物密度与大小之间的关系

(2) -3/2 自疏法则

随着播种密度的提高，种内竞争不仅影响到植株生长发育的速度，也影响到植株的成活。植物竞争个体不能逃避，竞争结果典型的也是使较少量的较大个体存活下来。这一过程叫做自疏(self-thinning)。自疏导致密度与生物个体大小之间的关系，该关系在双对数图上具有典型的 -3/2 斜率。这种关系叫做 Yoda 氏 -3/2 自疏法则，简称为 -3/2 自疏法则。White 等对 80 多种植物的自疏作用进行过定量观测，包括藓类、草本和木本植物，都具有 -3/2 自疏现象。

该法则可用下式表示：$w = C \times d^{-3/2}$ 两边取对数得：$\lg w = \lg C - 3/2 \lg d$

其中 w 为平均株干重；d 为种群密度。

该模式表明，在一个生长的自疏种群中，重量增加比密度减少更快。

在动物种群中存在种内竞争与密度效应的关系（图 3-26）。

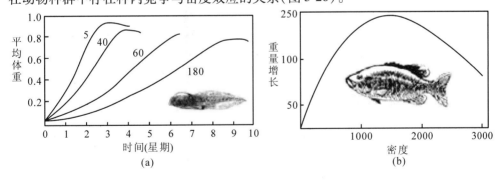

图 3-26　种内竞争与密度效应

2. 他感作用

他感作用是指一种植物通过向体外分泌代谢过程中的化学物质，对其他植物产生直接或间接的影响的过程。植物之间的生化相互作用称为相生相克或生化他感或化学交感也有人称之为异株克生。

(1) 种类　迄今发现的相生相克物质都是植物次生代谢物质，一般分子量较小、结构较简单，大体上可归为 14 类：水溶性有机酸、直链醇、脂肪族醛和酮；简单不饱和内酯；长链脂肪酸和多决；萘醌、蒽酮和复合醌；酚、苯甲酸及其衍生物；肉桂酸及其衍生物；香豆素类；类黄酮；单宁；类萜和甾类化合物；氨基酸和多肽；生物碱和氰醇；硫化物和芥子油苷；嘌呤和核苷。最常见的是酚类和类萜化合物。

(2) 释放途径　相生相克物质是指植物分泌到环境中的植物代谢物或其转化物，它有别于植物体内存在的有毒物质和天然产物。虽然大量报道的植物天然产物也常常有生物活性，但由于它们主要存在于植物体内，不是排放于环境中起作用，所以不属于相生相克物质。

植物向外界环境释放生克物质的途径主要是：根系分泌；地上部受雨、露和雾水淋洗；挥发；微生物分解植物残体产生毒素并释放到土壤里。实际上，相生相克物质往往是通过多途径释放的。如向日葵相生相克物质中的酚类化合物有的由叶片受淋洗而来，有的由根系分泌，有的由枯叶腐烂而来，如绿原酸。

(3) 作用谱　相生相克物质作用的一个显著特点是选择性、专一性；例如黑胡桃(*Juglans nigra*)产生的胡桃醌抑制苹果树，但不抵制梨、桃、李树生长；抑制几种常见的草类但不抑制六月禾生长；抑制一种黑莓但不抑制同属的另一种草莓生长。弯叶画眉草(*Eragrostis curvula*)产生的相生相克物质刺激向日葵和豇豆而抑制玉米和小麦的生长。一种相生相克物质受体植物和施体植物本身都可能产生作用。如一种藻(*Botrydiumbe cherianum*)的分泌物能抑制自身生长，但促进异种生长，此种效应使这一藻种限制在陆地生活。

(4) 浓度效应　前面已指出，同一相生相克物质对同一植物，浓度高时产生抑制作用，浓度低时产生促进作用。互相作用的两种植物都可能产生和释放起相生相克的物质，最终结果取决于彼此释放的化合物的相对浓度。例如，凤眼莲能分泌化合物抑制小球藻和栅列藻生长；小球藻和栅列藻也有抑制凤眼莲生长的现象。在藻类生长抢占优势的情况下，少量凤眼莲生长受抑制，当凤眼莲凭借生长快速的特点抢占优势、形成较大的群体时，藻类生长被抑制。

(5) 复合效应　植物分泌物质常常含多种成分，各成分之间会产生复合效应。Mandara 发现高羊茅(*Festuca arundinacea*)的粗提物抑制斑豆、绿豆等植物生长和种子萌发，粗提物中包含酚类化合物等多种次生物质。分离纯化后的各个成分的抑制活性反而不如混合物强，他认为混合物中诸成分的复合产生增效作用。目前对相生相克物质复合效应的研究还不够。

(6) 功能多样性　许多相生相克物质除对植物产生作用外，还具有多种其他功能。例如有些植物分泌的有机酸可抑制流动孢子萌发。阿魏酸酰化的多糖是一种植保素。绿原酸、咖啡碱等对某些病原有毒。冬麦产生的异羟肟酸、酚类化合物和吲哚生物碱等有抗蚜虫的作用。另外，一些与"赤潮"和"水华"有关的海藻和淡水藻分泌的毒素，不仅能杀死藻类，还能毒害多种浮游动物、真菌、贝壳类、刺皮类动物、鱼类、水禽以及马、牛、猪、鸡等，有些甚至毒害人体。金鱼藻等9种水草含有克制小球藻的生物碱，它们能抵抗食草动物的侵害。石菖蒲产生的两烯基苯类化合物不仅对多种绿藻和蓝绿藻有抑制效应，还具有镇痉的药用价值。

(7) 他感作用在园林植物配置时的应用　对于他感作用在园林中研究得还不多，可用于以下几方面：

Ⅰ 杂草的生物控制和防治　分离、鉴定、人工合成相生相克化合物可为杂草的化学控制提供新的除莠剂。把有克制性状的植物制作堆肥，或在轮作制中收获一种有克制作用的作物后，把它的蒿杆或残茬留在田中。用高粱制作的堆肥施用于苹果园，使杂草生物量减少

85%～90%，而对果树无不良影响。一种燕麦的蒿杆干燥后施入田中，有效地减少杂草生物量达80%～90%。

Ⅱ 有益增产增收　利用植物间的相生相克现象，可以提高植物的产量，增加植物的可观赏性。苹果和樱桃相生，因各自可放出挥发性气味而被对方吸收，可互相促进生长，结出优质高产的果实。葡萄和紫罗兰相生，若种在一起可互相促进生长，还可使葡萄高产且果味更香甜。

Ⅲ 有利于改良土壤，促进生长　刺槐和杨树、松树、枫树相生，因为刺槐是浅根树种，杨、松、枫树是深根性树种，除互不争水抢肥外，刺槐的根瘤菌可固氮，还能为其他树种提供肥料。

Ⅳ 减少相生相克效应造成的损失　相克物质引起的另一个问题是抑制固氮植物的结瘤和固氮。向土壤施加吸附剂能有效地减轻克制化合物为害，例如增加土壤中的有机质也可使克制物质失活，因为它有较多吸附位点，并能增加微生物活性。减少毒物对一年生作物影响的最好办法是轮作，既可以最大限度地利用轮作中一茬有明显克制性状的作物的相生相克效应，又可使土坡中的毒物不致过多聚积。两季连作作物如水稻，应尽量将篙杆收割清除，减轻其自身毒害效应。油茶和山苍子相生，因为山苍子的挥发气味可有效地防治油茶的烟煤病，促进生长发能和提高产量。

Ⅴ 降低景观养护费用　避免相克现象可降低景观养护费用。如柏树和苹果、梨树相克，因为柏树是苹果、梨锈病菌的中间寄主。同样，柏树与榆树和葡萄，刺槐和柑橘、苹果、李、梨等相克。因为刺槐分泌出的鞣酸类物质可抑制橘、苹果、李、梨的生长，使之多年不结果或少结果。

Ⅵ 营造健康的休闲环境　利用相生相克现象可以杀灭一些细菌和有害生物，营造出有益的休闲环境。柳杉能释放出杀菌素，有强力的驱虫作用，我们可以利用其特性营造小范围的无蚊环境。稠李的叶子分泌的物质具有强烈的杀苍蝇作用。松树林中的空气对人类呼吸系统有很大的好处。我国皇家园林和寺庙园林中种植有大量的松柏树，这里的空气新鲜，在这种环境里能健康长寿。白皮松、柳杉的分泌物能在8分钟内把细菌杀死。冷杉的针叶所散发的物质能杀死葡萄球菌、链球菌及百日咳菌等。景天科植物的汁液能杀死流行性感冒等病毒，比成药效果还好。桉树分泌的物质能杀死肺结核和肺炎菌。这些都是现代城市环境中所最希望得到的。我们利用这些特性可以营造不同的健康局部环境，以利于人们在休闲的同时治疗疾病。

到现在为止，有关不同植物间的相生相克现象研究的还比较少，特别是园林植物之间的相生相克现象则更少，要更好地将相生相克现象应用于植物景观设计中，必须加强相生相克效应的基础研究，更多的了解相生相克物质的种类、数量和释放途径。只有在此基础上，才能充分利用植物之间的相生相克现象，使植物景观的设计更合理、更科学、更持久。

（8）他感作用的生态学意义

Ⅰ 影响农业生产和管理　在农业上，有些农作物必须与其他作物轮作，不宜连作，连作则影响作物长势，降低产量。如早稻不宜连作，它的根系分泌的对-羟基肉桂酸，对早稻的幼苗起强烈的抑制作用，连作时长势不好，产量低。

Ⅱ 影响群落组成　H. B. Bode研究了黑核桃树下几乎没有草本植物的原因。他认为该树种的树皮和果实含有氢化核桃酮，当这些物质被雨水冲洗到土中，即被氧化成核桃酮，并抑制其他植物的生长。在柳杉林下其他植物也很少。

Ⅲ是引起群落演替的重要内在因素之一 通过分泌化学物质使其他植物不能生长从而使自身逐渐得到营养而成为主要种群，而抑制其他植物的生长。

3. 领域性

领域性是指由个体、家庭或其他社群单位所占据的，并积极保卫不让同种其他成员侵入的空间。保卫领域的方式很多，如以鸣叫、气味标志或特异的姿势向入侵宣告其领域范围，或以威胁、直接进攻驱赶入侵者等，这些行为称为领域行为。

在动物的领域性的研究中，有以下几条规律：

Ⅰ领域面积随领域占有者的体重而扩大，领域大小必须保证供应足够的食物资源为前提，动物越大，需要资源越多，领域面积也就越大（图3-27、图3-28）。

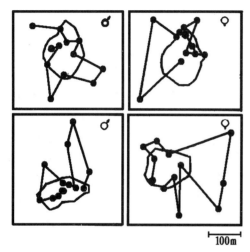

图3-27 红松鼠的领域　　图3-28 鸟类领域面积与体重、食性的关系

Ⅱ食肉动物的领域面积比同样体重的食草动物的领域面积要大，体重越大，面积差别越大。

Ⅲ 领域行为和面积随生活史，尤其是繁殖节律而变化。

4. 社会等级

社会等级：动物种群中各个动物的地位具有一定顺序的等级现象。社会等级形成的基础是支配行为，或称支配-从属关系。例如家鸡饲养者很熟悉鸡群中的彼此啄击现象，经过啄击形成等级，稳定下来后，低级的一般表示妥协和顺从，但有时也通过再次格斗而改变顺序等级。稳定的鸡群往往生长快，产蛋多，其原因是不稳定鸡群中个体间经常的相互格斗要消耗许多能量，这是社会等级制在进化选择中保留下来的合理性的解释。社会等级优越性还包括优势个体在食物、栖所、配偶选择中均有优先权，这样保证了种内强者首先获得交配和产后代的机会，所以从物种种群整体而言，有利于种族的保存和延续。

社会等级制在动物界中相当普遍，包括许多鱼类、爬行类、鸟类和兽类。高地位的优势个体通常较低地位的从属个体身体强壮，体重大，性成熟程度高，具有打斗经验。其生理基础是血液中具有较高浓度的雄性激素。

社会等级和领域性这两类重要的社会性行为，与种群调节有密切联系。Wyhne-Edwards

提出的种群行为调节学说的基础就是这种社会行为与种群数量的关系。

5. 利他行为

利他行为是另一种社会性的相互作用。利他行为是指一个个体牺牲自我而使社群整体或其他个体获得利益的行为。利他行为的例子很多，尤其是昆虫。白蚁的巢穴如被打开，工蚁和幼蚁都向内移动，兵蚁则向外移动以围堵缺口，表现了"勇敢"的保卫群体的利他行为。工蜂在保卫蜂巢时放出毒刺，这实际上是一种"自杀行动"。亲代关怀也是一种利他行为，亲代为此要消耗时间和能量，但能提高后代的存活率。一些鸟类当捕食者接近其鸟巢和幼鸟时佯装受伤，以吸收捕食者追击自己而引开鸟巢，然后自己再逃脱。

多数学者认为利他行为是群体选择的结果。群体选择学说认为种群和社群都是进化单位，作用于社群之间的群体选择可以使那些对个体不利但对社群或物种整体有利的特性在进化中保存下来。换言之，选择是在种群内各种亚群体间进行，通常群体选择保存了那些使群体适应度增加的特征。

6. 通讯

社会组织的形成，还需要有个体之间的相互传递信息为基础。信息传递，或称通讯是某一个体发送信号，另一个体接受信号、并引起后者反应的过程。信息传递的目的很广，如个体的识别，包括识别同种个体、同社群个体，同家族个体、亲代和幼仔之间的通讯，两性之间求偶，个体间表示威吓、顺从和妥协，相互警报、标记领域等。从进化观点而言，所选择的应以传递方便、节省能量消耗、误差小、信号发送者风险小，对生存必须的信号。世代之间的信号传递包括通过学习和通过遗传两类。通过是行为生太学研究的一个丰富而引人入胜的领域。

七、种间关系

1. 种间竞争

种间竞争是指两种或更多种生物共同利用同一资源而产生的相互竞争作用。种间竞争的生态学研究工作很多，几乎涉及每一类生物。

（1）经典竞争实例

Gause 以三种草履虫作为竞争对手，以细菌或酵母作为食物，进行竞争实验研究。各种草履虫在单独培养时都表现出典型的"S"型增长曲线。当把大草履虫（*Paramecium caudatum*）和双核小草履虫（*P. aurelia*）一起混合培养时，虽然在初期两种草履虫都有增长，但由于双核小草履增长快，最后排挤了大草履虫的生存，双核小草履虫在竞争中获胜。相反，当把双核小履虫和袋状草履虫（*P. bursaria*）在一起培养时，形成了两种共存的结局。共存中两种草履虫的密度都低于单独培养，所以这是一种竞争中的共存。仔细观赏发现，双核小草履虫多生活于培养试

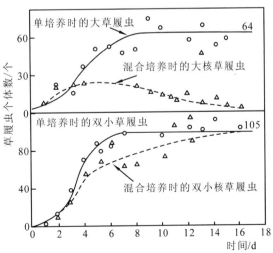

图 3-29　大草履虫和双核小草履虫的竞争

管中、上部，主要以细菌为食，而袋状草履虫生活于底部，以酵母为食。这说明两个竞争种间出现了食性和栖息环境的分化（图 3-29）。

Tilman 等研究了两种硅藻 Asterinoellaformosa 和 Synedraulna 的竞争。当两种藻分别单独培养时，都能增长到环境容量，而硅藻则保持在一低浓度水平上。当两者在一起培养时，Synedra 取胜 Aserionella 被排挤掉（图 3-30）。

Gause 以草履虫竞争实验为基础提出了高斯假说，后人将其发展为竞争排斥原理：在一个稳定的环境内，两个以上受资源限制的、但具有相同资源利用方式和种，不能长期共存在一起，最终会导致一个种占优势，一个种灭亡。

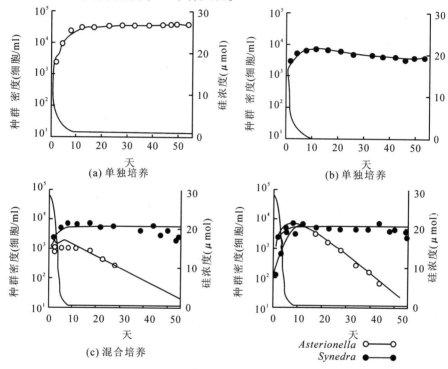

图 3-30 两种淡水硅藻的竞争

（a）Asterionella formosa 单独培养时建立一稳定种群密度，硅资源维持在低水平上
（b）synedra 单独培养时，硅浓度更低 （c）两种混合培养时，Synedra 排挤 Asterionella 而取胜

(2) 竞争的类型及一般特征

竞争可分为资源利用性竞争和相互干涉性竞争两类。在资源利用性竞争中，两种生物之间没有直接干涉，只有因资源总量减少而产生的对竞争对手的存活、生殖和生长的间接影响。前面所列举的 3 种草履草和两种硅藻的竞争都属于这类。相互干涉竞争也很常见，例如杂拟谷盗和锯谷盗在面粉中一起饲养时，不仅竞争食物，而且有相互吃卵的直接干扰。某些植物能分泌一些有害的化学物质，阻止别种植物在其周围生长，如柳杉，也属于相互干涉性竞争。

不对称性是种间竞争的一个共同特点。不对称性是指竞争各方影响的大小和后果不同，即竞争后果的不对等性。竞争往往导致一方种群数量的增加，另一种的灭绝。

种间竞争的另一个共同特点是：对一种资源的竞争，能影响到对另一种资源的竞争结果。以物种间竞争为例，冠层中占优势的植物，减少了竞争对手进行光合作用所需的阳光辐射。这种对阳光的竞争也影响植物根部吸收营养物质和水分的能力。这就是说，在植物的种间竞争中，根竞争与枝竞争之间有相互作用。

(3) 生态位分化

生态位指在自然生态系统中一个种群在时间、空间上的位置及其与相关种群之间的功能关系。例如，草食动物、肉食动物在生态系统的营养关系上各占不同的地位，起不同的作用或角色，它们的生态位不同。草食动物中，有的食叶，有的食种子，有的采蜜，其生态位又有不同。并且随着有机体的发育，能改变生态位。如青蛙在变态前占据水体环境，是藻类和碎屑的取食者，当变在成体时它们成为陆生的和食虫的。

生态位具有以下几个特点：①生态位是从物种的观点定义的，它与生境具有不同的含义。生态位是物种在群落中所处的地位、功能和环境关系的特性，而生境是指物种生活的环境类型的特性，例如，地理位置、海拔高度、水湿条件等；②将种间竞争作为生态位的特殊的环境参数，同时将生态位区分为基础生态位和实际生态位；③物种的生态位也将被生境所限制，生境会使生态位的部分内含失缺。

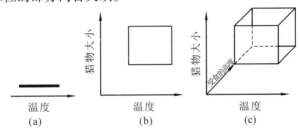

图 3-31　一种鸟的生态位维度

(a) 一维的生态位，覆盖温度耐受度　(b) 两维生态位，包括温度和猎物大小　(c) 三维生态位，包括温度、猎物大小和觅食的高度

生态位包括多个生态因子，因而对其的描述比较复杂，G. E. Hutchinson(1957)提出了 n-维生态位的概念，使生态位理论取得明显进展。图 3-31 为一种鸟生态位维度的示意图。图表明，随着考虑生态因子的增多，生态位的范围也越来越具体，也越来越窄。

Hutchinson 还提出了基础生态位(fundamentalniche)与实际生态位(realizedniche)的概念(图 3-32)。基础生态位是指没有竞争和捕食的胁迫，物种能够在更广的条件和资源范围内得到繁荣，这种潜在的生态位空间就是基础生态位。然而，物种暴露在竞争者和捕食者面前是很正常，很少有物种能全部占据基础生态位，一物种实际占有的生态位空间叫做实际生态位。竞争对于基础生态位的影响可以用一个经典的实验来说明：植物生态学家 Tansley 研究了两种拉拉藤(Galium)，G. saxatile 生长在酸性土壤中，而 G. pumilium 则生长在石灰性土壤中；当单独生长时，两个种在两类土壤中都能繁荣；当两个种在一起生长时，在酸性土壤中 G. pumilium 被排斥，而 G. saxatile 在石灰性土壤中被排斥。显然，竞争影响了被观察到的实际生态位。

还应该提出的是互利共生也影响有机体的实际生态位，但它与捕食者和竞争者不同，互利共生者的存在倾向于扩大实际生态位，而不是缩小它。

生物在某一生态位维度上的分布，常呈正态分布。这种曲线可称为资源利用曲线，它表示物种具有的喜好位置及其散布的喜好位置周围的变异度。

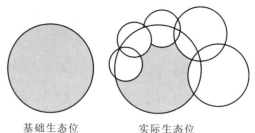

图 3-32　基础生态位和实际生态位

比较两个或多个物种的资源利用曲线，就能分析生态位的重叠和分离状况，探讨竞争与进化的关系。如果两个种的资源利用曲线完全分开，那么还有某些未被利用的资源。扩充利用范围的物种将在进化中获得好处；同时，生态位狭的物种内激烈的种内竞争更将促使其扩展资源利用范围。因此，进化将导致两物种的生态位靠近，重叠增加，种间竞争加剧。另一方面，生态位越接近，重叠越多，种间竞争也就越激烈，将导致一物种灭亡或生态位分化。总之，种内竞争促使两物种生态位接近，种间竞争又促使两竞争物种生态位分开，这是两个相反的进化方向(图3-33)。

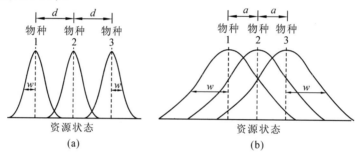

图 3-33　三个共存物种的资源利用曲线

(a)各物种生态位狭，相互重叠少　(b)各物种生态位宽，相互重叠多。
D 为曲线峰值间的距离，w 为曲线的标准差

将竞争排斥原理和生态位理论应用于自然生物群落，则得以下结论：

Ⅰ 一个稳定的群落中占据了相同生态位的两个物种，其中一个种终究要灭亡；

Ⅱ 一个稳定的群落中，由于各种群在群落中具有各自的生态位，种群间能避免直接的竞争，从而又保证了群落的稳定；

Ⅲ 一个相互作用的、生态位分化的种群系统，各种群在它们对群落的时间、空间和资源的利用方面，以及相互作用的可能类型方面，都趋向于互相补充而不是直接竞争。由此，由多个种群组成的生物群落，要比单一种群的群落更能有效地利用环境资源，维持长期较高的生产力、具有更大的稳定性。

在缺乏竞争者时，物种会扩张其实际生态位，这就是竞争释放。竞争释放可认为是在野外竞争作用的证据。例如，在北以色列，两种沙鼠 Gerbillusallenbyi 和 Merionestristrami 在一定范围内重叠。在重叠处，G. allenbyi 只出现在非沙性土中，而在只有 G. allenbyi 的地方它既占据沙性也占据非沙性土。在没有 M. tristrami 的情况下，G. allenbyi 似乎能够扩张其实际生态位。

偶尔，竞争产生的生态位收缩会导致形态性状变化，叫做性状替换(characterdisplacement)。如收获蚁(Veromessorpergandei)其下鄂大小与食种子的竞争蚂蚁的数量呈负相关。这表明当来自其他蚂蚁种类的竞争增加时,收获蚁变得更特化,集中摄食体积更小的一些种子。

2. 捕食作用

一种生物攻击、损伤或杀死另一种生物,并以其为食,称为捕食(predation),前者称为捕食者(predator),后者称为猎物或被食者(prey)。对捕食的理解,有广义和狭义两种,广义的捕食包括四类:Ⅰ典型捕食,指食肉动物吃食草动物或其他动物,例如狮吃斑马,狭义的捕食就指这一类;Ⅱ食草(herbivory),指食草动物吃绿色植物,如羊吃草;Ⅲ拟寄生者(parasitoid),如寄生蜂,将卵产在昆虫卵内,一般要缓慢地杀死宿主。

(1) 捕食者与猎物的长期协同进化

捕食者与猎物的协同进化非一朝一夕形成的,是长期协同进化的结果。捕食者通常具锐利的爪、撕裂用的牙或其他武器,以提高捕食效率;相反,猎物常具保护色、警戒色、假死、拟态等适应特征,以逃避被捕食。

根据捕食的方式,可以分为追击和伏击两类。犬科兽类多为追击者,具细长四肢,善于奔跑,猎豹最高的奔跑速度达每小时100km。猫科兽类多为伏击者,有机动灵活的躯体和复杂的行为,潜伏隐蔽于暗处,伺机突然袭击。追击者多分布于草原、荒漠等开阔环境,伏击者多出现于森林等封闭环境。

(2) 捕食者和猎物种群的数量动态

自然界中的捕食者和猎物种群的相互动态是复杂多样的。在自然界中,一种捕食者与另一种猎物的相互作用,往往受到其他因素的影响。在同一自然生态系统内,往往有多种捕食者吃同一种猎物,同一种捕食者也能吃多种猎物。

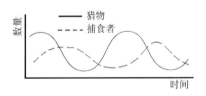

图3-34 捕食者对猎物种群的数量变化时滞反应

如果捕食者是多食性的,就可以选择不同的食物。例如当小哺乳类数量变得稀少时,狐、鼬等捕食者可能转而捕食蛙、小鸟等替代性食物,这对于阻止小哺乳类数量进一步降低具有重要作用。相反,当小哺乳类数量上升较高时,捕食者可能更多集中捕食它们,从而有阻止其上升的作用。因此选择性捕食及其改变,有稳定猎物种群变动的作用(图3-34)。

3. 食草作用

食草是广义捕食的一种类型,其特点是被食者只有部分机体受损害,植物也没有主动逃脱食草动物的能力。世界大部分是绿色的,植物没有被动物吃尽,其原因可能有:①食草动物在进化中发展了自我调节机制,防止作为其食物的植物被毁灭掉;②植物在进化过程中发展了防卫机制;③动物不可能将植株体全部吃掉,如一些动物不可能将植物的根吃掉。也正因为这样,才构成了植物与食草动物之间微妙但复杂的协同进化机制。

(1) 食草动物对植物的危害　植物受食草动物"捕食"的危害程度,随损害部位、植物发育阶段的不同而异。吃叶、吮吸组织液、损伤分生组织、采花和果实、破坏根系等,其后果各不相同。在生长早期中75%栎叶被损害可能使木材生产量减少50%,而在生长季较晚时候,其影响可能不大。也有可能危害严重的但一般是多因素作用,如小蠹危害榆枝叶传播真菌,使北美大部分榆树在20世纪60年代死亡。

(2) 植物的补偿作用　植物因食草动物啃食而受损害，但植物不是完全被动的，植物有各种补偿机制。例如在植物的一些枝叶受损害后，自然落叶减少，整株的光合率可能加强。受害植物可能利用贮存于各组织和器官中的糖类得到补偿，或改变光合产物的分布，以维持根/枝比的平衡。例如，油茶叶片人工折损率为5%时茶仔的产量不仅不下降，反而增加5%；冰草在实验打叶后的10天内，其单位叶面积光合率提高10%。

(3) 植物的防卫反应　食草动物的啃食会引起植物的防卫反应，如产生更多的化学物质。被牛啃食过的悬钩子的皮刺较未啃食过的长而尖；遭过锯蜂和树蜂危害的松树改变酚代谢，产生新的化学物。人工受伤的马铃薯和番茄能增加蛋白酶抵制物。植物的这些防卫反应被证明是有效的，能减少植物被啃食的数量。如荆豆顶枝在受到美洲兔的严重危害后，其枝条中会积累更多的毒素，变成兔子所不可食的，这种化学保护可延续2~3年。

(4) 植物与食草动物的协同进化　在进化过程中，植物发展了防御机制，如有毒的次生物质，以对付食草动物的进攻。另一方面食草动物亦在进化过程中产生了相应的适应性，如形成特殊的酶进行解毒，或者调节食草时间以避开植物的有毒化学物（图3-35）。于是，在进化过程中，植物和食草动物之间进行着一场选择竞赛，并出现协同进化。协同进化是指一个物种的性状作为对另一物种性状的反应而进化，而后一物种的这一性状本身又作为前一物种性状的反应而进化。

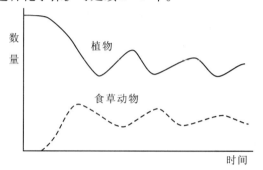

图3-35　植物与食草动物的种群间的相互动态

如马利筋（Asclepias curassavica）含有苦味的强心苷，它能造成脊椎动物的呕吐和心脏病发作，与许多家畜的死亡有关。斑蝶的幼虫却能取食马利筋，它对强心苷是免疫的，所以在体内组织工作积累强心苷。由于斑蝶类内含有强心苷，所以鸟类也不取食斑蝶。

(5) 植物与食草动物的种群间的相互动态　食草动物的引入使植物种群生物量下降，同时食草动物种群数量不断上升，但到达一定密度，由于植物生物量的减少，食草动物种群也随之下降，以后两个种群表现为周期性的振荡。Caughley指出，这个模型的行为取决于植物和食草动物两个种群的增长率，和食草动物的摄食率。如果牧食压力维持在未放牧前植物生物量的一半左右，就出现周期性振荡。如果牧食压力过高，则种群会下降和崩溃。

4. 寄生

寄生是指一个种寄居于另一种的体内或体表、靠寄主体液、组织或已消化物质获取营养而生存。与捕食者不同，捕食者一般通过杀死猎物，而寄生者多次地摄取宿主的营养，一般不"立即"或直接杀死宿主。

寄生蜂产卵在昆虫幼虫内，随着发育过程逐步消耗宿主的全部内脏器官，最后剩下空壳，一般称为拟寄生物。拟寄生是一种介于寄生和捕食之间的种间关系。

寄生物为适应它们的宿主表现出极大的多样性。其宿主可以是植物、动物，也可以是其他寄生物。有的能在动植物尸体上继续营寄生生活，如铜绿蝇，可称为尸养寄生物，它们实际上已成为食死生物或食碎屑生物（detritivore）。寄生物有的整生寄生，有的是暂时寄生，其间有系列过渡。

从种群生态学出发，可以把寄生物分为微型和大型两类。微寄生物直接在宿主体内增殖，多数生活于细胞内，如疟原虫、植物病毒等；大寄生物在宿主体内生长发育，但增殖要通过感染期，从一个宿主机体到另一个，多数在细胞间隙或体腔、消化道等生活，例如蛔虫。营寄生的有花植物可明显地分为全寄生和半寄生两类，前者缺乏叶绿素，无光合作用的能力，因此营养全来源于宿主植物，如大花草；后者能进行光合作用，但根系发育不良或完全没有根，在没有宿主时停止生长，如小米草。

5. 偏利共生

偏利共生（commensalism）是指相互作用的两个物种，对一方有益，而对另一方既无利也无害。附生植物，如，树冠上的苔藓和地衣，借助于被附生植物支撑自己，可获得更多的光照和空间资源；但在一般情况下，对附着的植物不会造成伤害，因此，它们之间的关系属于偏利共生。某些鸟类栖息于其他鸟的弃巢中，小型动物分享大动物居所以及植物为动物提供隐蔽场所等都属于偏利共生的表现。

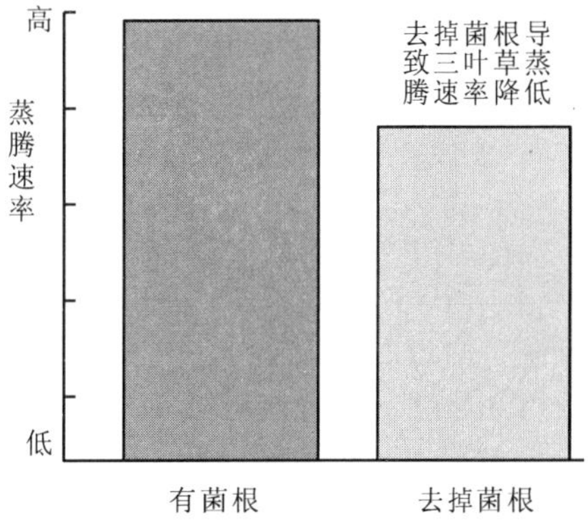

6. 互利共生

图3-36 菌根对三叶草蒸腾速率的影响

对双方都有好处的称为共生（mutualism）。共生有两种类型：一种是兼性的，即获得好处的双方相互分开后也能单独生存，称之为互惠合作；另一种是专性的，即双方只能紧密接触，分开后至少有一方不能单独生存，称之为互利共生。

互利共生在自然界中有很多种形式（图3-36），经典例子是高等植物与真菌之间的共生关系——菌根。菌根在自然界中起着至关重要的作用，没有菌根，许多高等植物不能生存或生存不好，多数藓类、蕨类、石松、裸子植物和被子植物的组织或多或少都与真菌的菌丝体紧密地交织在一起，全世界各种植被的优势植物几乎都有明显的菌根。

另外，动物与植物之间也有共生关系，如中美洲的一种蚂蚁与合欢之间的共生关系，蚂蚁可以使合欢免受害虫侵袭，加强合欢的竞争能力，使合欢的生长加快，其萌条存活率提高，减少了在合欢上生活的植食昆虫的数量；同时，蚂蚁从合欢树上得到食物和栖息地，并且在其上产卵和孵化下一代（图3-37，图3-38）。

植物为蚂蚁提供蜜和蛋白质，空的叶刺可以筑巢

图3-37 合欢与蚂蚁的互利共生

动物组织或细胞内也存在共生性互利共生的现象。反刍动物如鹿和牛，拥有多室胃，在其中发生细菌和原生动物的发酵途径。在一些以木头为食的白蚁中，必需的分解酶——纤维

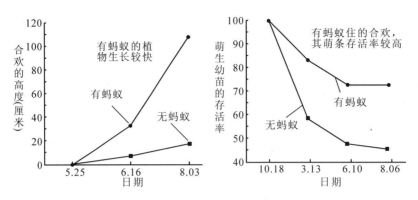

图 3-38 合欢与蚂蚁的互利共生保护了合欢

素酶,由生活在特化了的肠构造内的鞭毛虫共生体提供。一些白蚁还拥有可固定空气中氮的细菌,因为木头中氮含量很低,这是有价值的。细胞内细菌共生体发生在一些昆虫类群,如蚜虫和蟑螂,这些细菌可通过合成必需氨基酸帮助氮代谢。

很多寄生植物具有非常大的繁殖能力和很强的生命力,在没有碰到寄主时,能长期保持生活力,一旦碰到寄主植物,又能立即恢复生长,营寄生生活。

多数的寄生植物只限于寄生在一定的植物科、属中,即寄生具有一定的专性,这类寄生植物为专性寄生植物。因此寄生者与寄主常常是协同进化的。

还有一类社会性寄生现象。如鸟类的窝寄生,杜鹃将卵产在别的鸟的窝中,强迫寄生动物为其提供食物或其他利益而获利。

八、种群的生态对策

1. K 对策和 r 对策

麦克阿瑟(MacArthur,1962)首先提出了 K 和 r 对策的分类。在 K 和 r 对策种之间存在无数的过渡类型,称为 r–K 连续统,连续统中的个体也可以相对地划分,自然界的所有物种都可按 K 对策种和 r 对策种来进行相对的划分和归类。

(1) K 对策种的特征

K 对策种的特征是个体大、寿命长,出生率低,死亡率低,稳定环境下竞争能力较高,对每个后代投资巨大。

K 对策种在种群密度下降到平衡水平以下后,再恢复到平衡状态很困难,如果种群密度降到远离平衡水平时,种群灭绝的可能性极大,因为它们硕大的体形对较大的环境变化缺乏相应的适应能力,因此 K 对策的良好生长必须在稳定的生境条件下。进化方向是稳定条件下增强种间竞争能力,选择大型个体是有利的,但种的扩散能力低,进化压力使种群保持或接近 K 值,种群增长率较小,而保持高的存活率,必须在防御机制上给予很大投资,占有较大比例的能量,生长慢,但利用能量的效率高,如鹰能作长距离的滑翔。在非常狭小的环境片段中亦能很好地生长,不断提高对资源的利用效率。出生率对种群密度非常敏感,当密度下降时,出生率迅速上升。

(2) r 对策种的特征

r 对策种的特征是个体小、寿命短,出生率高,死亡率高,在裸地生境具有很强的占有能力,对后代的投资不注重质量,更多的是考虑其数量。在植物界表现为种子小,结实量大，能够远距离传播种子。他们的对策基本上是机会主义的，突然爆发和迅速破产，迁移是它们短暂生存的必要组成部分，在相对稳定的生境中种群不会有许多世代，也许只有一、二代，作为物种总体它们却极富恢复能力。它们的高死亡率、广泛的运动性和连续暴露在裸地上等特征，可能使它们成为形成物种的丰富源泉。生产和消耗的比值高，生长迅速，由于较高的增长率和短的世代，所以内禀增长率高（图3-40）。

K对策种和r对策种的种群增长具有明显的差别（图3-40）。明显地K对策种的种群增长缓慢，而r对策种的种群增长要快得多。

图3-39　采用r对策的马尾松

r-对策和K-对策在进化过程中各有其优缺点。K-对策种群竞争性强，数量较稳定，一般稳定在K附近，大量死亡或导致生境退化的可能性较小。但一旦受危害造成种群数量下降，由于其低r值种群恢复会比较困难。大熊猫、虎等都属此类，在动物保护中应特别注意。相反，r-对策者死亡率甚高，但高r值能使其种群能迅速恢复，而且高扩散能力还可使其迅速离开恶化生境，在其他地方建立新的种群。r-对策者的高死亡率、高运动性和连续地面临新局面，更有利于形成新物种，一般一年生草本都采用r对策。

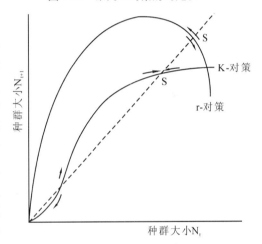

图3-40　K对策种和r对策种的种群增长曲线

2. 繁殖对策（breed strategies）

为了适应复杂的环境，生物在繁殖后代、维持种群数量方面也采取了一系列的对策。

植物种子在繁殖对策上表现出巨大的多样性。椰桐种子重达27kg，而斑叶兰种子重大约只有2×10^{-6}g，这种悬殊的差别表明它们的生境、种子传播条件等的差别同样是很悬殊的。前者生存在海岸，海水在传播种子中起重要作用，后者是寄生植物，小型种子得以萌发的微生境是小型的并广泛分布的，这样达到种子所要求的特殊小生境的机会增加，增加了物种存活的机会。但尽管物种间种子大小有极大变化，但物种内生境和种群密度有较大差异时，种子的平均重量是相当稳定的。

种子大小受捕食者的影响。种子是很多动物、鸟类等的主要食物。据报道在中美洲有两种自然类群的木本豆科植物，它们的种子平均重量不同，23种有毒的种子平均重量为3.0g，13种没有毒性成分的种子平均重量为0.26g，容易受害的种类中，较小的种子使得在繁殖效应上较大的再分配，这样的繁殖效应将以扩散方式增加避免捕食的可能性，即产生很小的种子亦是一种有效的对策，小得难以发现，或者在这个地区食种子的昆虫，也嫌这种子太小。这种对策在草本植物的豆科中较普遍。

树木在逆境中，逐渐加强繁殖能力。贫瘠土壤上，养分和水分供应不足，树木生长矮小，反而提前结实，产生所谓的逆境结实。正常生长的树木，受到一定程度的机械损伤能促进开花结实。对两株双干的北美黄杉进行环状剥皮的观测指出，每株只剥一个树干，处理后的第二年，经过环状剥皮的树干所结的球果是未经环状剥皮的7.4倍，3年以后逐渐降至1.6~2.3倍。

林木的无性繁殖是对频繁干扰的适应对策。具有无性繁殖能力的树种一般是演替早期种，如东北林区的先锋树种白桦、山杨等，无性繁殖能力很强，皆伐后的迹地上，林木伐根常生伐根萌芽(白桦)和根部周围发生根蘖条(山杨)，其发生的数量除与树种和树龄外，还与林分干扰的程度，即林地光照强度有关，彻底干扰的强光下，大量产生无性更新枝条；充分郁闭的林下，即使最具无性繁殖能力的树种，也不发生无性更新。

3. 生长对策(growth strategies)

不同植物对于生长环境要求不同，也是对生长环境的适应。如一些喜光的先锋植物，往往早期迅速生长，具有开拓对策(白桦)，在一些光照强、干旱、瘠薄的土壤环境中往往生长迅速，适应能力强。而一些耐荫的植物早期生长缓慢，具有保守对策(红松)，在稳定的林分中，它们的竞争能力很强。一般在土壤肥沃、湿度较大、郁闭度的林分环境中竞争能力强。

种群的生态对策在生长上有各种表现。如温带木本被子植物顶枝形成有两种主要方式：①有限生长类型。顶枝在冬季完全定型，冬芽形成时就决定了叶子数目。其特点是在茎单元形成和伸长之间有一个明显的休眠期，春梢的生长需要经过两年，其生长量既与上一年生境条件有关，也与本年度气候因子有关。②无限生长类型。冬芽只含有少量叶原基，下一个生长季顶枝尖端在生长季内能产生新的叶子和节间，年高生长包括春梢的伸长和夏枝生长，如山杨。

第二节　生物群落

一、生物群落的概念及特征

1. 生物群落的概念

群落(community)这一概念最初来自于植物生态学的研究。由于不同生态学家研究的对象与采用的研究方法不同，导致对群落概念的认识也有所不同。近代植物地理学创始人Alexander Humboldt在周游考察了世界许多地方之后，于1807年在《植物地理知识》中，揭示了植物分布与气候条件之间相互关系的规律，并指出每个群落都有其特定的外貌。1890年，植物生态学的创始人E. Warming在他的《植物生态学》一书中，将群落定义为"一定的物种所组成的天然群聚即群落"。之后，1911年，V. E. Shelford对生物群落下的定义为"具一致的种类组成且外貌一致的生物聚集体"。1957年美国著名生态学家E. P. Odum在他的《生态学基础》一书中，对这一定义做了补充，他认为除种类组成和外貌一致外，还"具有一定的营养结构和代谢格局"，"它是一个结构单元"，"是生态系统中具有生命的部分"。

综上所述，目前生物群落可定义为：在特定空间或特定生境下，具有一定的生物种类组成及其与环境之间彼此影响、相互作用，具有一定的外貌及结构，并具特定的功能的生物聚合体。

每个群落都有一定的物种组成、垂直结构、动态变化以及生物量、能流和营养循环的格局。从生态系统来看，生物群落仅是生态系统的一个成分，即生物成分。为了研究和描述的目的，可将生物群落分为植物群落、动物群落和微生物群落（图3-41，图3-42，图3-43），这样划分只是研究的方便，三者之间有着密切的联系。在这个群落整体中，植物、动物、微生物是不可分割的、紧密联系在一起的，因此在研究某个具体的群落时必须从整体的角度考虑其作用及属性，才能得出更准确的结论。

图3-41　森林植物群落

图3-42　荒漠植物群落

2. 群落的基本特征

(1) 具有一定的外貌，如高度和密度

一个群落中的植物个体，分别处于不同高度和密度，从而决定了群落的外部形态。在植物群落中，通常由其生长类型决定其高级分类单位的特征，如森林、灌丛或草丛的类型。由于种类的不同，植物个体随季节变化会出现明显的变化，使得在不同季节群落的外貌不同，呈现出季相变化，其外貌也不一样。

(2) 具有一定的种类组成

种类组成是区别不同群落的首要特征。一个群落中种类组成的多少及每种个体的数量是度量群落多样性的基础，也是构成食物网的基础（图3-43）。热带雨林和温带常绿阔叶林的区别就在于其种类组成的完全不同。具有相同种类组成的群落肯定是同一群落。即使是相同地理位置下不同坡向的植物群落其种类组成也不可能完全一样。

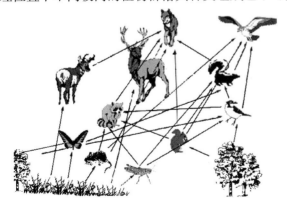
图3-43　群落中的食物网

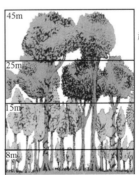
图3-44　群落结构的成层性

(3) 具有一定的群落结构

每一个生物群落都具有自己的结构，其结构表现在空间上的成层性（图3-44）、物种之间的营养结构、生态结构以及时间上的季相变化等。群落类型不同，其结构也不同。热带雨林群落的结构最复杂，而北极冻原群落的结构最简单。例如，生活型组成、种的分布格局、成层性、季相、捕食者和被食者的关系等。

（4）形成群落环境

生物群落对其居住环境产生重大影响，并形成群落环境（图3-45，图3-46）。如森林中的环境与周围裸地就有很大的不同，包括光照、温度、湿度与土壤等都经过了生物群落的改造。最明显的就是群落中的环境改变以后导致了不同生物竞争能力的不同，导致有些植物的不能生存和新的植物的侵入。

（5）不同物种之间的相互影响

生物群落并非种群的简单集合。哪些种群能够组合在一起构成群落，主要取决于两个条件：其一是必须共同适应它们所处的无机环境；其二是它们内部相互关系必须取得协调与平衡。而且物种之间的相互关系还随群落的不断发展而不断发展和完善。随着植物群落的形成与发展，各种动物种群也随之形成与发展，它们不但需要以适当的植物作为食物来源，而且需要植物群落为它们提供栖息、活动、繁殖与避难的场所。微生物参与到群落中来也经历着近似的历程，不同生物群落中微生物的种类组成及数量关系不同便是证明。

（6）一定的动态特征

任何一个生物群落都有它的发生、发展、成熟和衰败与死亡的阶段。因此，生物群落就像一个生物个体一样，在它的一生中都处于不断发展变化之中，表现出动态的特征。例如一个刚栽植的腊梅群落目前的状况与5年生腊梅群落的群落状况，在许多方面必须存在着明显的差异。

图3-45　柳杉林中的群落环境

图3-46　竹林中的群落环境

（7）分布范围

分布在特定地段或特定生境上，不同群落的生境和分布范围不同。当然，群落的这种分布范围有其特殊的自然边界，也有人为的主观区分的边界。有些群落的边界十分明显，而有些群落的边界则不是很明显。图3-47表现了纬度和经度变化的不同区域，植物群落的大致分布规律。在某一具体地点，高山的植物分布随海拔变化同经纬度变化的规律几乎一样，因为同样受温度、降水等环境因素的综合影响。长白山的梯度分布就很明显。

（8）群落的边界特征

在一定的自然条件下，有些群落具有明显的边界，可以清楚地加以区分，如湖泊中的岛屿（图3-48）；有的则不具有明显边界，而处于连续变化中，前者见于环境梯度变化较陡，

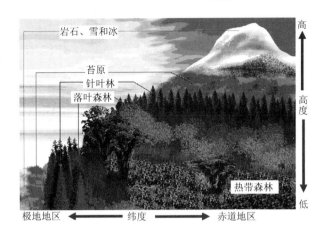

图 3-47 不同森林群落的分布区域

或者环境梯度突然中断的情形。

图 3-48 岛屿上的植物群落边界十分明显

地球上主要生物群系的分布成为主要温度分布带的反映。自然界中生物种类的分布大的范围内主要受温度和降水的影响，具体到区域，还要受海拔，地形等的影响。在一个地段，还要受小地形、小气候的影响。在一个群落内，物种间相互竞争也会对群落的组成和结构有很大影响。

3. 保存完整的自然群落意义

现在确定的自然保护区中，除了保护国家确定的珍、稀濒危的动植物外，还有一部分是保护少量存在的一些自然群落。保护这些完整的自然群落具有较大的实际意义。

自然群落往往是没有或人为干扰很少的情况下，自身发展变化、演替的结果，因而能准确反映在该自然环境下群落的发生、发展、变化，明确物种之间的相互关系，确定群落中现在的关键种，找到群落维持的主要因素。

保护完整的自然群落也就保护了一些重要的物种，为重新恢复荒芜地区的种群提供了种源。有些物种由于人为的破坏和干扰，只在自然群落中存在，通过这些群落的保护，为恢复群落提供种源。

通过对现在保护的自然的调查，可以弄清群落的发生、发展和演替规律。当遭到干扰后，预测出群落怎样能得到恢复，通过人为采取措施，使一些受到干扰的群落恢复到较为理想的群落水平。

保护自然群落，找到不同物种之间的相互关系，也可以为经营管理现有的生态系统提供理论指导，避免不同物种之间的竞争，使现有的生态系统向着良性循环的方向发展。自然群落的保护对于人工群落的建设也有重要的参考意义，在人工构建植物群落时可以借鉴自然界的群落结构（图3-49），人工构建出接近自然的群落，满足人们对自然景观的渴望；如果不考虑植物之间的相互作用，即使植物种置成功，也不可能达到理想的效果，更有可能导致种植的植物中的部分植物死亡。

图 3-49　自然群落在园林设计中的应用

二、群落的种类组成

1. 种类组成的性质分析

种类组成是决定群落性质最重要的因素，也是鉴别不同群落类型的基本特征。群落学研究一般都从分析种类组成开始。为了得到一份完整的生物种类名单，通常采用最小面积的方法来统计一个群落或一个地区的生物种类名录。最小面积是指基本上能够表现出某群落类型植物种类的最小面积。抽样面积太大，会花费很大的财力、人力与时间等；太小又不能反映群落的物种情况。最小面积的确定需要（图3-50），以样方面积为横坐标，以物种数为纵坐标得出 S_0 即为最小面积。

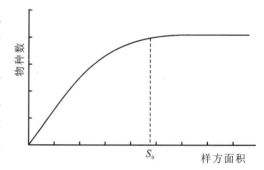

图 3-50　种一样方面积曲线图

对于不同的群落类型，其样地大小也不相同（表3-2），但以不小于群落的最小表现面积为宜。一般来讲，组成群落的种类越丰富，其最小表现面积越大。例如，我国云南西双版纳的热带雨林，最小表现面积为 $2500m^2$，北方针叶林为 $400m^2$，草原灌丛为 $25\sim100m^2$，草原为 $1\sim4m^2$。

群落的种类组成情况在一定程度上反映出群落的性质。不同植物在群落中的作用不同，研究常根据其作用划分群落成员类型，常用的类型有：

Ⅰ 优势种和建群种　对群落的结构和群落环境的形成有明显控制作用的植物种称为优势种。乔木层的优势层的优势种为建群种。

表3-2　不同植被或群落类型的最小面积

	Whittaker(1978)(m)		中国常用标准(m)
热带沼泽雨林	2000~4000	热带雨林	2500~4000
热带次生雨林	200~1000	南亚热带森林	900~1200
混交落叶林	200~800	常绿阔叶林	400~800
温带落叶林	100~500	温带落叶阔叶林	200~400

(续)

Whittaker(1978)(m)		中国常用标准(m)	
草原群落	50~100	针阔混交林	200~400
密灌丛群落	25~100	东北针叶林	200~400
杂草群落	25~100	灌丛幼年林	100~200
温带夏草灌木群落	10~50	高草群落	25~100
钙质土草地	10~50	中草群落	25~40
高山草甸和矮灌丛	10~50	低草群落	1~2
石楠矮灌丛	10~50		

Ⅱ亚优势种 指个体数量与作用都次于优势种，但在决定群落性质和控制群落环境方面仍起着一定作用的植物种。

Ⅲ伴生种 为群落的常见种类，与优势种相伴存在，但不起主要作用。

Ⅳ偶见种或稀见种 群落中出现的频率低的种类，个体数量往往十分稀少。但是有些偶见种的出现具有生态指示意义，有的还可作为地方性特征来看待。

由此可见，在一个植物群落中，不同植物种的地位和作用以及对群落的贡献是不相同的。如果把群落中的优势种除去，必然导致群落性质和环境的变化；但若将非优势种去除，只会发生较小的或不明显的变化。同时同一植物在不同生境其作用也不一样。如荒漠的少量灌木是优势种，但是如果这些植物生长在绿洲中则可能变成伴生种。

2. 种类组成的数量特征

①丰富度 丰富度常用指为多度。多度表示一个种在群落中的个体数目。多用于植物群落的野外调查中。我国多采用 Drude 的七级制多度，即：

Soc.(Sociales)极多，植物地上部分郁闭；

Cop^3(Copiosae3)很多；

Cop^2(Copiosae2)多；

Cop^1(Copiosae1)尚多；

Sp.(Sparsal)少，数量不多而分散；

Sol.(Solitariae)稀少，数量很少而稀疏。

Un.(Unicum)个别(样方内某种植物只有1或2株)。

②密度 单位面积上的植物个体总数，用公式 $d = N/S$，S 为样地面积，N 样地上所有个体总数。

常用的概念还有相对密度和密度比。

相对密度：样地内某一物种的个体数占全部物种个体数的百分比。

密度比：某一物种的密度占群落中密度最高的物种密度的百分比。

③盖度 地上部分垂直投影面积中样地面积的百分比。

基部盖度：植物基部的覆盖面积；

群落盖度(郁闭度)：同盖度的概念。

相对盖度：群落中某一物种的分盖度占所有分盖度之和的百分比。

④频度 某个物种在调查范围内出现的频率。

频度 = 某物种出现的样方数/样方总数 × 100%

C. Raunkiaer 频度定律：群落中低频度种的数目较高频度种的数目较多(图3-51)。

种的个体数量指标还有高度、重量(包括干重和鲜重)和体积。

⑤重要值 用来表示某个种在群落中的地位和作用的综合数量指标。

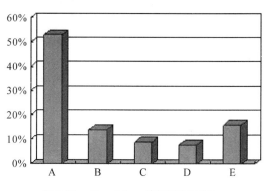

图3-51 Raunkiaer 的标准频度图

重要值 = (相对密度 + 相对频度 + 相对显著度)/300

优势度的具体定义和计算方法各家意见不一。有的主张以盖度、所占空间大小或重量来表示优势度，并指出在不同群落中应采用不同指标。

有的提出，多度、体积或所占据的空间、利用和影响环境的特性、物候动态应作为某个种的优势度指标。还有一些其他观点。

显著度：胸高断面积。

相对显著度：某一树种的显著度与样地中所有树种显著度的百分比。

3. 种的多样性

生物多样性(biodiversity)是指生物中的多样化和变异性以及物种生境的生态复杂性，它包括植物、动物和微生物的所有种及其组成的群落和生态系统。生物多样性可分为遗传多样性、物种多样性和生态系统多样性三个层次。遗传多样性指地球上生物个体中所包含的遗传信息之总和；物种多样性是指地球上生物有机体的多样性；生态系统多样性涉及的是生物圈中生物群落、生境与生态过程的多样化。

物种多样性具有两种含义：其一是种的数目或丰富度(species richness)，它是指一个群落或生境中物种数目的多寡；其二是种的均匀度(species evenness 或 equitability)指一个群落或生境中全部物种个体数目的分配状况，它反映的是各物种个体数目分配的均匀程度。

多样性指数是反映丰富度和均匀度的综合指标。测定多样性的公式很多，下面介绍主要的几个：

(1)辛普森多样性指数

辛普森多样性指数(Simpson's diversity index)是基于在一个无限大小的群落中，随机抽取两个个体，它们属于同一物种的概率是多少这样的假设而推导出来的。即：辛普森多样性指数 = 随机取样的两个个体属于不同种的概率 = 1 − 随机取样的两个个体属于同种的概率，公式为：

$$D = 1 - \sum_{i=1}^{S} P_i^2$$

式中 S 为物种数；P_i 为第 i 个物种占群落中总个体的比例；D 为辛普森指数。

对于丰富度相同，但均匀度不同的两个群落，其多样性指数是不一样的。例如，甲群落中有 A、B 两个物种，A、B 两个种的个体数分别为 99 和 1；而乙群落中也只有 A、B 两个物种，A、B 两个种的个体数均为 50，按辛普森指数计算，则甲、乙两群落的多样性指数分别为：

$D_甲 = 1 - [(99/100)^2 + (1/100)^2] = 0.0198$

$D_乙 = 1 - [(50/100)^2 + (50/100)^2] = 0.5000$

计算结果表明，乙群落的多样性高于甲群落；但物种数一样，则说明丰富度一样；但均匀度不同。

(2) 香农-维纳指数

香农-维纳指数 (Shannon-Weiner index) 是用来描述种的个体出现的紊乱和不确定性。不确定性越高，多样性也就越高，其计算公式为：

$$H = -\sum_{i=1}^{S} P_i \log_2 P_i$$

式中 S 为物种数目，P_i 为属于种 i 的个体在全部个体中的比例，H 为物种的多样性指数。公式中对数的底可取 2，e 和 10，但单位不同，分别为 nit，bit 和 dit。若仍以上述甲、乙两群落为例计算，则

$H_甲 = -(0.99 \times \log_2 0.99 + 0.01 \times \log_2 0.01) = 0.081$ nit

$H_乙 = -(0.50 \times \log_2 0.50 + 0.50 \times \log_2 0.50) = 1.00$ nit

由此可见，乙群落的多样性更高一些，这与用辛普森多样性指数计算的结果相一致。

香农-维纳指数包含两个因素：其一是种类数目；其二是种类中个体分配上的均匀性。种类数目越多，多样性越大；同样，种类之间个体分配的均匀性增加，也会使多样性提高。

当群落中有 S 个物种，每一物种恰好只有一个个体时，H 达到最大，即

$H_{max} = -s \times \{1/s \times \log_2(1/s)\} = \log_2 S$

当全部个体为一个物种时，多样性最小，即

$H_{min} = -S/S \times \log_2(S/S) = 0$

因此我们可以定义下面两个公式：

均匀度：$E = H/H_{max}$，其中 H 为实际观测的种类多样性，H_{max} 为最大的种类多样性。

不均匀性：$R = (H_{max} - H)/(H_{max} - H_{min})$，$R$ 取值为 $0 \sim 1$。

(3) 物种多样性在空间上的变化规律

Ⅰ 多样性随纬度的变化　物种多样性有随纬度增高而逐渐降低的趋势。此规律在陆地、海洋和淡水环境，都有类似趋势，有充分的数据可以证明这一点。但是也有例外，如企鹅和海豹在极地种类最多，而针叶树和姬蜂在温带物种最丰富。

Ⅱ 多样性随海拔的变化　无论是低纬度的山地还是高纬度的山地，也无论海洋气候下的山地还是大陆性气候下的山地，物种多样性随海拔升高而逐渐降低。

Ⅲ 在海洋或淡水水体，物种多样性有随深度增加而降低的趋势　这是阳光在进入水体后，被大量吸收与散射，水的深度越深，光线越弱，绿色植物无法进行光合作用，因此多样性降低。在大型湖泊中，温度低、含氧量少、黑暗的深水层，其水生生物种类明显低于浅水区。同样，海洋中植物分布也仅限于光线能透过的光亮区，一般很少超过 30m。

(4) 解释物种多样性变化的各种学说

Ⅰ 进化时间学说　许多事实证明：热带群落由于比较古老、进化时间长，而且在地质年代中环境条件稳定，很少遭受灾害性气候变化，群落有足够的时间发展到多样性的程度，所以多样性较高。相反，温带和极地群落从地质年代上讲比较年轻，遭受灾难性气候变化较

多，所以多样性较低。

Ⅱ生态时间学说　由于物种分布区的扩大需要一定的时间。因此物种从多样性高的热带扩展到多样性低的温带需要足够的时间，而且还需要畅通的道路，但是有的物种在传播途中可能被某些障碍（如高山、江河）所阻挡，因此温带地区的植物群落与热带的相比，其物种是未充分饱和的。

Ⅲ空间异质性学说　事实证明，从高纬度的寒带到低纬度的热带，环境的复杂性增加，即空间的异质性程度增加。而空间异质性程度越高，提供的生境类型越多，导致动植物群落的复杂性也高，从而物种多样性也越大。支持这种说的证据如群落的垂直结构越复杂，那里的鸟类、昆虫、植物等的种类也就越丰富。

Ⅳ气候稳定学说　在生物进化的地质年代中，地球上唯有热带的气候是最稳定的，所以，通过自然选择，那里出现了大量狭生态位和特化的种类，故物种多样性高。而在高纬度地区，由于气候不稳定，自然选择有利于具广适应性的生物，所以物种多样性小于低纬度地区。

Ⅴ竞争学说　在物理环境严酷的地区，例如极地和温带，自然选择主要受物理因素控制，但在气候温和而稳定的热带地区，生物之间的竞争则成为进化和生态位分化的主要动力。由于生态位分化，热带动植物要求的生境往往很狭隘，其食性也较特化，物种之间的生态位重叠也比较多。因此，热带动植物较温带的常有更精细的适应性。

Ⅵ捕食学说　由于捕食者的存在，将被食者的种群数量压到较低水平，从而减轻了被食者的种间竞争。竞争的减弱允许有更多的被食者种的共存。较丰富的种群又支持了更多的捕食者种类，因此捕食者的存在可以促进物种多样性的提高。

Ⅶ生产力学说　如果其他条件相等，群落的生产力越高，生产的食物越多，通常食物网的能流量越大，物种多样性就越高。这个学说从理论上讲是合理的，但现有实际资料有的不支持此学说。

上述的学说，实际上包括了时间、空间、气候、竞争、捕食和生产力几个因素。在实际中这些因素是同时影响着群落的物种多样性，并且彼此之间相互作用。各学说之间往往难以截然分开，更可能的是在不同生物群落类型中，各因素及其组合在决定物种多样性中具不同程度的作用。

三、群落的结构

1. 群落的结构要素

（1）生活型

生活型是生物对外界环境适应的外部表现形式，是趋同适应。同一生活型的物种，不但体态相似，而且其适应特点也相似。植物生活型的研究工作很多，其中最著名的是丹麦生态学家 C. Raunkiaer 生活型系统，它选择休眠芽在不良季节着生位置做为划分生活型的标准。并将植物分为 5 类生活型（图 3-52）。

高位芽植物：高位芽植物（phanerophytes）的芽或顶端嫩枝是位于离地面 25cm 以上的较高处的枝条上。如乔木、灌木和一些生长在热带潮湿气候条件下的草本等。

地上芽植物：地上芽植物（chamaephytes）的芽或顶端嫩枝位于地表或很接近地表处，一般不高出土表 20~30cm，因而它们受土表的残落物保护，在冬季地表积雪地区也受积雪的

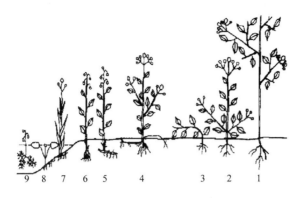

图 3-52 **Raunkiaer** 生活型图解
1. 高位芽植物　2~3. 地上芽植物
4. 地面芽植物　5~9. 地下芽植物

保护。

地面芽植物：地面芽植物（chamaephytes）在不利季节，植物体地上部分死亡，只是被土壤和残落物保护的地下部分仍然活着，并在地面处有芽。

隐芽植物：地下芽植物（geophytes）也称隐芽植物（cryptophytes），度过恶劣环境的芽埋于地表以下或水中，多为多年生草本或水生植物。

一年生植物：一年生植物（therophytes）是只能在良好季节中生长的植物，它们以种子越冬。

从各个不同地区或各个不同群落的生活型的比较，可以看出各个地区或群落的环境特点，在潮湿的热带地区，植物的主要生活型是高位芽植物，以乔木和灌木占绝大多数；在干燥炎热的沙漠地区和草原地区，以一年生植物最多；在温带和北极地区，以地面芽植物占多数。

（2）叶片大小、性质及叶面积指数

Ⅰ 叶片大小及性质　叶片是进行光合作用的重要器官，其大小、形状和性质影响群落结构和功能。如决定群落的外貌，如针叶林的外貌。叶片的大小与水分平衡密切相关，99%的水分是通过叶片蒸腾散发的，因此可根据气候条件（温度、降水和辐射）对植物生长型、陆地群落类型的预测是有依据的。并不是叶片面积越大，其光能利用效率就越高，其中存在一定的比例关系（图 3-53）。

表 3-3　不同条件下植物叶子平均长度

单位：cm

	水分条件				
	干旱	季节性干旱	湿润	潮湿	极潮湿
热带	7	12	16	20	—
亚热带	—	—	—	15	—
温带	—	—	10	12	9
寒带	—	—	—	4	—

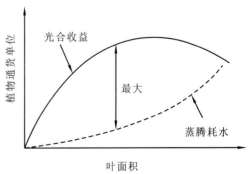

图 3-53　最佳叶子大小模型

植物叶片的长短也与温度有着密切的关系(表3-3)。在热带条件下，水分越充足，叶片平均长度就越大，越干旱叶片长度就越短；在相同的潮湿条件下，叶片长度从热带、亚热带、温带到寒带依次缩短。

Ⅱ 叶面积指数 叶面积指数(leaf area index 简称 LAI)是群落结构的一个重要指标，并与群落的功能有直接关系，一般定义为：

叶面积指数(LAI) = 总叶面积/单位土地面积

一些主要的天然植被类型，其叶面积指数如表3-4，从热带雨林到草原化荒漠，叶面积指数从 10~11 逐渐下降1，而农作物的叶面积指数有 3~5。伴随着叶面积指数的降低，光能利用率也逐渐下降，热带雨林的光能利用率是最高的，也只有1.5%，而草原化荒漠则只有0.04%；农作物的光能利用率稍微提高一些，有0.6%。从整个植物类型的光能利用率来

表 3-4　主要植被类型的叶面积指数与光能利用效率

植被类型	LAI	光能利用率/%
热带雨林	10~11	1.5
落叶阔叶林	5~8	1.0
北方针叶林	9~11	0.75
草地	5~8	0.50
冻原	1~2	0.25
草原化荒漠	1	0.04
农作物	3~5	0.60

注：光能利用率为单位面积全年接受的有效光合辐射与该面积净生产量之比。

看，是相当低，也是为什么当前国际上光合作用研究为什么这么热门的原因，如果我们能将植物的光能利用率提高1%，则当前许多地方面临的粮食问题、以及由粮食问题引起的环境问题等，都可以迎刃而解。当然，除此之外，还有许多原因，特别是能源方面的原因是引起科学家对光合作用进行深入研究的原因。

2. 群落的外貌与季相

群落的外貌：植物群落外部表现，决定于群落优势的生活型和物种结构。不同群落的外貌不一样(图 3-54、图 3-55)。

图 3-54　荒漠中的植物

群落外貌常常随时间的推移而发生周期性的变化，这是群落结构的另一重要特征。随着季节性交替，群落呈现不同的外貌，这就是季相(图 3-56)。

群落的季相：群落外貌随时间的推移发生周期性变化。

温热地区四季分明，群落的季相变化十分显著，如在温带草原群落中，一年可有四或五个季相。早春，气温回升，植物开始发芽、生长，草原出现春季返青季相。盛夏秋初，水热充沛，植物繁茂生长，色彩丰富，出现华丽的夏季季相。秋末，植物开始干枯休眠，呈红黄相间的秋季季相。冬季季相则是一片枯黄。

图 3-55　群落的冬季景观

图 3-56　植物群落的季相变化

群落的外貌和季相的变化主要由群落的物种组成所决定的。如：草原的季相与热带雨林的季相相差很大。动物的季节性变化也十分明显，如一些鸟类冬季向南方迁移；黄鼠、大跳鼠、仓鼠则进入冬眠。而且动物贮藏食物的现象也很普遍，如松鼠、老鼠等。

园林中特别重视群落的外貌和季相变化。外貌可以体现局部小区域中植物群落所营建的景观的视觉效果，而季相变化则可丰富同一群落随时间的变化所呈现的不同景观，有许多园林设计中都会设计秋景来观赏，如长沙市烈士公园中的秋岛，则主要是观赏秋景。秋季给你带来的视觉冲击以及远观的景观效果十分明显。

3. 群落的垂直结构

群落的垂直结构是指群落中的分层现象。成层性是植物群落结构的基本特征之一。群落的成层性可分为地上成层和地下成层（图 3-57）。

乔木的地上成层结构在林业上称为林相。从林相来看，森林可分为单层林和复层林。复层林又可分为双层林和多层林。除此之外，常将森林分为乔木层、下木层、灌木层、草本层和地被物层，还有层外植物。层外植物指树干、树枝和枝叶上的苔藓、地衣等附生植物、藤本植物以及攀援植物。天然林中垂直结构明显，一般可分为突出层（林外层）、林冠层、中间层、灌木层和林下层。

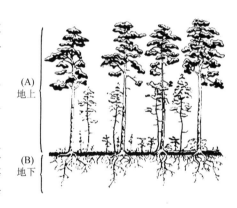
图 3-57　群落的地上层和地下层

地下成层与根系的分布有关。地下层通常分为浅层、中层和深层，研究者十分重视根系的研究。一般来说草原根系的特点是：地下部分较密集，根系多分布在 5~10cm 处；气候干旱，根系也随着加深；丛生禾草根系的总长度较长，杂草类的根较重，并有耐牧性。

成层结构是自然选择的结果，显著提高植物利用环境资源的能力。它不仅缓解了植物之间争夺阳光、空间、水分和矿质营养的竞争，而且由于植物在空间上的成层排列，扩大了植物利用环境的范围，提高同化功能的强度和效率。成层越复杂，群落对环境利用越充分，提供的有机物质就越多（图 3-58）。

动物群落中的分层现象也很普遍。这主要与食物有关，食物的分布决定了动物的分层现象。因而在植物分层越明显、越多的地方，动物群落的分层现象也越多。

园林中十分注重对群落的分层(图3-59),因为多层植物的配置可以增加群落对于光能的吸收,增加绿量,明显提高群落的生态效益,增强园林绿地的作用。

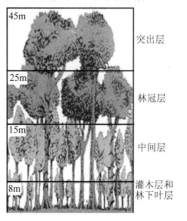 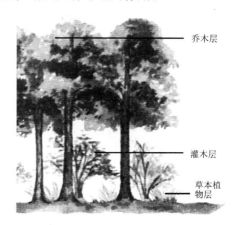

图3-58 天然林的垂直结构　　　　图3-59 园林中对群落的分层

4. 群落的水平结构

群落的水平结构是指群落的配置状况或水平格局,有人称之为群落的二维结构。植物群落水平结构的主要特征就是它的镶嵌性(mosaic)。

镶嵌性是植物个体在水平方向上分布不均匀造成的,从而形成了许多小群落(microcoense)。小群落的形成是由于环境因子的不均匀性,如小地形和微地形的变化,土壤湿度和盐渍化程度的差异,群落内部环境的不一致,动物活动以及人类的影响等。分布的不均匀性也受到植物种的生物学特性、种间的相互关系以及群落环境的差异等因素制约。

5. 群落交错区

(1) 概念　群落交错区(ecotone)又称生态交错区或生态过渡带,是两个或多个群落之间(或生态地带之间)的过渡区域。如森林和草原之间的森林草原过渡带,水生群落和陆地群落之间的湿地过渡带。

群落交错区是一个交叉地带或种群竞争的紧张地带,发育完好的群落交错区,可包含相邻两个群落共有的物种以及群落交错区特有的物种,在这里,群落中物种的数目及一些种群的密度往往比相邻的群落大。群落交错区种的数目及一些种的密度有增大的趋势,这种现象称为边缘效应。但值得注意的是,群落交错区物种密度的增加并非是个普遍的规律,事实上,许多物种的表现恰恰相反,例如在森林边缘交错区,树木的密度明显地比群落里要小。如森林和草原之间的森林草原过渡带,水生群落和陆地群落之间的湿地过渡带(图3-60)。

图3-60 岛屿与水域的生态交错区

(2) 生态交错区的主要特征

它是多种要素的联合作用和转换区,各要素相互作用强烈,通常是非线性现象显示区和突变发生区,也是生物多样性较高的区域;环境抗干扰能力弱,对外力的阻抗能力较低,界面区环境一旦遭到破坏,恢复原状的可能性很小;环境的变化速度快,空间迁移能力强,因而造成环境恢复的困难。

(3)群落交错区类型

群落交错区的类型主要取决于两个群落相互接触的方式,常见的有四种类型,即 XY、XYXY、XXYY 和 XX^2Y^2Y(图 3-61)。

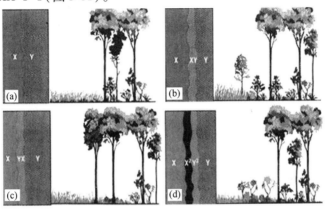

图 3-61　群落交错区的四种类型

(XY 分别代表两面个不同的群落)

(4)边缘效应　群落交错区是一个交叉地带或种群竞争的紧张地带,发育完好的群落交错区,可包含相邻两个群落共有的物种以及群落交错区特有的物种。因此,群落交错区中物种的数目及一些种群的密度往往比相邻的群落大。边缘效应是指群落交错区种的数目及一些种的密度有增大的趋势。

四、影响群落结构和组成的因素

1. 生物因素

群落结构总体上是对环境条件的生态适应,但在其形成过程中,生物因素起着重要作用,作用最大的是竞争和捕食。

Ⅰ竞争在群落结构形成中起着重要作用,竞争导致生态位的分化(图 3-62)　如当环境中只有一种物种时,所有资源被它独占,当群落中出现另一物种时,这种资源将被两个物种所共享,这时每个物种所能占有的资源将减少,导致了生态位的变窄。

竞争和生态位分化研究还导致更广泛的应用个体大小特征作为资源分隔的指标。

实例:当岛上只有一种地面取食的鸟,其嘴长约 10mm,而在有两种或数种地面取食的鸟时,其最小型的嘴平均长 8mm,大一些的嘴平均长 12mm,但没有 10mm 的。MacArthur 曾研究北美针叶林中林莺(*Dendroica*)属的 5 种食虫小鸟,发现它们在树的不同部位取食,这是一种资源分隔现象,同样被解释为因竞争而产生的共存。

Ⅱ竞争的作用　如果竞争的结果引起种间的生态位的分化,将使群落中物种多样性增加。

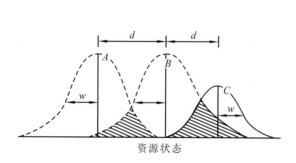

图3-62　竞争引起生态位的分化

图3-63　竞争引起夏威夷岛上蜜旋木雀种类多样性增加

竞争引起夏威夷岛上蜜旋木雀种类多样性增加。由于竞争，使得蜜旋木雀的喙的长短、宽度发生了变化，以获得更多的食物和更多的生存机会，通过长期的竞争，使得它们的种类大量增加。

竞争还会引起生态位的重叠增大，生态位宽度减少，资源利用范围增大，总的结果是使该群落中物种数量增多，各种资源被充分利用，群落结构变得更加复杂、稳定（图3-63）。

2. 捕食对群落结构的影响

捕食对群落结构形成的作用，根据捕食者是泛化种还是特化种而异。泛化捕食者兔子随着食草压力的加强，草地上的植物种数有所增加，因而避免把有竞争力的植物种吃掉，可以使竞争力弱的种生存，所以多样性提高。但是取食压力过高时，植物种数又随之降低，因为兔子不得不吃适口性低的植物。因此，植物多样性与免捕食强度的关系呈单峰曲线。

对于特化种捕食者而言，如果被选择的种为优势种，则提高生物多样性。如果是被食者在竞争上处于劣势，则生物多样性降低。

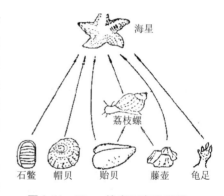

图3-64　Piane的岩石海岸群落

Paine（1966）在岩底潮间带群落中去除海星的试验，是顶级食肉动物对群落影响的首次实验研究。图3-64表示该群落中一些重要的种类及其食物联系，海星以藤壶、贻贝、帽贝、石鳖等为食。PsiM在8m长2m宽的试验样地中连续数年把所有海星都去除掉。结果在几个月后，样地中藤壶成了优势种，以后藤壶又被贻贝所排挤，贻贝成为优势种，变成了"单种养殖"（monoculture）地。这个试验证明了顶级食肉动物成为决定群落结构的关键种。

3. 干扰对群落结构的影响

干扰（disturbance）是自然界的普遍现象，就其字面含义而言，是指平静的中断，正常过程的打扰或妨碍。

具有生态学意义，它引起群落的非平衡特性。

（1）干扰与层盖度

干扰对群落中不同层和不同层盖度的影响是不同的。例如，一块云杉林在一次雪崩后

40年内再未受到干扰，乔木层盖度稳步上升，林下禾草在干扰后前5年内盖度增加，随后逐渐减少，林下杂类草盖度在干扰后很快降低。

(2) 干扰与群落的缺口(gaps 林隙)

连续的群落中出现缺口(gaps)(图3-65)是非常普遍的现象，而缺口经常由干扰造成。森林中的缺口可能由大风、雷电、砍伐、火烧等引起；草地群落的干扰包括放牧、动物挖掘、践踏等。干扰造成群落的缺口以后，有的在没有继续干扰的条件下会逐渐地恢复，但缺口也可能被周围群落的任何一个种侵入和占有，并发展为优势者。哪一种是优胜者完全取决于随机因素。这可称为对缺口的抽彩式竞争。

图3-65 群落冠层中的缺口

(3) 中度干扰假说

中度干扰假说是指中度干扰能维持高多样性。

支持其理论的理由有：Ⅰ 在一次干扰后少数先锋种入侵缺口，如果干扰频繁，则先锋种不能发展到演替中期，因而多样性较低；Ⅱ 如果干扰间隔期很长，使演替过程能发展到顶极期，多样性也不很高；Ⅲ 只有中等干扰程度使多样性维持最高水平，它允许更多的物种入侵和定居(图3-66)。

图3-66 移走 kangaroo rats 对群落物种数量的影响

(围墙的左边是将移走的地区，物种明显较多)

冰河期的反复多次"干扰"，大陆的多次断开和岛屿的形成，看来都是对物种形成和多样性增加的重要动力。同样，群落中不断地出现断层，新的演替，斑块状的镶嵌等，都可能是维持和产生生态多样性的有力手段。这样的思想应在自然保护、农业、林业和野生动物管理等方面起重要作用。例如，斑块状的砍伐森林可能增加物种多样性。但斑块的最佳大小要进一步研究决定：农业实践本身就包括人类的反复干扰。

(4) 干扰理论与生态管理

干扰理论对应用领域有重要价值。如要保护自然界生物的多样性，就不要简单地排除干扰，因为中度干扰能增加多样性。实际上，干扰可能是产生多样性的最有力的手段之一。

4. 空间异质性与群落结构

群落的环境不均匀一致性。空间异质性程度高，具有多样的小生境，能允许更多的物种存在。

(1) 非生物环境的空间异质性

非生物环境的空间异质性十分明显，主要原因是由于环境中的温带、湿度、水分、光照、土壤中的各种无机物质含量的不同所造成的，如一块弃耕地的空间异质性可以达到10

倍以上(图3-67)。

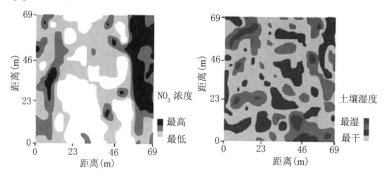

图 3-67　弃耕地的空间异质性

(2) 生物空间异质性

Harman 研究了淡水软体动物与空间异质性的相关,他以水体底质的类型数作为空间异质性的指标,得到了正的相关关系,即底质类型越多,淡水软体动物种数越多。植物群落研究的大量资料说明,在土壤和地形变化频繁的地段,群落含有更多的植物种,而平坦同质土壤的群落多样性低。

R. H. MacArthur 等曾研究鸟类多样性与植物的物种多样性和取食高度多样性之间的关系。取食高度多样性是对植物垂直分布中分层和均匀性的测度。层次多,各层次具更茂密的枝叶表示取食高度多样性高。研究结果发现鸟类多样性与植物种数的相关,不如与取食高度多样性相关紧

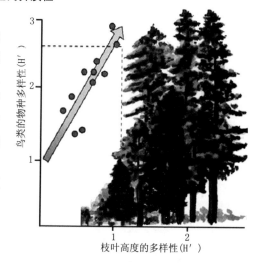

图 3-68　枝叶高度对鸟类物种多样

密(图3-68)。对于鸟类生活,植被的分层结构比物种组成更为重要。因此,根据森林层次和各层枝叶茂盛程度来预测鸟类多样性是有可能的。

在草地和灌丛群落中,垂直结构对鸟类多样性就不如森林群落重要,而水平结构,即镶嵌性或斑块性就可能起决定作用。

热带雨林的空间异性是最明显的,这也是热带雨林中植物多样性最为丰富的一个重要原因(图3-69)。树木的高度也对鸟类的多样性产生影响。一般情况下,枝叶高度越低,鸟类多样性也越低;具有较高枝叶高度多样性的群落,支持更高的鸟类物种多样性。

5. 岛屿化群落

(1) 岛屿性

岛屿性(Insularity)是生物地理所具备的普遍特征之一。岛屿可分为真正的岛屿和生境岛屿。

真正的岛屿:岛屿通常是指历史上地质运动形成,被海水包围和分隔开来的小块陆地(图3-70)。

生境岛屿:许多自然生境,例如溪流、山洞以及其他边界明显的生态系统都可看作是大

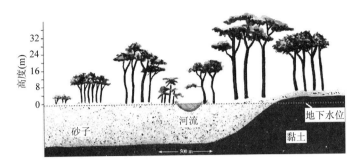

图 3-69 热带雨林的空间异质性和植物多样性

小、形状和隔离程度不同的岛屿。

有些陆地生境也可看成是岛屿,例如,林中的沼泽、被沙漠围绕的高山、间断的高山草甸、片段化的森林和保护区等。由于人类活动的影响,自然景观的片段化,也是产生生境岛屿的重要原因。由于物种在岛屿之间的迁移扩散很少,对生物来讲岛屿就意味着栖息地的片段化和隔离。

(2)岛屿的种类-面积关系

早在 20 世纪 60 年代,生态学家就发现岛

图 3-70 岛 屿

屿上的物种数明显比邻近大陆的少,并且面积越小,距离大陆越远,物种数目就越少。在气候条件相对一致的区域中,岛屿中的物种数与岛屿面积有密切关系,许多研究表明,岛屿面积越大,种数越多。Preston(1962)将这一关系用简单方程描述:

$$S = CA^z$$

该公式经过对数转换后,变为:$\log S = Z\log A + C$

式中 S 是面积为 A 的岛屿上某一分类群物种的数目,C,Z 为常数。参数 C 取决于分类类群和生物地理区域,其生物学意义不大;而参数 Z,即经过对数转换后直线的斜率,则具有较大的生物学意义。

例如,当 Z=0.5 时,只需要将岛屿面积增加 4 倍,即可将物种数加倍。但当 Z=0.14 时,必需使面积增加 140 倍才能将物种数加倍。Darlington(1957)关于岛屿面积增加 10 倍,岛屿上的动物种数加倍的结论,即是 Z=0.3 时的特殊情况。

设 $S_1 = CA^z$,那么,当岛屿面积增加 10 倍,$S_2 = C(10A)^z$,所以 $S_2/S_1 = 10^z = 10^{0.03} = 2$。

此种情况表示,如果原始生态系统只有 10% 的面积保存下来,那么,该生态系统有 50% 的物种丢失;如果 1% 的面积保存下来,则该生态系统有 75% 的物种丢失。

(3)物种数目分布的机制与假说

对于物种数随面积和隔离度变化的原因,主要有以下假说:

Ⅰ 平衡假说(Equilibrium hypothesis)

平衡假说中物种数和面积的关系机制

MacArthur 和 Wilson(1967)认为,岛屿上物种数目是迁入和消失之间动态平衡的结果。物种迁入率(I)随物种数(S)增加而逐渐下降,而消失率(E)却逐渐上升,这主要是由于竞

争压力的作用。当 I = E 时，达到平衡物种数（S）。当面积增加时，迁入率曲线上升至 I_1，消失率曲线下降至 E_1，当 $I_1 = E_1$ 时，达到新的平衡数目 S_1，比原平衡数目 S 大。反之亦然。当迁入率（I）＝消失率（E）时形成平衡物种数目 S，若面积增加，则形成新的平衡物种数目 S_1，且 $S_1 > S$；反之，有 S_2，$S_2 < S$（图 3-71，图 3-72）。

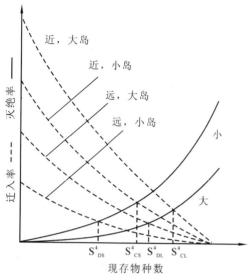

图 3-71 MacArthur 的岛屿生物地理平衡说

S^*_{DS} 为远、小岛的平衡物种数；S^*_{CS} 为近、小岛的平衡物种数；S^*_{DL} 为远、大岛的平衡物种数；S^*_{CL} 为近、大岛的平衡物种数

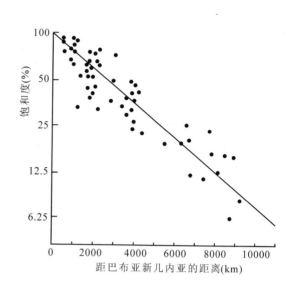

图 3-72 岛屿距离对鸟类种数的影响
（面积相等）

根据平衡假说，隔离度越大，物种数应越小。因为迁入率（I）变小，平衡物种数也小。迁移扩散在决定物种数目上起着重要作用。例如，鸟类能飞行，岛屿中鸟类物种数目占大陆的百分比往往要高于岛屿陆生兽类占大陆的百分比。

岛屿中的物种，其物种消失率的增加，往往是由于种群生存面积不足时会导致遗传多样性的丧失，降低了物种的适应力。种群变小增加了种群随机灭绝的概率。这就是平衡假说中的岛屿面积效应。

根据平衡说，可以预测以下四点：第一，岛屿上的物种数不随时间而变化；第二，这是一种动态平衡，即灭亡种不断地被新迁入的物种所代替；第三，大岛比小岛能"供养"更多的种；第四，随岛屿距大陆的距离由近到远，岛上保存的物种数逐渐降低。

Ⅱ 栖息地异质性假说（Habitat heterogeneity hypothesis） William（1964）认为面积增加包含了更多类型的栖息地，因而应有更多的物种可以存在。Westman（1983）和 Buckley（1982）也认为物种随岛屿面积增加而增加的原因是由于栖息地增加的结果，而不是平衡假说中岛屿面积效应的结果。

Ⅲ 随机样本假说（Random sampling hypothesis） 认为物种在不同大小岛屿上的分布是随机的，大的岛屿只不过是大的样本，因而包含着较多的物种。Dunn 和 Loehle（1988）指为，取样范围会影响物种数—面积的关系。如果取样范围过窄，就很可能反映不出物种数随面积增大而增加的趋势。

(4) 岛屿化与群落结构

岛屿化过程实际上就是：片段化和破碎化过程。

生境发生片段化后，生境岛屿的理化和生物学因素都会发生一系列变化。

物种组成的改变。生境片段化后，由于群落内生境的改变，其物种组成会有明显的变化，群落内原有的一部分物种会消失，同时由于边缘效应的增加，也会有一部分外来物种的侵入。

片段化能改变群落中很多重要的生态关系，如捕食关系、寄生、竞争、共生等。

生境片段化能通过影响群落的物质循环，进而影响土壤动物和微生物活动。生境片段化影响着物种迁入率和灭绝率。生境片段化主要通过生物的生存空间，高度片段的占有率，个体增补率（recruitment）等影响种群的灭绝。生境片段化导致种群变小，直接影响种群的遗传变异。

人工建设过程中人工水库的建设使得陆地岛屿化（图3-73）。

(5) 岛屿生态与自然区建设

自然保护区在某种意义上讲，是受其周围生境"海洋"所包围的岛屿，因此岛屿生态理论对自然保护区的设计具有指导意义。

图3-73 人工水库使陆地岛屿化

Ⅰ 保护区地点的选择　为了保护生物多样性，应首先考虑选择具有最丰富物种的地方作为保护区，另外，特有种、受威胁种和濒危物种也应放在同等重要的位置上。Gilbert（1980）特别强调了关键互惠共生种（Keystomemutualist）保护的重要性。Gilbert（1980）认为有些生态系统（如热带森林）中的动物（如蜜蜂、蚂蚁等）是多种植物完成其生活史必不可少的，它们被称为流动联接种（Mobilelinks），由于这些植物是流动联接种食物的主要来源，所以支持流动联接种的植物又称为关键互惠共生种。关键互惠共生种的丢失将导致流动联结种的灭绝。因此，在选择保护区时，保护区必须有足够复杂的生境类型，保护关键种，特别是关键互惠共生种的生存。

Ⅱ 保护区的面积　按平衡假说，保护区面积越大，对生物多样性保护越有利。Noss和Harris（1986）认为，对于保护区面积确定的关键问题是，我们对于目标物种的生物学特征往往并不十分清楚。因此，保护区的面积确定必须在充分了解物种的行为（Karieva，1987；Merriam，1991）、传播方式（Mader，1984），与其他物种的相互关系和在生态系统中的地位等（Tibert，1980；Pimm，1992）的基础上才能进行。此外，保护区周围的生态系统与保护区的相似也是保护区确定面积时要考虑的。如果保护区被周围相似的生态系统所包围，其面积可小一些，反之，则适当增加保护区面积。

Ⅲ 保护区的形状　Wilson（1975）认为，保护区的最佳形状是圆形，应避免狭长形的保护区。主要是因为考虑到边缘效应，狭长保护区不如圆形的好。另外，狭长形的保护区造价高，保护区也易于受人为的影响。但Blouin和Connor（1985）认为，如果狭长形的保护区包含较复杂的生境和植被类型，狭长形保护区反而更好。

Ⅳ 一个大保护区还是几个小保护区好　许多研究认为，一个大的保护区比几个小保护区好。这是因为大的岛屿含有更多的物种。由于保护区的隔离作用，保护区的物种数可能超出保护区的承载力,从而使有些物种灭绝。

栖息地异质性假说认为,物种数随面积的增加主要由于栖息地异质性增加。它不赞同在同一地区设置太大的保护区,因为其异质性是有限的。故建议从较大地理尺度上选择多个小型保护区。

Ⅴ 保护区之间的连接和廊道　一般认为,几个保护区通过廊道连接起来,要比几个相互隔离的保护区好。这是因为,物种可以通过廊道不断地进入保护区内,从而补充局部的物种灭绝。

Ⅵ 景观的保护　对于保护区的建立,大多数的研究主要考虑遗传多样性和物种多样性,而忽视了更高水平的保护。许多学者现在倾向对整个群落的保护,而景观水平的探索和研究越来越引起人们的重视。

(6)平衡说和非平衡说

对于群落的形成,有两种学说,分别是平衡和非平衡学说。

平衡说认为共同生活在同一群落中的物种处于一种稳定状态。因为它们通过竞争、捕食和互利共生等种间相互作用而形成相互牵制的整体,在非干扰状态下群落的物种组成和数量变化都不大;群落实际上出现的变化是由环境的变化,即所谓的干扰引起的。总之,平衡说把生物群落视为不断变化着的物理环境中的稳定实体。

非平衡说认为,组成群落的物种始终处在不断的变化之中,自然界中的群落不存在全局稳定,存在的只是群落的抵抗性(群落抵抗外界干扰的能力)和恢复性(群落在受干扰后恢复到原来状态的能力)。非平衡学说的重要依据就是中度干扰理论。M. Huston(1979)关于干扰对竞争结局的研究可以说明非平衡说。Lotka = Volterra 的竞争排斥律可以被证明,但必须在稳定而均匀的环境中,并且有足够的时间,才能使一种挤掉另一种,或通过生态位分化而共存。但在现实中环境是不断变化的,种间竞争强度和条件都在变化之中,这可能是自然群落中竞争排斥证据有限的原因。

五、群落的动态

1. 生物群落的内部动态

生物群落的内部动态主要包括季节变化与年际间变化。群落的季节变化在群落的季相变化已有讨论,所以这里只讨论群落的年变化。

生物群落的年变化是指在不同年度之间,生物群落的明显变动。这种变动只限于群落内部的变化,不产生群落的更替现象,通常将这种变动称为波动。群落的波动多数是由群落所在地区气候条件的不规则变化引起的,其特点是群落区系成分的相对稳定性、群落数量特征变化的不定性以及变化的可逆性。在波动中,群落的生产量、各成分的数量比例、优势种的重要值以及物质和能量的平衡方面,也会发生相应的变化。

根据群落变化的形式,可将波动划分为以下三种类型:

Ⅰ 不明显波动　其特点是群落各成员的数量关系变化很少,群落外貌和结构基本保持不变。这种波动可能出现在不同年份的气象、水文状况差不多一致的情况下。

Ⅱ 摆动性波动　其特点是群落成分在个体数量和生产量方面的周期波动(1~5年),它与群落优势种的逐年交替有关。例如在乌克兰草原上,遇干旱年份,旱生植物(针茅与羊茅)占优势,草原旅鼠(Lagurus lagurus)和社田鼠(Microtus socialis)也繁盛起来;而在气温较高且降水较丰富的年份,群落中以中生植物占优势,同时喜湿性动物如普通田鼠与林姬鼠增多。

Ⅲ 偏途性波动　这是气候和水分条件的长期偏离而引起一个或几个优势种明显变更的结果。通过群落的自我调节作用,群落还可恢复到接近原来的状态。这种波动的时期可能较长(5~10年)。例如草原看麦娘占优势的群落可能在缺水时转变为匍枝毛茛占优势的群落,以后又会恢复到草原看麦娘占优势的状态。

不同的生物群落具有不同的波动性特点。一般来说,木本植物占优势的群落较草本植物占优势的稳定一些;常绿木本群落要比夏绿木本群落稳定一些。在一个群落内部,许多定性特征(如种类组成、种间关系、分层现象等)较定量特征(如密度、盖度、生物量等)稳定一些;成熟的群落较发育中的群落稳定。

2. 群落的发生过程

群落发生的过程包括迁移、定居、竞争和反应四个阶段。

Ⅰ 迁移　繁殖体传播到新定居地不同的种子大小,结构及适应性变化。

Ⅱ 定居　发芽、生长、繁殖等环节。

Ⅲ 竞争　种内、种间对营养空间、水和养分的竞争,"适者生存"的过程。

Ⅳ 反应　生物与环境间相互作用(物质、能量),导致原来生境条件逐渐地发生变化,直至新的群落开始形成。

群落的发生过程的时间长短变化很大,有的只有几分钟,有的长达亿年(表3-5)。

3. 演替的基本类型及其特征

(1)演替的概念

任何一个植物群落都不会静止不变,而是随着时间的进程,处于不断变化和发展之中。

演替是指在一定地段上,一个自然群落中,物种的组成连续地、单方向地、有顺序地变化。一种生物群落被另一种生物群落所替代的过程,它包括了随着时间的推移,优势种发生明显改变引起整个群落组成变化的全过程。

表3-5　群落变化类型

持续时间	变化类型举例
天	蒸腾、光合、动物昼夜活动
年	季节动态
几年	植物生产力及动物种群的波动
十年到百年	群落演替
百年到千年	气候引起生物带界限移动
万年到亿年	群落的演化

图3-74是密西根湖边的沙丘上的演替系列,此过程先后在1880年被瓦尔明、1896年考尔斯、1913年赛尔弗和1958年奥尔森的调查中得到证实。

图3-75是弃耕地上的植物群落的演替,图表明,弃耕地上的植物演替过程中,经历了从耕地→一年生草本→多年生草本→灌木→早期演替树木→晚期演替树木等多个过程,当然每个过程的时间是不一样的。

(2)演替类型(模式)

Ⅰ 按起点裸地性质归类的演替模式

ⅰ 原生演替

原生演替(primary succession):开始于原生裸地上的植物群落演替。

原生裸地:指以前完全没有植物的地段,或原来存在过植被,但被彻底消灭,甚至植被下的土壤条件也不复存在。例如:火山喷发熔岩破坏植被形成的裸地、湖泊等。

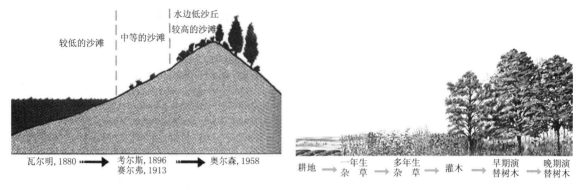

图 3-74　密西根湖边沙丘上的演替系列　　　　　图 3-75　弃耕地的植物演替

原生演替特点是从极端条件开始，向水分适中方向，即中生化方向发展，经历的时间长，阶段多。原生演替意味着森林的形成？这个问题将在后面详细讨论。

图 3-76 发生在密歇根州裸露岩石上的原生演替。从裸露的岩石上的苔藓开始，然后是野风信子和西洋蓍草，再后是越橘和刺柏，再是松、黑云杉、白杨，最后为冷杉、纸皮桦和白云杉的顶极森林，这个发育过程所经历的时间至少要 1000 年上。

图 3-76　发生在密歇根州裸露岩石上的原生演替

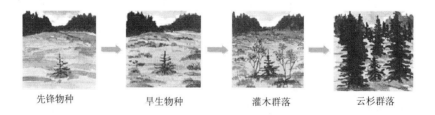

图 3-77　阿拉斯加 Glacier Bay 的原生演替

原生演替过程中，群落性质会发生明显的变化，首先是先锋植物的入侵，然后是旱生物种，再是固氮物种，当固氮物种对环境进行了改良以后，云杉群落就会侵入，图 3-77 为阿拉斯加 Glacier Bay 的原生演替。

同时，在演替过程中物种多样性的变化（图 3-78），随着演替时间的延长，物种数量越来越多，而且整体呈上升趋势，直到物种数量达到环境的最大容量。同时，乔木、高灌木、低灌木和草本、苔藓和地衣的种类和数量也在不断地发生着变化，随着时间的延长，乔木和

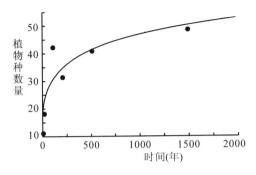
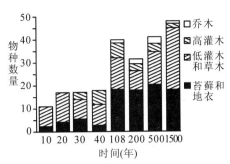

图 3-78 演替过程中物种多样性变化

高灌木种类数量增加，100 年左右达到最大，然后减少并保持恒定数量。苔藓和地衣的种类随着时间的延长，其种类的数量一直上升，主要原因是由于种类的增多，群落中的环境得到改善，湿度增加，有利于苔藓和地衣的生长，导致了其种类的增加。低灌木和草本的种类一直增加。

另外，在演替过程中，土层厚度会增加（图 3-79），先锋群落没有有机物和干草，而桤木则有少量的有机物和干草，而云杉群落则有了较多的有机物和干草，而且土壤的 A+B 层的厚度也要高得多。

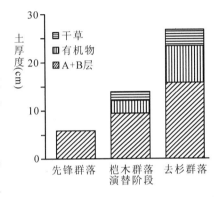

图 3-79 演替阶段土层厚度的变化

原生演替过程中养分、水分和有机物的含量不断地增加，而土壤中磷含量、pH 值和土壤容重降低（图 3-80，图 3-81），而且这种变化规律是从先锋群落到耐旱植物，再到桤木，最后到云杉。

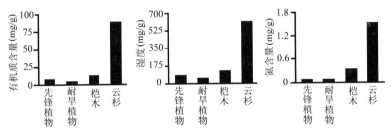

图 3-80 演替过程中养分、水分、有机物增加

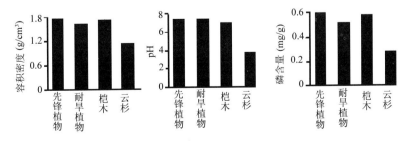

图 3-81 演替过程中土壤磷、pH 值、土壤容重降低

Ⅱ 次生演替

次生演替(secondary succession)是指开始于次生裸地上的植物群落演替。

次生裸地是植物现已被消灭,土壤中仍保留原来群落中的植物繁殖体。例如森林采伐后的皆伐迹地、开垦草原、火灾和毁灭性的病虫害,都能造成次生裸地。

次生演替特点由外部干扰所引起,演替速度往往较快。

次生演替意味着原生群落的恢复吗?这要看次生演替开始的迹地情况,如果土壤肥力没有衰退,而且在恢复过程中没有受到人为破坏,理论上是可以恢复到被破坏前的水平。但是物种多样性完全一致是比较困难的。次生演替中植物演替系列依次为一年生草本、多年生草本、灌木、先锋乔木、稳定的乔木(图3-82)。

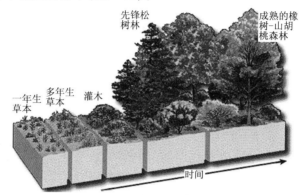

图3-82　陆地的次生演替系列

实例之一:废弃耕地的演替

美国乔治亚州Piedmont地区的废弃耕地。最早拓殖的是一年生的杂草类植物。几年后,接着是多年生的草本植物。然后接着是灌木和松树苗。随后是松树林发展出来。松树林持续一百年左右,之后逐渐被耐荫硬木林取代。次生演替的过程基本上是从一年生草本 → 多年生草本 → 灌木→ 先锋森林群落→ 成熟的森林群落。与原生演替相比,次生演替到达成熟森林群落的时间要短的多,主要原因是次生演替过程中土壤的厚度较深,土壤中的养分含量较高,因而植物生长较旺盛,演替的时间会大大缩短,同时对环境的改善能力和强度会大大提高。

典型的废弃耕地的演替过程如图3-83。在1~10年内是草地,10~25年内是灌木林,25~100年是松林,而100年以后则是硬木林。同时伴随着植物种类和数量的变化,鸟类的种类也发生了很大的变化,适应不同生境的种类在不同时期占据不同的优势。适合于在硬木林中生活的鸟类则会较长时间地占据林分。

北美高原森林次生演替过程的物种变化过程基本上一样(图3-84)。对乔木而言,在最初50年内,物种数上升很快,在50年后物种缓慢上升,而且在200年内一直有上升的趋势。对鸟类数量而言,在最初50年内物种数上升不是很大,但是50~100年内,物种数上升最快,在随后的100年内其物种数稍有下降,但其总体趋势是上升的。

Ⅲ 按演替初始生境水分条件归类的演替系列模式

旱生演替系列:原生演替开始于裸露岩石、山地等干旱基质上的演替。经历地衣、苔藓、旱生草本和木本植物群落阶段,最后停留在哪一阶段,决定于其气候区条件(图3-85,图3-86)。

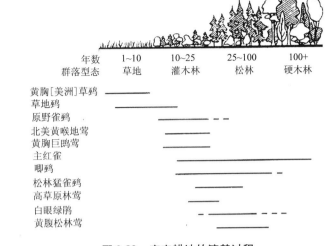

图 3-83 废弃耕地的演替过程

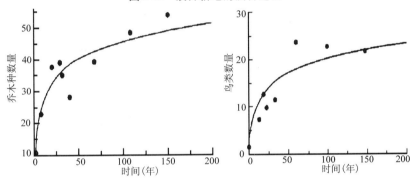

图 3-84 北美高原森林次生演替过程的物种变化

图 3-85 沙滩和水边低沙丘上的植物群落

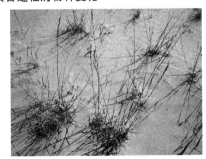

图 3-86 流动沙丘的植物

水生演替系列：从积水发生的原生演替。起始于水深 4 米以上的湖泊，经历沉水、浮水、挺水、湿生草本和木本植物阶段。实际上是在植物作用下填平池塘的过程。每一阶段都以抬高底部而为下一个阶段群落出现创造条件。

中生演替系列：原生演替中开始于具有一定肥力土壤母质上的演替。经历裸露矿质土阶段、草本植物阶段和木本植物阶段。

Ⅲ 按演替方向归类的演替模式

进展演替：植物群落演替由低级阶段向高级阶段发展的演替。

黄石公园黑松林演替如图3-87～图3-90。

图3-87 黑松林演替第Ⅰ阶段

图3-88 黑松林演替第Ⅱ阶段

图3-89 黑松林演替第Ⅲ阶段

图3-90 黑松林演替第Ⅳ阶段

在演替的第一阶段，黑松幼苗入侵，并占据该地上的所有生态位，这主要发生在0～50年内；在第二阶段，50～150年间黑松林分成熟，少量树木开始死亡；在第三阶段，大量树木成熟，由于甲虫的作用大量的树木开始衰老和死亡，使得光能到达群落的地面，促进了幼苗的发芽和生长；第四阶段，大约250年后，大部分黑松林到达它们的生命周期，并大量死亡，这时期群落容易遭受火灾危害。这时如果遭受火灾危害，演替又恢复到第一阶段。

逆行演替：植物群落由高级阶段退向低级阶段的演替。

例如在强烈放牧情况下，草原会向旱生化的方向发展，并随着放牧强度的加大，草原会逐渐发展到接近于荒漠带的一些植物群落。

植物群落进展演替与逆行演替相比，有许多特征不一样（表3-6）。

表3-6 植物群落进展演替与逆行演替特征的比较

进展演替	逆行演替
1 群落结构的复杂化	1 群落结构的简单化
2 优势度从以低级小型动物为主朝着高级大型植物发展，优势种寿命越来越长	2 优势度从以大型植物为主趋向于小型植物为主，优势种寿命越来越短
3 物种多样性有增加趋势	3 物种多样性有减少趋势
4 生活型多样化	4 生活型的简化

(续)

进展演替	逆行演替
5 种间相互依存增强，窄生态幅种增加	5 生态幅较宽以及适应特殊生境的种增加
6 群落趋向中生化	6 群落趋向于旱生化或湿生化
7 群落生物量趋向增加	7 群落生物量趋向减少
8 土地生产力利用增加	8 土地生产力利用减少
9 土壤剖面的发育成熟	9 土壤剖面弱化
10 群落生境的优化	10 群落生境的恶化

循环演替：进展演替和逆行演替都是定向演替，在演替模式中存在局部循环演替，如美国新罕布什尔州相对稳定的北方硬阔叶林中，山毛榉、糖槭和黄桦林存在循环演替（图3-91）。山毛榉不能在自身林下更新生长，适于在糖槭林下更新，而糖槭只适于在黄桦林下更新，黄桦能在山毛榉下良好地更新，由此以山毛榉为优势的上层林木死亡后，就会产生一种小循环演替。黄桦种粒小散布快，首先进入林隙生长，之后糖槭在黄桦林下生长，短寿命的桦树死亡后，就糖槭取而代之，这时山毛榉又进入糖槭林下，当糖槭死亡后，又形成以山毛榉为优势的上层林冠。这种循环演替的例子在英国山毛榉林分中也可观察到。

图 3-91　山毛榉、黄桦和糖槭的循环

Ⅳ 按演替的时间分类

世纪演替　延续的时间相当久，一般以地质年代计算。常伴随气候的历史变迁或地貌的大规模改造而发生。

长期演替　延续达几十年，有时达几百年，云杉林被采伐后的恢复演替可作为长期演替的实例。

快速演替　延续几年或十几年。草原弃耕地的恢复演替可作为快速演替的例子，撂荒面积不大和种子传播来源就近作为条件；不然弃耕地的恢复过程可能延续达几十年。

（3）控制演替的主要因素

Ⅰ 植物繁殖体的迁移和动物的活动型　植物繁殖体的迁移和散布普遍而经常地发生着。因此，任何一块地段，都有可能接受这些扩散来的繁殖体。当植物繁殖体到达一个新环境时，植物的定居过程就开始了。植物的定居包括植物的发芽、生长和繁殖三个方面。在自然界经常有这样的情况，植物繁殖体虽然到达了新的地点，但不能发芽；或是发芽了，但不能生长；或是生长到成熟，但不能繁殖后代。只有当一个种的个体在新的地点能繁殖时，定居才算成功。动物的活动与植物之间是相互影响的。不同的活动型动物适应不同的植物环境；反过来，相应活动型动物的活动又促进植物的生长。

Ⅱ 群落内部环境的变化　群落内部环境是群落本身的生命活动造成的，与外界环境条件的改变没有直接的关系；有些情况下，是群落内部物种的生活活动，为自己创造了不良的居住环境，使原来的群落解体，为其他植物的生存提供了有利条件，从而引起演替，如山毛榉、黄桦和糖槭的循环演替。

Ⅲ 种内和种间关系的改变　组成群落的物种在其内部以及物种之间都存在特定的相互

关系。这种关系随着外部环境条件和群落内环境的改变而不断地调整。当密度增加时，不但种群内部的关系紧张化了，而且竞争能力强的种群得以充分发展，而竞争能力弱的种群则逐渐缩小自己的地盘，甚至被排挤到群落之外，这在未发育成熟的群落中十分常见。

Ⅳ 外界环境条件的变化　虽然决定群落演替的根本原因存在于群落内部，但群落之外的环境条件诸如气候、地貌和火等常可成为演替的重要条件。气候决定着群落的外貌和群落的分布，也影响到群落的结构和生产力，气候的变化，无论是长期的还是短暂的，转过来又影响到群落本身。大规模的地壳运动可使地球表面的生物部分或完全毁灭，从而使演替从头开始。土壤理化性质的变化也会影响其中的植物、土壤运动和微生物的生活有密切的关系；土壤性质的改变势必导致群落内部物种关系的重新调整。火也是一个重要的诱发演替的因子，火烧可以造成大面积的次生裸地，演替可以从裸地上重新开始。火也是群落发育的一种刺激因素，它可使耐火的种类更旺盛地发育，使不耐火的种类受到抑制。还有其他的因素，如降水的多少、集中程度，风等多因素影响群落的发育或演替。

Ⅴ 人类的活动　人对生物群落的影响远远超过其他所有的自然因子，因为人类社会活动通常是有意识、有目的地进行的，可以对自然环境中的生态关系起着促进、抑制和建设的作用。如放火烧山、砍伐森林、开垦土地等，都可使生物群落面貌改变。人还可以经营、抚育森林、管理草原、治理荒漠，使群落按照不同于自然发展的道路进行。

(4) 森林植物群落的演替过程

群落的演替过程，可简单地分为三个阶段：

先锋群落阶段　这一阶段的特征是一些生态幅度较大的物种侵入定居并获得成功

郁闭未稳定的阶段　随着群落的发展，生长条件逐渐得到改善。资源的利用逐渐由不完善到充分利用。物种之间竞争激烈，通过竞争，各物种之间逐渐达到相对平衡。

郁闭稳定的阶段　物种由竞争转入协调进化，使资源的利用更为充分、有效。发展成为与当地气候相一致的顶极群落，这时群落有比较固定的物种组成和数量比例，群落结构也较为复杂。

阔叶红松林演替一般规律如图3-92。干扰如果是皆伐或火烧，阔叶红松林的演替实际上是次生演替，

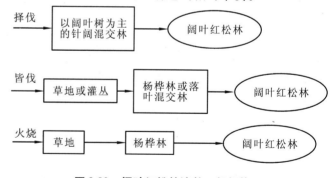

图 3-92　阔叶红松林演替一般规律

次生演替一般经过草本群落、灌木群落，再到乔木群落，阔叶红松林的演替符合这个规律。干扰如果是择伐，则乔木层中阔叶红松林保持了相当的数量，但是为针叶树木的生长创造了条件，于是在演替过程中变成了以阔叶林为主的针阔混交林，然后再是阔叶红松林。

4. 演替顶级理论

(1) 单元演替顶极学说(monoclimax theory)

由美国的 Clements(1916)提出。Clements 指出，演替就是地表上同一地段顺序地分布着各种不同植物群落的时间过程。任何一类演替都经过迁移、定居、群聚、竞争、反应、稳定6个阶段。到达稳定阶段的植被，就是和当地气候条件保持协调和平衡的植被。这是演替的终点，这个终点就被称为演替顶极(climax)。

Clements 认为在一个气候区中，无论演替初期的条件多么不同，植被总是趋向于减轻极端情况而朝向顶极方向发展，从而使生境适合于更多的生物生长。于是，旱生的生境逐渐变得中生一些，而水生的生境逐渐变得干燥一些。演替可以从千差万别的地境上开始，先锋群落可能极不相同，但在演替过程中植物群落间的差异会逐渐缩小，逐渐趋向一致。因而，无论水生型的生境，还是旱生型的生境，最终都趋向于中生型的生境，并均会发展成为一个相对稳定的气候顶极。

在一个气候区内，除了气候顶极外，还会出现一些由于地形、土壤或人为等因素所决定的稳定群落。为了和气候顶极相区别，Clements 将后者统称为前顶极(proclimax)，并在其下又划为了亚顶极(subclimax)、偏途顶极(disclimax)、先顶极(preclimax)和后顶极(postclimax)。

亚顶极(subclimax)达到气候顶极以前一个相当稳定的常规阶段。如内蒙古高原典型草原气候区的气候顶极是大针茅草原，松厚土壤上的羊草草原是在大针茅草原之前出现的一个比较稳定的阶段，为亚顶极。

偏途顶极(disclimax)是由一种强烈而频繁的干扰因素所引起的相对稳定的群落。如内蒙古高原的典型草原，由于过牧的结果，使其长期停滞在冷蒿阶段。

先顶极(preclimax)在一个特定的气候区域内，由于局部气候比较适宜而产生的较优越气候区的顶极。如草原气候区域内，在较湿润的地区，出现森林群落就是一个前顶极。

后顶极(postclimax)在一定特定气候区域内，由于局部气候条件较差(热、干燥)而产生的稳定群落，如局部地区内出现的荒漠植被片段。

无论是哪种形式的前顶极，按照 Clements 的观点，如果给予足够的时间，都可能发展成为气候顶极。关于演替的方向，Clements 认为：在自然状态下，演替总是向前发展的，不可能是后退的。

(2)多元演替顶级学说(polyclimax theory)

由英国人 A. G. Tansley 提出，这个学说认为如果一个群落在某种生境中基本稳定，能自行繁殖并结束它的演替过程，就可看作顶极群落。在一个气候区域内，群落演替的最终结果，不一定都汇集于一个共同的气候顶极终点。除了气候顶极之外，还有土壤顶极(edaphic climax)、地形顶极(topographic climax)、火烧顶极(firelcimax)、动物顶极(zootic climax)；同时还可存在一些复合型的顶极，如地表—土壤顶极(topoedaphic climax)和火烧—动物顶极(fire-zootic climax)等。

单元顶极和多元顶极都承认：①顶极群落是经过单向变化而达到稳定状态的群落；②顶级群落在时间上的变化和空间上的分布，都是和生境相适应的。

单元顶极和多元顶极的不同点：

单元顶极认为，只有气候才是演替的决定因素，其他因素都是第二位的，但可以阻止群落向气候顶级发展；而多元顶极认为，除气候以外的其他因素，也可以决定顶级的形成

单元顶极认为一个气候区内，趋同性发展最终形成气候顶级；多元顶极不认可。

(3)顶级格式假说(Climax-pattern)

由 Whittaker 提出，是多元学说的一个变型。他认为在任何一个区域内，环境因子都是连续不断变化的，随着环境梯度的变化，各种类型的顶极群落，如气候顶极、土壤顶极、地形顶极、火烧顶极等，不是截然呈离散状态，而是连续变化的，因而形成连续的顶极类型，

构成一个顶极群落连续变化的格局。在这个格局中，分布最广泛且通常位于格局中心的顶极群落，叫做优势顶极（prevailing climax），它是最能反映该地区气候特征的顶极群落，相当于单元顶极论的气候顶极。

5. 演替过程的理论模型

在演替的不同阶段，各物种之间怎样相互影响呢？Connell 和 Slatyer 在 1977 年总结演替理论中，认为机会种对开始建立群落有重要作用，并提出了三种可能的和可检验的模型：促进模型、抑制模型和忍耐模型（图 3-93）。

(1) 促进模型 相当于 Clements 的经典演替观，物种替代是由于先来物种改变了环境条件，使它不利于自身生存，而促进了后来其他物种的繁荣，因此物种替代有顺序性、可预测和具方向性。

(2) 抑制模型 先来物种抑制后来的物种，使后来者难以入侵和繁荣；因而物种替代没有固定的顺序，各种可能都有，其结果在很大程度上取决于哪一物种先到（机会种）；演替在更大程度上决定于个体生活史和物种对策，结局难以预测。

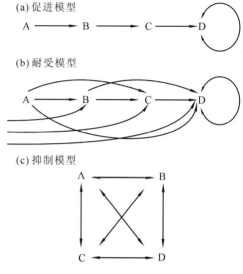

图 3-93 三类演替模型

（A、B、C、D 代表 4 个的种，箭头表示被替代）

这个模型中，没有一个物种可以被认为是竞争的优胜者，而决定于是否先来该地，所以演替往往从短命种到长命物种，而不是有规律物种替代。

(3) 忍耐模型 介于促进模型和抑制模型之间，认为物种替代决定于物种的竞争能力。先来的机会种在决定演替途径上并不重要，任何物种都可能开始演替，但有一些物种在竞争能力上优于其他种，因而它最后能在顶极群落中成为优势种。至于演替的推进是入侵还是初始物种组成的逐渐减少，与开始情况有关。

三个模型的共同点

演替中的先锋物种最先出现，它们具有生长快，种子产量大，有较高的扩散能力等特点。它们对相互遮荫和根系间的竞争又不易适应，所以早期进入物种都是比较易于被挤掉的。

三种模型的区别表明，重要的是演替的机制，即物种替代的机制，是促进，是抑制，还是现存物对物种替代影响不大，而演替机制决定于物种间的竞争能力。

第三节 风景园林生态系统的生物成分及其特点

一、风景园林生态系统的植物种群

1. 植物种群的特点

(1) 种群生长环境受到人为影响很大，很少有自然的生长环境

这主要是由于在植物景观营造时，往往环境是人为构建的，即使是建成以后也受到人为

的影响(图3-94),如人工的修剪、施肥等。植物的选择也往往带有很大的主观性,选择的都是观赏性较强的植物种类(图3-95)。

图3-94　海桐(左)和龟甲冬青(右)在道路分车带上的应用

图3-95　月季(左)和红枫(右)美丽的叶

(2)种群的分布主要受到人为的影响,特别是规划设计者的影响

由于园林植物在应用过程中注重观赏性,而观赏性较近的植物种类较多,设计时选择空间较大,因而植物的应用受到设计者个人的水平及知识背景的影响很大。也正因为这样,同样地段不同设计者使用的植物种类相差较大,设计植物和群落景观千变万化。这种变化一方面是由于设计者对植物种类的选择所造成的,同时也是园林艺术在园林设计中的体现。

(3)种群的应用受气候的影响较大

由于植物的耐寒性、耐热性不一样,所以植物种群的应用范围大大受到限制。如抗寒性较差的植物不能在北京等地应用,抗热性较差的植物又不能在广州应用。这种原因造成了植物景观的差异,特别是南北植物景观的差异程度较大,比如在北京常绿灌木种类很少,而南方如长沙常绿灌木则较多,如红檵木、小叶女贞、杜鹃、小叶栀子、月季等,这些植物大部分都具有很好的观赏性,且应用的范围较广。

(4)种群的种类较少,而且有一定的局限性　观赏性较强且在园林中应用的种类相对较少,主要原因有以下几方面:第一,受到种类的限制,观赏性较强、无污染、抗性强且易管理、适应当地气候的种类并不多;第二,受到植物本身生理生态习性的限制,有些种类观赏性很强,但不能适应城市环境,如珙桐不能在长沙应用,主要原因就是其不能适应长沙夏季的高温;第三,受到种苗的限制,有些种类观赏性和适应性都很强,但受到种苗数量的限制,暂时在园林中应用很少。

图3-96 美女樱和月季在道路分车带上的应用

（5）园林植物种群的观赏性较强，景观效果较好　在园林设计中，强调四季均有景可赏，这要求园林植物种群的季相变化要明显，或者不同季节有不同种群可观赏。秋季是园林中观景的一个重要方面，如金黄色叶色的银杏是最典型的观赏秋景的群落（图3-97）。

（6）种群中较大的个体数量一般较少、分布较分散　植物在园林的应用过程中，大乔木的应用一般很少集中、大量地应用，往往是少量分散地应用，以营造不同的观赏景观（图3-98）。同时，分散的栽植植物可以营造出自然和富有情趣的景观效果，这与自然界中较大密度的情况不同。

图3-97　复羽叶栾树（左）和银杏（右）在道路绿地中的应用

2. 植物种群的动态

（1）种群的存活率较高、养护管理较为精细

与自然生态系统的种群相对，对风景园林生态系统中植物群落的养护管理更加精细，包括浇水、施肥和病虫害的防治等（图3-99），目的就是为市民提供一个良好景观，使其在工作之余能得到良好放松。

图3-98　园林中大的个体数量较少

图 3-99　人工对园林绿地的养护

（2）种群增长为逻辑斯谛增长曲线，即种群增长受到环境容量的影响

由于园林植物种群的生长环境往往是在较小的范围人工种植，因而其个体数量的增长往往受到环境容量的限制，因而其种群增长往往呈逻辑斯谛增长曲线。

（3）当人为管理较为精细时，种群的波动相对较小；但当环境变化较大时（如遇上大旱、持续高温），种群可能遭受毁灭性的打击。

主要原因是植物种群对人为养护管理的依赖性较大，主要原因有以下几点：第一，园林植物种群的土壤环境往往较差。一般情况下往往是建好房子后再栽植植物，这过程中会有很多的建筑垃圾残留在土中；而且城市中由于经济的发展，种植植物的地方土壤条件往往较差。第二，由于园林植物主要用于观赏，要达到观赏效果，植物生长必须健壮，因而必须人工施肥才能保证其生长的健壮。第三，园林植物的栽植与自然情况下相差较大，往往很多种群种植在一起会导致相克现象的发生，为了景观和观赏性又必须保证它们的存活，因而必须加强人为的养护管理。第四，园林植物很多是引种植物，因而许多种类对周围环境的适应力有不确定性因素，必须加强对其的养护管理才能保证其正常成活。

（4）种群平衡性较弱

由于园林种群对人工的依赖性较强，因而仅依靠其自身的调节作用来达到人类所期望的平衡十分难，可以说基本不可能。

（5）种群的空间分布包括均匀、随机和聚集分布

由于种群的分布基本上由人为因素所决定，所以种群在空间上的分布各种形式都有。

（6）种群的调节以遗传调节为主

种群的调节由于人工的干扰太大，所以种群内部的调节作用相当弱，主要体现在遗传调节上。

3. 种内和种间关系

园林植物种群依然遵循密度效应，也就是遵守最后产量恒值法则和 $-3/2$ 自疏法则。

另外，园林植物种群设计中必须考虑种间的各种关系，种群的生态对策和他感作用。在现在的植物景观设计中，这些方面考虑的比较少，往往造成了植物配置的失败或者养护成本的成倍增加。

二、园林植物群落

1. 特点

（1）群落中不同个体高度不一致，而且高低错落

园林中群落景观强调起伏和高低的变化，因而在群落景观设计过程中会追求个体高度的不一致。即使群落轮廓线高低没有什么变化，也会通过建筑或其景观来调整植物群落的外貌。

(2) 种类组成相对较少，且与自然群落的种类相差较大

自然情况下，群落中的种类是在外部物种入侵及物种之间相互竞争的情况下保存下来，由于森林生态位的丰富，种类也相当丰富。而且种类在不断地替换与被替换中进行，群落演替十分活跃。而园林植物群落由于是人工设计并栽植的，而且会一直维持这样的景观，因而其种类组成相对较少，与自然群落的种类组成差别较大，但是园林植物群落的景观也随着植物的不断生长而在不断地发展变化。

(3) 群落季相变化明显

为了追求景观效果，园林植物景观设计过程中十分重视群落的季相变化，常见的是植物群落的春景和秋景的变化。因而季相变化明显的植物在园林中广泛应用，如早春嫩叶的蓝果树，秋季变黄的银杏，秋季变红的枫香、黄栌等，在园林中都广泛应用。在部分园林设计中更是应用了春岛、夏岛、秋岛、冬岛以强化群落的季相变化。

(4) 种群之间影响更明显

在自然情况下，群落中物种都是在协同进化中存在的，因而不同物种间的联系较紧密。然而，在园林植物群落中，由于在设计过程中对每一物种的生理生态习性不是特别了解，特别不同植物之间的相互影响不十分了解，因而在设计过程中，会导致群落内部不同物种间的影响更为明显，如柏树和梨树种植在一起，导致了梨桧锈病的发生，使柏树或梨树之一死亡。

(5) 动态特征明显

群落的动态表现在几个方面。第一是植物的生长导致群落景观的动态变化，可能会使原有的景观不再存在，而产生新的景观；第二由于园林植物群落有一部分是经过人为修整的整齐群落，所以植物生长稍高一点，就会产生明显的变化，感觉到群落的动态变化；第三是群落中植物的春花秋实也导致了景观的动态变化。

(6) 分布范围较窄

与自然生态系统下植物大面积的分布不同，在园林环境中，群落的面积都比较小，这往往是受到资金、场地等限制所造成的。

(7) 边界特征明显

由于园林场地的特殊性，因而园林植物群落的边界与自然植物群落相比也就更加明显。

2. 结构特征

①园林植物群落生活型较丰富　园林应用的植物中高位芽植物、地上芽植物、地面芽植物、隐芽植物和一年生植物都有，不过，应用的方式和位置千变万化，仅由 20 种园林植物构成的景观就会令人应接不暇，何况在某个地区园林中应用的植物种至少达 500~600 种。也正因为这样，才造成了南方和北方园林植物景观的差异，也形成了各自的特色。

②园林植物群落外貌和季相变化较为明显　园林十分重视群落的外貌和季相变化，而且植物是体现这些变化的惟一方法。因而具有秋季色相变化的植物在园林中广泛应用，如秋叶呈红色的植物有很多，常应用的有鸡爪槭、五角枫、茶条槭、地锦、南天竹、柿、黄栌、花楸、石楠等；如秋叶呈黄色的有银杏、白蜡、柳、梧桐、榆、槐、无患子、复叶槭、水杉、

金钱松等。还有一些春色叶类的植物，如臭椿、五角枫、黄连木。

③园林植物群落垂直结构较为简单　由于园林植物群落是人为设计的，因此并没有像自然界那样，从林冠层到草本都十分丰富。在现代园林设计中能够做到乔、灌、草合理配置已经十分不容易，大部分情况下只是乔木＋草本、灌木＋草本、乔木＋灌木，相对自然植物群落的中间层、耐荫植物而言，园林植物群落结构相对较为简单。

④园林植物群落水平结构人为因素影响较明显　园林植物群落的水平结构往往决定于设计者，往往设计师怎么设计就会有什么样的水平结构，因而在有特色的园林群落的水平结构中基本上没有雷同。

3. 影响因素

竞争也影响园林植物群落的种类和数量。虽然园林植物的种植很大程度上取决于园林设计师，但是设计完之后植物之间的竞争依然存在，特别是前面提到他感作用，往往会影响物种之间的共同相处，导致某些物种不能共存，最后导致一些物种的消灭。

干扰影响群落的外貌和季相变化，园林中干扰强度很大。可以说，是人为干扰才保持了现有景观。

4. 群落演替

园林植物群落的演替总体来说是偏途演替，为了保持人为设计的景观，所以人为地干扰了园林植物群落的演替，使其演替偏离正常的方向。

在园林设计过程中要真正在设计过程中做到生态，必须加强植物本身和植物相互间关系的研究，在应用过程中必须以生态学原理为指导，参考自然界中不同物种间相互关系才能设计出接近自然，但是比自然更美的园林景观。

思 考 题

一、基本概念

种群　种群密度　出生率　死亡率　性比　生命表　存活曲线　种群增长率　内禀增长率　生态位　基础生态位　实际生态位　生物群落　优势种和建群种　亚优势种　伴生种　偶见种或稀见种　生活型　群落交错区　演替　单元演替顶极学说　多元演替顶极学说　顶极格式假说

二、简答题

1. 德鲁捷(Drude)的等级标准？
2. 种群的分布格局大体上有哪几种分布类型？各有什么特点？
3. 自然种群的数量波动有哪些类型？
4. 种群调节有哪些理论？各个学派的主要依据是什么？各有什么优缺点？
5. 种群的密度效应体现在哪些方面？
6. 他感作用在园林中有哪些方面的作用？
7. 他感作用的生态学意义有哪些？
8. 什么是竞争排斥原理(高斯假说)？
9. 生态位具有哪些特点？

10. K对策和r对策有哪些不同的地方？在哪种环境中K对策和r对策种具竞争优势？
11. 生物群落有哪些基本特征？
12. 保存完整的自然群落有什么意义？
13. 群落种类组成及其研究意义。
14. 群落结构的时空格局及其生态意义。
15. 解释物种多样性变化的各种学说有哪些？
16. 简述群落交错区的生态意义。
17. 影响群落结构的因素有哪些？
18. 原生裸地与次生裸地有什么不同？
19. 什么是定居？
20. 简述研究群落波动的意义。
21. 说明水生演替系列和旱生演替系列的过程。
22. 什么是演替顶极？单元演替顶极理论与多元演替顶极理论有什么异同点？
23. 你认为应该怎样研究演替？
24. 竞争对群落结构的影响？
25. 干扰对群落结构的影响？
26. 园林植物种群有哪些特点？
27. 园林植物群落有哪些特点？

第四章　风景园林生态系统构建与管理

[**主要知识**] 构建风景园林生态学的基本生态学原理、遵循的原则、园林植物配置、园林植物的引种、园林动物群落、风景园林生态系统平衡、生态系统健康、生态系统服务、生态系统服务功能评价、风景园林生态系统的服务、退化生态系统、生态恢复目标、成功的生态恢复、可持续发展。

近年来，我国城市绿化得到长足发展，但许多绿地形式单调、功能单一、维护投入大，而重景观、轻生态以及过分追求"一次成型"的状态也远未改变，影响了城市绿地系统的健康和服务功能。虽然这种状况正在得到改变，森林进城、生态优先，生态园林得到普遍倡导，认识到绿地的环境效益不仅取决于绿化的覆盖面积（覆盖率）和占地面积（绿地率），而且取决于空间结构和绿地类型，以及构成绿地的生物群落类型。

生态优先、生态原则往往成为一种虚化的概念性招牌，无法体现在绿地的工程实体中。在规划方案的制订和设计的评审中凭经验和感觉，或是遵从首长意志，或是依靠某个知识理论已严重老化的老专家。环城、交通干道的绿带建设存在盲目攀比现象，但对其作用的认识非常模糊，一些工程规划不符合国情。

"以人为本、天人合一"成为挂在嘴边的一句话，以人为本就是满足人的需要，但是人的需要是多方面的，怎样去取舍？天和人怎样才能合一，或者接近合一，这些必须从根本做起，就是以生态学的基本原理为指导，从风景园林生态系统构建开始逐渐完善，并融合于风景园林生态系统的日常养护和管理中。

第一节　风景园林生态系统构建

一、构建依据的生态学原理

1. 主导因子原理

主导因子作用：众多因子中有一个对生物起决定作用的生态因子为主导因子。

通常对主导因子的分析，找出影响风景园林生态系统稳定的主要因子，通过对它的分析和调控来改善园林生态的状况。在风景园林生态系统的景观构建中，往往有一个主要因素为景观营建的主要方面，如在水边景观营建时往往以水分因子作为主导因子，再考虑其他的因子（图 4-1）。因为在水边，植物如果不能忍受水淹或潮湿的环境，植物是无法生存下来的，更别说构成景观了。又比如，在园林群落的林冠下面，植物在正常生长，需要具有一定的耐荫能力，如山矾、红翅槭等，相反一些强阳性植物不能在林冠下层较好地生长。而一些喜荫植物则需要在半荫蔽的环境下生长更好，在强光条件会生长不好，甚至出现日灼现象，使得景观大打折扣。如熊掌木和八角金盘都是喜荫植物，在强烈阳光下生长反而不好（图 4-2），在林冠下的八角金盘叶色浓绿、生长高大。另外，虽然主导因子起主导作用，但其他因子也会影响到植物的生长,如黄栌在长沙可以生长,春天叶色浓绿,但是到秋天,由于南北湿度和温度的差异,黄栌不仅不能观赏到红叶,而且会导致严重的霜煤病的发生(图4-3)。

图4-1　水边植物景观

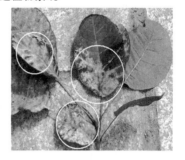

图4-2　强光导致熊掌木　　图4-3　高的秋温和湿度导致
　　叶片的日灼　　　　　黄栌霜煤病的发生

2. 限制性与耐性定律

限制因子指限制生物生存和繁殖的关键性因子。

任何一种生态因子只要接近或超过生物的耐受范围,它就会成为这种生物的限制因子。限制因子概念的主要价值是使生态学家掌握了一把研究生物与环境复杂关系的钥匙。生物的存在与繁殖,要依赖于某些综合环境因子的存在,只要其中一个因子的量或质的不足或过多,超过某种生物的耐性限度,则使该物种不能生存,甚至灭绝,称为耐性定律。

图4-4　不同环境下生长的珙桐

(左边为林冠下,右边为建筑物南边)

在园林植物景观设计中,必须考虑植物的耐性范围,否则就会导致植物生长不良甚至死亡。如将珙桐种植在长沙市建筑物向阳处,会导致珙桐的生长不良甚至死亡(图4-4右);种植在局部蔽荫处,大部分散射光能照到则珙桐能生长;但如果种植在林冠中层且靠近群落的边缘则珙桐生长良好(图4-4左)。因而,虽然珙桐是高山植物且具有很强的观赏性,但并不是不能在园林应用,而要看其种植的地点和人为营造环境的好处。也就是只要人为营造的环境在园林植物的忍受范围内,园林植物可以大范围的应用,但要取得良好的景观效果,还需要考虑其他的因子。

3. 能量最低原理和物质循环原则

能量是一切生态系统运转的基础,没有能量一切生态系统都会崩溃。能量意味着人力、物资的投入,因而依据能量最低原理,就可以大幅度地降低人为投入的物质和能量,同时也能降低养护成本,起到事半功倍的效果。

风景园林生态系统的演替是一种偏途演替,所以系统中的能量仅仅依靠植物的光合作用是无法正常运转的,因而系统要达到设计者的意图和达到预定的景观效果,必须依靠外界能量来支持,在不影响景观质量的情况下降低能量的需要是设计中的关键。要做到能量最低需要多方面的努力,从对植物的了解、设计和最后的养护上都需要有系统的研究和设计。如果对植物不了解,设计中即使应用了也会导致植物生长不良或者不能渡过冬天或夏天(如热带的一些棕榈科植物在长沙就不能露地过冬),必须采取人工措施保护植物渡过不良环境,如果只是一株比较好办,如果有一万到几十万株,那投入就很大了。

另外就是植物病虫害的防治,有些植物大面积应用于园林中会导致植物病虫害的大爆发,而有些植物具有杀虫作用,所以会减少病虫害的爆发。植物病虫害的大爆发第一会导致植物生长不良(图4-5,图4-6),第二会影响景观质量和人们的休息娱乐,第三可能会损害人们的健康。长沙岳麓山曾大爆发过枫毒蛾危害枫香,并导致了游人中毒,花费了大量的人力、物力才将枫毒蛾的危害控制住。

图4-5　女贞叶蜂对小叶女贞的危害

图4-6　无刺构骨上的蚧壳虫

对于风景园林生态系统中能量投入的另一方面是肥料的投入。各种有机肥料和化学肥料的使用可以补充土壤中矿质营养元素的不足,促进植物的生长,这些物质需要消耗较多的资金,不过在实践中,有相当部分的肥料随着降水流走了,这一方面增加了养护成本,另一方面造成了环境的污染。化学肥料和农药进入生态系统是造成环境污染的主要来源,通过定点定量施肥可以降低养护成本,也可以降低环境污染;同时,也符合能量最低原理。

风景园林生态系统中相当多的植物景观的维持需要不断地人为修剪,而修剪过程其实就是人为能量的投入,因而在植物种类选择上必须慎重,针对不同景观选择不同的植物。如地被植物类可以选择一些覆盖度较大、生长慢的种类,如雀舌栀子、金边六月雪等(图4-7),因为这类植物生长过快则经常需要修剪,增加了养护的成本。而对一些要求观赏秋景的植物则要求生长快速一点，所形成的景观效果更显著，因为不需要修剪，因而生长快则形成的景观快。

物质循环原则也是一个十分重要的原则。一般的自然生态系统，由于不断有外界物质的输入，自然生态系统在长期的演替中有机矿物质不断积累，所以才不断地使处于演替的群落的环境不断得到改善，因而在森林中土层厚度较厚，同时土壤中积累的养分元素较多，系统向外流失的元素较少，体现在森林中流出来的泉水十分清彻、养分元素含量少。在风景园林生态系统中，由于人为干扰十分严重，所以能尽量利用物质循环的原理，减少物质的对外流动是十分有用的。

图4-7 金边六月雪的地被景观

一方面可以减少人为施肥的投入，另一方面也可以更好地促进植物生长。较好的方法是尽可能减少物质从系统中流入，将修剪或枯枝落叶填压在系统中，这样可以改善土壤结构和增加土壤肥力。

4. 生态位与生物互补原理

生态位指有机体在环境中占据的地位。在一个生态系统中，每一个物种都有其独特的生态位，在一个系统中生态位也是独特的；同样，一个物种的生态位也是独特的，如果一个物种的生态位在系统中得不到满足，它在整个系统中就无法生存下来，会导致其在该系统中的消失或迁移到别的系统中。同样，如果一个物种新迁入到一个系统中，由于原来的生态位已饱和，如果它要成功入侵，就必须侵占并取代其他物种的生态位，导致了物种之间的竞争，但由于新入侵种没有天敌，所以往往会成功，有许多这种实例。

水葫芦是一种园林观赏植物，100多年前被我国引进作为观赏物种和饲料，结果疯长成令人头痛的恶性杂草，不仅在江河成片聚集堵塞河道，更成为了破坏江河生态平衡的罪魁祸首，使鱼类种数急剧减少。珠江水域水葫芦每10年增长10倍，1975年平均每天只捞到0.5t水葫芦，现在接近500t。目前，我国每年因水葫芦造成的经济损失接近100亿元。

原产热带美洲的薇甘菊，是一种藤本植物。因为它在当地的天敌有140多种，还有很多制约的因素，所以它在当地和其他物种也是和平相处，生态系统也是保持一种相对稳定的状态。90年代薇甘菊入侵深圳内伶仃岛，它生长异常迅速，一天可以长20cm，沿着树干、树枝爬上去，把整个树木都覆盖掉，造成完全没有光合作用，使得岛上植物大片死亡。全岛7000多亩山林约有40%~60%的地区被薇甘菊所覆盖，人们将其称为"植物杀手"，有的树林退化成草地，岛内动、植物的生存受到了严重的威胁。加拿大一枝黄花也是这样，1996年入侵后，短短的十年时间，已到处可见这种外来生物。据不完全统计，我国目前已经知道的至少有380种入侵植物，40多种入侵动物和23种入侵微生物。这些外来生物的入侵给我国环境、生物多样性和社会经济造成巨大危害，仅对农林业造成的直接经济损失每年就高达574亿元。

生物互补原理指在环境中如果一个物种消失，则其生态位被其他物种所占据。在一个稳定的环境中，如果物种能够共存，则物种之间的生态位不同，同时不同种之间对资源的利用不同且互补。生物互补原理往往在食物网中可以得到充分体现，如图1-11中，鼠类如果消失，则同营养级其他生物如食草昆虫、冬蛾可以取代它的生态位，进行相互替代，从而维持整个食物链和食物网正常运转。在其他的食物网也是一样。

5. 种群密度与物种相互作用

种群内部之间个体之间的相互作用(主要是竞争,也有协作)会调节种群密度,动物个体主要是通过竞争食物,而植物个体主要是通过争夺光、生存空间、养分元素等方式来达到调节种群密度的目的。种群密度在群落构建初期可以很好地利用,加速景观的形成;而在群落形成后则要避开密度效应,适当减少个体数量,避免恶性竞争,促进个体的生长,维持良好的景观。

不同物种之间的相互作用对于系统的稳定性相当重要。一个良好的系统的稳定依赖于不同物种之间的相互作用。在前面讨论的物种之间的相互作用中有详细的讨论,如竞争、捕食、共生、共栖等。要很好地利用种群之间的相互作用,必须弄清各种植物之间的相互作用,否则不可能真正构建类似于自然且具有良好观赏效果的群落。

只是现在我们对于自然生态系统中各种生物之间的关系研究还很少,很多物种之间的相互作用现在基本不知道,而且物种之间涉及到多个方面,有些是看得见的,有些是看不见的;而有些是需要不同植物种植在一起才会有反应,而有些只要在一定的范围内就有作用。更为重要的是现在人们对于园林植物之间的反应研究更少。如白蚁取食樟树的树皮,它本身不能消化木质素,而与白蚁共生的鞭毛虫则可分泌消化木素质的酶液,将木质素消化为糖类,供白蚁利用。

6. 边缘效应与干扰原理

在生态系统的边缘地段生物种类往往是比较多的,主要原因是由于边缘地带具有许多独特的生态位,对于一些生态位复杂的物种在边缘地带能很好的生存下来。如有些鸟类需要森林筑巢,在农田中找食,这种生态位的要求也只有在森林与农田的交错区才能得到满足。因而在生态系统边缘地带,存在着许多特殊的生态位供植物生长,这要是由于边缘地区光照条件的变化引起的。由于植物种类的多样,会导致更多的动物在边缘地段生长,这样使得边缘地段物种多样性更加丰富。

干扰如果过强则会引起生态系统的退化,过弱则对于生态系统没有什么影响。因而中等强度干扰则可形成大量的边缘生态位,丰富物种群落,增加物种数量。

园林中的人为干扰是非常多的,特别是将植物修剪成形中人为干扰的程度非常强。一年之中往往要修剪多次。我们应用边缘效应与干扰原理,则一方面可达到我们的形态要求,又可增加物种的种类。

7. 生态演替原理

生态演替是生态系统时间结构的体现。随着时间的变化,物种组成和个体形态都发生显著的变化,使得原则良好的景观的质量发生明显的变化,其中有些是有益的,而有些是不利的。对于这些变化,我们作为园林设计者必须考虑到这个基本原理,使我们的景观质量越变越好,并不会因时间的变化而景观变差。图4-8为栽种三年后蜡梅群落,局部已形成了漂亮的景观,早春蜡梅开花时花满枝头、香气怡人。

图4-8 栽种三年后的蜡腊梅群落

8. 生物多样性原则

多物种一般情况下有利于群落的稳定，因为这样不仅可使生物多样性增加，而且可使一些观赏性的鸟类筑巢（图 4-9），这样整个系统的观赏性也更加丰富。但这种生物多样性是以本地物种为前提，如果是外来入侵种，则对整个生态系统的稳定性更加不利，反过来会使系统物种减少，稳定性下降，甚至会引起个生态系统的破坏或崩溃。

一个优秀的园林设计，如果能遵循生物多样性原则，则能做到四季有花、群落类型多样、具有不同美丽的景观而吸引大量的游人。

图 4-9　蜡梅吸引鸟类来筑巢

坚持生物多样性原则一方面在充分利用现有物种的基础上，需要自我培育出新的园林植物，另一方面也可以引种国内外新培育且有良好应用前景的园林植物，以丰富园林植物景观。

9. 食物链与食物网原则

食物链与食物网原则主要考虑对当地一些观赏性很强且濒危的物种的保存和合适小生境的营造；在增加群落物种数量和多样性方面也是一个很有效的措施。

当然食物链与食物网往往相当复杂，要营造好一个好的网络就必须对不同生物在整个食物网中所起的作用十分了解，才能在营造良好环境的同时增加一些有益的植物和动物种类。

10. 斑块-廊道-基质的景观格局原则

斑块、廊道和基质是景观的三要素。斑块是外貌上与周围地区有所不同的一块非线性地表区域。廊道是在外貌上与周围地区有所不同的线性地表区域。基质范围广、连接度最高并且在景观功能上起着优势作用的景观要素类型。

景观格局一般是指其空间格局，即大小和形状各异的景观要素在空间上的排列和组合，包括景观组成单元的类型、数目及空间分布与配置，比如不同类型的斑块可在空间上呈随机型、均匀型和聚集型分布。它是景观异质性的体现，又是各种生态过程在不同尺度上作用的结果。

斑块-廊道-基质的景观格局可以有规律地影响干扰的扩散、生物种的运动和分布，营养成分的水平流动及净初级生产力的形成等。

斑块-廊道-基质的景观格局同样也会影响植物的生长，植物生长的改变会导致景观的变化，使原来美的景观不再存在，原来一般的景观变得很漂亮。

11. 空间异质性原则

异质是不相关或不相似的斑块。景观是由异质性要素构成的，异质性对于景观的功能和过程有重要影响。也可以说正是由于景观的异质性才导致了景观的多样性。

景观的空间异质性的格局类型有很多种，有镶嵌格局、带状格局、交叉格局、散斑格局、散点格局、点阵格局、网状格局、水系格局。各种格局是自然界和人为影响形成的常见格局，相互之间无优劣之分，只有生态功能的不同。

空间异质性差异的程度往往决定了景观的可观赏性和美观程度。单一的植物或色块往往给人以大气的感觉,交替的植物或色块往往给人更强的观赏性。

12. 时空尺度与等级理论

景观随着空间不断发生变化。小尺度范围内可能是基质,但是大一些尺度就是斑块,再大一些可能就可以忽略不计了。如一小片草地,只对它研究时草地是基质,其中的乔木可能是斑块,但是随着尺度加大,草地可能是斑块,尺度再放大,它有可能就可以忽略不计了。尺度的变化与等级变化相似。

二、构建时应遵循的基本原则

1. 生态学原则

是指在配置过程中必须符合生态学的基本原理(具体见第一部分),使地被植物生长良好,充分体现植物的观赏习性,更能发挥其景观效益和生态效益。

在应用生态学原则过程中,要注意大尺度上的景观之间的关系,如不同景观之间的协调。简单地,对于一个大的湖泊,观赏湖边的植物是近景,而远看时则是远景,系统的构建必须作为一个整体来考虑,无论是近景还是远景都必须综合考虑。

2. 美学原则

园林中十分强调给人以美的感受,在植物配置时考虑到统一、均衡、韵律、协调的原则,但同时也必须以使人健康和与环境相协调为前提。如道路分车带的景观能美化环境,给人以美的享受(图4-10、图4-11)。

图4-10 道路分车带景观图

图4-11 园林中的乔、灌、地被的搭配

另外,在系统构建中必须考虑健康原则和精神文化娱乐原则。健康原则是所有园林系统构建过程中首要考虑的原则,不论是植物还是其他的材料,都必须对游人无任何毒害作用,不能损害他们的健康。如对一些观赏性强且直接接触会对人有害的植物应用时必须是远观,防止与人的直接接触。另一个方面就是利用植物的药用作用来营造合适的小的局部景观,使人们在休息的同时,缓慢治疗疾病。这方面研究还较少,但是具有巨大的应用前景。另外,可以利用植物对于害虫的杀灭或驱避作用来营造舒适的环境。如柏科植物大多数具有杀菌作用,部分植物具有驱蚊作用,在一些别墅区少量种植这些植物除了观赏外,可以对蚊虫起到驱避作用,使居住环境更加温馨。

风景园林生态系统的构建主要是为了满足人民群众的精神文化娱乐,所以在构建过程中要人性化设计,既满足景观需要,还要满足实际的娱乐需要。

3. 系统学原则

对于园林植物的应用必须当作风景园林生态系统中的一个组成成分来考虑，使得园林植物的应用更加合理、科学。如常见的乔、灌、地被的搭配，使得景观更加丰富、空间更加多样；地形、水与植物的搭配使园林景观更具灵气(图4-12)。但并不是所有的地方都适合于这种搭配形式，有些地方，如广场，就不能种植大量的乔木，适合于种植一些草坪或低矮的地被植物，以使整个广场空间相对开阔。在一些郁闭度较大的风景林中，往往灌木较少，地被植物也少，只有少量的蕨类、地衣和苔藓。

图4-12　园林绿地就是一个系统

4. 社会经济技术原则

以最小经济投入来获得最大的回报是社会经济技术的总原则。具体包括技术可操作原则、社会可接受原则、无害化原则、最小风险原则、效益原则和可持续发展原则。

在风景园林生态系统构建过程中，所有方案都必须实际可行，不会超过当时的技术水平，也不会造成很大的难题，技术水平已十分成熟，能容易完成，使成本降低。同时构建的风景园林生态系统符合社会道德和人们的审美观念，容易被人们接受，并且对于周围环境和游人无任何伤害作用。在整个系统构建过程中，虽然存在各种风险，但是设计者应当将风险降低最低。

另外，风景园林生态系统构建完成后应当能创造各种效益，包括景观效益、生态效益、社会效益和经济效益。其中景观效益十分明显，在风景园林生态系统构建时往往考虑较多，一般构建完成后都能明显改善。对于生态效益往往考虑较少，虽然园林在种植过程中或多或少都创造了生态效益，但是如何在有限空间内最大程度上发挥植物的生态效益则在构建时考虑较少，要最大程度上发挥园林植物的生态效益，必须充分了解园林植物的生理生态习性，而这些方面现在做得还很少，有些植物只了解其栽培习性，对于其生长对于光照、温度、水分等生态因子的要求了解很少，也正因为这样，才导致了许多植物栽植后存活不了或者生活不良的情况，更不能充分发挥其观赏习性和景观效益，要充分挥风景园林生态系统的生态效益则更难。简单地，如桉树的光合速率相当高，相应地其放氧功能也就相当强；而银杏等树种则光合速率低，其放氧功能也就弱。当风景园林生态系统构建完成后，除了改善景观外，还应当创造明显的社会效益和经济效益，如能改善附近居民的居住和休闲环境，能吸引更多的游客而增加当地的旅游收入和提高该绿地或城市在全国甚至在全世界的影响等。

三、园林植物的生态配置

1. 园林植物配置的定义

园林植物配置指运用生态学原理和艺术原理，充分利用植物素材在园林中创造出各种不同空间、艺术效果和适宜人居室外环境的活动(图4-13)。也就是在了解每一种园林植物的生物学特性和生态习性的基础上，模拟自然群落设计出与园林规划设计思想、立意相一致的各种空间，创造不同的氛围。它是融科学与艺术于一体的应用型学科，它既是一门意境营造艺术、视觉造型艺术；同时又是一门应用科学。一方面它创造现实生活的环境，另一方面它又反映意识形态以及表达强烈的情感，满足人们精神方面的需要。

2. 园林植物配置的作用

(1) 对人的身心调节作用

首先，植物有其优美的形态、动人的线条、绚丽的色彩、怡人的芳香、诗画般的风韵，这些本身就是一种景观，同时与其他园林素材协调的结合，创造出的是一种人与自然融为一体的自然景观。久居都市的人们在紧张、快节奏生活之余，迫切需要

图 4-13　园林植物配置

回归自然、放松身体以及精神上的调节，植物景观则是最有效的解决方法，当人们置身于丰富的植物景观之中，会顿时有"返璞归真"的感觉(图 4-14，图 4-15)。曾经有人把树林比作教堂，这是说人们可以在自然的植物景观中释放自我最本质的一面，得到与自然最虔诚的交流，从而达到精神上最崇高的升华。另外，国内外学者对空气负离子的研究表明，有些植物能产生大量负离子，空气中负离子的含量是影响空气质量的重要因素，这点对人的身心健康是非常有益的。

图 4-14　园林中的水景对人身心具良好调节作用

图 4-15　植物优美的形态给人以美的享受

(2) 植物可以更加突出、体现园林景观

园林素材中建筑、水体、园路一旦建成只能用文字来体现其意境或立意，配上植物则可让其更充实饱满或鲜活起来。如颐和园昆明湖边的知春亭，用了早春展叶的垂柳之后体现了知春的意境，若换一种展叶晚的植物，意境就变了；幽静的水体周围布置深绿色的密林、草坪之后倍感恬静和怡然自得；纪念碑的周围种上整齐的柏类植物就有了肃然起敬的气氛；公园的入口花坛紧簇，就增添了欢快活跃的气氛(图 4-16，图 4-17)。

图 4-16 龙柏能形成肃然起敬的气氛

图 4-17 植物丰富景观

(3) 植物可以软化硬质景观、丰富景观层次

建筑物(构筑物)的基角布置各种合适的植物之后,生硬的建筑棱角顿时被遮挡住,使得建筑物与地面有了一个过渡的空间,让人感觉其不再是一个单调的、突兀的建筑物,而是融入了空间场所。现代最伟大的建筑师奈特曾经倡导"建筑应该是从地底下生长出来的",要达到这一点,除了建筑师自身对场所精神的领悟外,基础种植是必不可少的。植物的色彩可以调和建筑物的色彩,形体也可以衬托建筑物的形体和体量,特别是在太阳光的照射下,植物的斑驳光影投射在建筑物的墙面上,使得建筑物有了明与暗、虚与实的对比,顿显生动和迷人。

(4) 植物景观的实用性

乔木有浓荫,在严严夏日给人们提供阴凉。人行道路两旁、居住区、公园、广场等行人所到之处树木和浓荫让夏日室外的人们有舒适的空间,行道树形成的夹景和树木本身又构成景观。藤本植物与花架结合同样给市民提供了可坐的凉爽的休息空间(图 4-18)。

3. 园林植物对环境的生态适应

园林植物对环境的生态适应包括两个方面的含义:一方面园林植物首先要适应生存

图 4-18 藤本植物的美化和遮荫作用

的环境,才能保证其生长发育和景观效果的发挥;另一方面,对于特定环境应选择相应的园林植物,即在该环境下进行正常生长发育的园林植物,不管是自然适应还是经过人为辅助设计。

(1) 园林植物对环境的适应

园林植物的正常生长发育,最主要的生长环境包括太阳辐射、水分、温度、土壤、大气等。这些因子对于园林植物的影响在《风景园林生态系统的自然环境》中有详细的论述。

所有生态因子中存在一个或两个主导因子,考虑园林植物的适应性是有所侧重。但各个因子对植物的影响并不是孤立的,而是相互联系又相互制约的,因而在考虑主导因子的同时,必须兼顾所有生态因子。

同时,园林植物对环境的适应性还应考虑生物因素和人为影响。人为影响往往对于植物，特别是观果植物的影响很大。如可观赏可食用的柚子、柑橘种植在公园中，往往还没有成熟时，就已被摘掉，甚至导致植株枝条被折，影响了景观。

在所有植物对环境的适应中乡土植物具有得天独厚的条件。它们是经过长期进化和自然选择所保留下来的，具有较好的适应性（图4-19），因而应优先考虑。而且它们不会对当地生态系统造成很大的波动或造成生态灾难。

在引进外来物种时，必须经过小范围的栽培实验并确认不存在生态风险时再使用。这也是植物对于新环境的适应而引起的。引进外来物种，环境合适时往往会大面积疯长，环境不合适时会导致引种不成功。

图4-19 水龙白色圆柱形浮器与水生环境相适应

（2）环境对植物的选择

虽然在局部小气候中我们可以创造出与周围环境不一致的环境来满足植物生长的需求，但是对于大面积和在露天环境下是不合适的，而且运行成本太高，与生态学的思想不相符合。因而在园林植物的配置中应根据环境的不同来选择植物。

如在水边应考虑的是植物的耐水湿能力（图4-20）；而在城市道路两边的行道树应考虑它们的分枝高度在2m以上、耐干旱、耐瘠薄等；盐碱化土壤则考虑植物的耐盐碱性等。

图4-20 水生环境要求植物能忍受水淹

（3）园林植物与环境适应的相互性

园林植物与环境之间的关系是相互的。

一方面，植物的选择必须依靠环境，也就是依据环境来选择植物。园林植物对环境的适应能力有一定的范围，而且在环境的压力下，植物的这种适应能力也能不断调整。因为植物的基础生态位总是比现实生态位要宽；而且经过人为的抗性锻炼，可大幅度提高植物的适应性。

另一方面，环境也在不断地发生变化。这种变化有些是由植物引起的。如自然群落中的演替是植物在生长过程中不断改变环境而引起的植物的不断被替代的过程。当然，如果在人为的影响下环境的变化则更加剧烈，也可能朝着好和坏的两个方面发展。

4. 园林植物的引种及利用

世界园林的发展，除了利用本地的乡土植物以外，很大程度上得益于植物的引种和利用，特别是从我国植物的引种，使得世界园林的发展更加迅速。

（1）引种的基本原则

植物安全性原则 植物的引种首先应注重生物安全性，否则会导致新引入物种的大量繁殖，而当地物种被灭绝；或者导致引种的不成功。由于生态入侵给我国造成的损失在574亿元以上。

生态学原理 特别注重食物链和食物网原则，引种植物的原产地和目的地的气候、土壤、水质及其在当地食物链和食物网中的作用基本与被引进地相似。否则会出现生长不良的情况。

美学原理 注重观赏价值高和具有潜在开发价值的植物。当然，有些植物可能不具备良好的观赏价值，但是与其他植物结合能培育出良好的观赏价值，如提供砧木或接穗等。

图4-21 引种的植物具有良好的观赏性

生物多样性原理 在满足前面几项的条件下，尽可能引进不同的植物，以丰富当地物种数量，同时在进行植物配置时也有多种选择。园林植物也是保护植物多样性的重要方法和手段，许多濒临灭绝的植物往往只有园林中有少量的保存，而其他地方往往已经灭绝或很少。

观赏性原则 引进的园林植物往往要有较强的观赏性，否则不会受到欢迎（图4-21）。

(2) 引种植物的利用

园林植物引种及利用过程中，具体应用时应与乡土植物配合使用，以增加系统的稳定性，也不利于病虫害的爆发和成灾。同时由于有乡土植物的间隔，即使成灾面积也只会是小片的，便于防治和降低危害。另一方面，引种植物与乡土植物间通过长期的影响，可以使它们间的作用增强，有利于引种植物的乡土化。

在引种过程中，也能使引进的植物与乡土植物之间逐渐形成一些联系，特别是建立新的食物链和食物网，使引进植物逐渐本土化，使系统逐渐稳定。

引种的植物在育种过程中，如有可能将本地种与引种进行杂交，产生一些新的观赏性状，也产生一些具有优势的个体，这对于培育一些具有较强观赏性的植物具有更多的机会。

四、动物种群的引进和利用

1. 园林动物群落的特点

种类和数量较少 由于风景园林生态系统受人为的干扰十分强，所以除了少量节肢动物外，大型的动物基本没有，只有少数鸟类在系统中生活，还有少量的小型动物如老鼠。造成这种现象的另一个原因是风景园林生态系统本身面积不大，不能提供足够的食物为动物生活；另一方面的原因是植物群落往往较单调，没有足够的生态位为较多的动物种类提供栖息环境；第三个原因是人为管理强度很大，如定期修剪、人为喷药等都使动物种群的数量大大减少。

种群与自然生态系统中相比差异较大 自然生态系统中动物群落的种类组成复杂，垂直结构类型丰富。

多以一些小型的动物为主，几乎没有大型动物 大型动物往往需要有较大的领域以满足其猎食的需要，而在风景园林生态系统中往往面积较小，而且受人为干扰很大，这样，无法满足大型动物生活所需要的栖息环境，因而大型动物也无法生存。而小型动物则由于活动范围较小，局部就可以满足其生活环境的要求，因而风景园林生态系统中存在一些小型动物。

食性多为植食性和杂食性的动物为主 风景园林生态系统中由于人为活动相对较多，因而食物链相对较简单，位于营养级的动物相对较少，因为根据能量传递10%定律，位于更高级营养级的食物需要更大的活动空间和更多的食物来源。相反，以植物或杂食为食的动物，其取食的范围就可以比较小，能生存下来的机会要大得多。其中有不少动物是土栖动物，居住环境也更加多变，更有利于动物的生存。

鸟类种类较少 鸟类种类较少的原因主要有以下几方面。第一，环境受到污染后，使鸟类无法生存，如麻雀的消失主要就是由于环境中磷污染所导致的。第二，植物种类较少，无法为鸟类提供食物和栖息环境，鸟类对栖息环境有较严重的要求，如鸟类并不在所有树上筑巢。第三，有些地方树木高度不够，这样容易受到人为的影响，如在图4-9蜡梅吸引鸟类来筑巢中，就发现了死亡的小鸟，死亡的原因是养护人员喷施农药导致了小鸟的死亡。第四，人类对鸟类的伤害很大，许多地方有吃鸟的习惯，导致了许多鸟类被人为捕杀。但是在局部地区出于某种需要，可能鸟类数量较多，如人工设计的鸟语林。

以动物和植物构成的食物链和食物网较简单 由于动物种类少，因而构成的食物链和食物网关系相对简单，营养级的级别不会很高，一般不会超过四个营养级。

受人为影响很大 由于鸟类的栖息环境往往是高大树木，因而树木较少或树木不高的地方往往鸟类种类和数量都较少。一些小型爬行动物则往往是穴居或土居，而城市中的土壤环境大部分受到污染或者土壤理化性质较差，对动物的栖息十分不利，这样动物的多少往往取决于对土壤环境的改善情况，这当然包括人为改善和风景园林生态系统自身的改善，如人为换土、施肥、调整土壤pH值，系统内部腐殖质的积累、土壤理化性质的改善和有机质含量的增加。很明显，土壤表层中腐殖质含量增加和土壤中有机质含量增加后会使一些腐食性动物和节肢动物数量明显增加，这些动物在系统中起着分解者的作用。

2. 园林动物群落的引进和利用

（1）引进的基本原则

Ⅰ 安全性原则 引进动物首先应注重生物安全性，由于生态入侵给当地物种造成毁灭性的灾害。要做到这一点必须对引进动物在原生态系统中的作用十分了解，包括它的营养级和在各个食物链中的作用、地位，只有在弄清后才能明确在目标系统中有没有它的天敌，它数量的发展能否得到控制，会不会对当地风景园林生态系统造成严重的危害。只有在遵循安全原则下有步骤地进行才能避免较大的灾害或者引进不成功的发生。

Ⅱ 生态学原理 引进动物的原产地和目的地的气候、环境及其在当地食物链和食物网中的作用基本相似。这其中最好能证明该引进动物的生态位，这样就能根据其生态位来营养环境，也有利于判断各种动物之间的相互关系。

Ⅲ 生物多样性原理 在满足前面几项的条件下，尽可能引进不同种的植物，以丰富当地物种数量，同时在进行植物配置时也有多种选择。考虑动物的基本食物来源，保证动物能正常取食。

Ⅳ 观赏性原则 可以引进一些对当地生态系统无很明显的影响，而且观赏性强的动物，或者对于改善风景园林生态系统的景观有较大促进作用的动物。如在幽静的地方鸟的鸣叫更能增加山林的幽静感，使得整个环境更具有深山的感觉，更有利于人的放松和感受到大自然的美好。如在一些城市中心广场饲养鸽子，通过鸽子在城市上空的飞舞来增加景观和冲击人们的视线。

（2）园林动物群落的利用

在园林动物群落的引进和利用过程中，可以根据食物链和食物网的关系，引进一些有害动物和昆虫的天敌，一方面增加了生物多样性，另一方面可以利用它们进行生物防治。

优先考虑的是原来存在于本地风景园林生态系统，后来由于各种原因迁移或消失的本地乡土物种。这些物种的恢复和利用不仅使得物种多样性能恢复，同时也标志着环境得到改善，使久居城市中的人们能感受空间野趣，体味回归大自然的感觉。如在一些湿地的景观设计中，人为引进一些青蛙，夏初青蛙的鸣叫音使人感到乡村的野趣，使人体味到大自然的情趣。

当外来物种危害到风景园林生态系统时，往往需要利用侵入物种的天敌来进行防治。如美国白蛾侵入我国后，就是利用周氏啮小蜂来寄生美国白蛾，通过人工大量饲养周氏啮小蜂然后再释放，使美国白蛾的危害受到了控制。

五、地形的改造和利用

园林绿地在建设过程中往往要筑山理水，在这个过程中，为了达到预定的景观效果，往往需要对原有的地形、地貌加以改造。在改造过程中，除了注意成本较低的原则外，在移动的过程中应注意表层肥沃土壤的保存和回填。

在园林植物种植前，根据地形和土壤条件种植一些适合的植物，必要时对局部地段的土壤加以改良以适应植物生长的需求。

第二节　风景园林生态系统的管理

一、风景园林生态系统的平衡

1. 概念

风景园林生态系统平衡指风景园林生态系统在一定时间内结构和功能的相对稳定状态，其物质和能量的输入、输出接近相等，在外来干扰下能通过自我调控（或人为控制）恢复到原初稳定状态；或者说是一定的动植物群落或生态系统发展过程中，各种对立因素（相互排斥的生物种类和非生物条件）通过相互制约、转化、补偿、交换等作用，达到一个相对稳定的平衡阶段。

简单地说，生态平衡就是生物与其环境的相互关系处于一种比较协调和相对稳定的状态。生态系统具有一种内部的自我调控能力，以保持自己的稳定性。这种调控能力依赖于成分的多样性、能量流动多样性及物质循环的多样性。

结构简单的生态系统，内部调控能力小，对于剧烈的生态冲击，由于物种少、整个生态系统的调控能力差。当外界的冲击增加时，不少物种或个体由于不能适应这种变化而导致其迁走或灭绝，从而系统的缓冲能力就会更弱，稳定性变得更差。

复杂的生态系统，能在很大程度上克服和消除外来的干扰，保持自身的稳定性，但其内在调控能力也是有限的，如果超出这些限度，调控就不再起作用，系统就会受到改变、伤害，以致破坏，这个界限为生态平衡阈值。

生态平衡阈值的大小取决于生态系统的成熟性。系统越成熟，表示它的种类组成越多，营养结构越复杂，因而稳定性越大，对外界的压力或冲击的抵抗也越大，即阈值高。相反，生态系统越简单，其阈值越低。

2. 风景园林生态系统达到平衡的标志

风景园林生态系统达到平衡的标志往往体现在以下几方面，如总生产量/群落呼吸、总生产量/生物量、群落净生产量、有机物质总量、生物多样性、生态位特化、生活史、营养物质保存、稳定性和信息量等，具体情况如表4-1。

3. 风景园林生态系统的平衡

风景园林生态系统的正常运转往往依靠大量的人工和大量的物质的输入来维持的，如果人工投入的能量不足或停止，风景园林生态系统的景观就无法维持人为设计的景观，系统就会沿着自然生态系统的演替方向进行正向演替。

也正因为这样，风景园林生态系统是偏离系统自然平衡的一个半人工生态系统，当然在持续的物质和能量的投入下，风景园林生态系统可以达到一个暂时的平衡。这种平衡的维持需要以下条件：

Ⅰ 不断进行养护　只有不断进行养护，才能维持风景园林生态系统的景观，如绿篱景观在人为养护停止后就会长成较高的灌木，而且往往会超过人的视线，使原来的景观不复存在；

表4-1　风景园林生态系统达到平衡的标志

总生产量/群落呼吸（B/R）	接近1
总生产量/生物量（P/B）	低
群落净生产量	低
有机物质总量	较多
生物多样性	较高
生态位特化	较狭
生活史	长，复杂
营养物质保存	良好
稳定性	强
信息	高

图4-22　修剪成球形的小蜡停止养护的变化

如图4-22停止修剪后修剪成球形的小蜡球形形态消失，如果再不修剪，整个球形都会消失，连续的几株小蜡会形成一个局部的灌丛群落，虽然植物能存活，但是园林中所期望的景观已消失。

Ⅱ 防止外来种的入侵　外来物种往往对本地风景园林生态系统构成严重的危胁，而且还带有许多不确定的因素。如松材线虫病侵入我国后，导致了大面积马尾松的死亡，并且使松林景观遭受到了严重破坏。加拿大一枝黄花侵入到我国后导致了当地物种的灭绝。

Ⅲ 不断优化景观　由于植物不断地生长变化，因而植物所形成的景观也在不断地变化，在这个变化过程中，有些景观是越来越好，而有些景观则越来越差。越来越好的景观当然需要我们继续维持，而越来越差的景观则需要我们花大力气进行维护（图4-23）。如退化的草地就需要我们不断进行维护，新引进的生长不良的金丝桃也需要我们加强维护，才能保证其正常生长和良好景观的呈现。

Ⅳ 进行地形的处理　风景园林生态系统平衡的维持是多方面的，但是在局部地区可以进行一些简单的工作，如地形的处理，使得坡度过大的部分地段能够缓和一些，这样可以减少降水对土壤冲刷，也有利于景观的维持。

图 4-23　蜡梅群落景观不断优化

图 4-24　城市行道树种植的土壤环境

Ⅴ 土壤改良　由于园林中的土壤十分瘠薄，所以要想使一些适应性差的植物能正常生长，往往需要进行人工改良土壤。如图 4-24 为城市行道树种植的土壤环境，很明显树木生长环境十分差，周围都是混凝土，底下是十分差的土壤且含有大量的建筑垃圾。

Ⅵ 植物配置　植物配置时尽可能根据植物特性进行配置，如充分利用植物间的相生相克现象就可以促进植物的生长；另一方面可以利用植物的药用作用来缓慢治疗一些慢性病或营造清爽的环境。

二、风景园林生态系统健康及其管理

1. 生态系统健康的含义

生态系统健康学是一门研究人类活动、社会组织、自然系统及人类健康的整合性科学。生态系统健康是生态系统的综合特性，它具有活力、稳定和自我调节的能力。生态系统健康是指生态系统没有病痛反应、稳定且可持续发展，即生态系统随着时间的进程有活力并且能维持其组织及自主性，在外界胁迫下容易恢复。

换言之，一个生态系统的生物群落在结构、功能上与理论上所描述的相近，那么它就是健康的，否则就是不健康的。一个病态的生态系统往往是处于衰退、逐渐趋向于不可逆的崩溃过程。

生态系统健康是一个很复杂的概念，不仅包括生态系统生理方面的要素，而且还包括复杂的人类价值及生物的、物理的、伦理的、艺术的、哲学的和经济学的观点。人类是生态系统的一部分，而不是独立于生态系统以外的，有关生态系统健康的一个关键任务是促进人类对人类活动、生态变化与人类健康之间的联系的理解，其中包括研究人类活动对生态系统影响程度的评价方法，也包括在考虑社会价值和生物学本质的情况下提出新的对策来规范人类活动，促进生态系统健康的提高。

总之，生态系统健康是一门研究人类活动、社会组织、自然系统的综合性科学。具有以下特征：①不受对生态系统有严重危害的生态系统胁迫综合症的影响；②具有恢复力，能够从自然的或人为的正常干扰中恢复过来；③健康是系统的自动平衡（homeostasis），即在没有或几乎没有投入的情况下，具有自我维持能力；④不影响相邻系统，也就是说，健康的生态系统不会对别的系统造成压力；⑤不受风险因素的影响；⑥在经济上可行；⑦维持人类和其他有机群落的健康，生态系统不仅是生态学的健康，而且还包括经济学的健康和人类健康。

生态系统健康的概念可以扩展到风景园林生态系统。健康的风景园林生态系统不仅意味着提供人类服务的自然环境和人工环境组成的生态系统的健康和完整，也包括城市人群的健康和社会健康，为城市生态系统健康的可持续发展提供必要条件。因此，了解风景园林生态系统的健康状况、找出其胁迫因子、提出维护与保持风景园林生态系统健康状态的管理措施和途径是非常必要的。

2. 研究简史

最早研究生态系统健康的是 Leopold，他于1941年提出了"土地健康"的概念，但未引起足够的重视。随后，科学家一直对是否发展生态系统健康学说应用于生态系统评价和管理存在争论。

在 Odum 倡导下，20世纪70年代兴起了生态系统生态学，这一学说继承了 Clements 的演替观，把生态系统看作一个有机体，具自我调节和反馈的功能，在一定胁迫下可自主恢复，从而忽视了生态系统在外界胁迫下产生的种种不健康症状。

与此同时，Woodwell(1970)和 Barrett(1976)极力提倡胁迫生态学(stress ecology)。

进入20世纪80年代，Rapport 等(1985)系统研究了胁迫下生态系统的行为，并在随后提出不能把生态系统作为一个生物对待，它在逆境下的反应不具自主性。

Policansky 和 Suter 为代表的科学家极力反对生态系统健康只是一种价值判断，没有明确的可操作的定义，会阻碍详细的科学分析进程。

1992年"Journal of Aquatic Ecosystem Health"诞生，三年之后，"Ecosystem health"和"Journal of ecosystem health and medicine"创刊，这三份杂志成为国际生态系统健康学会会员发表论点的重点刊物。

1992年美国国会通过了"森林生态系统健康和恢复法"，其农业部组织专家对美国东、西部的森林、湿地等进行了评价，并于1993年出版了一系列的评估报告。

1994年来自31个国家的900名科学家聚集在加拿大的渥太华召开了全球生态系统健康的国际研讨会，会议集中在评价生态系统健康，检验人与生态系统相互作用，提出基于生态系统健康的政策等三个方面，并希望组织区域、国家和全球水平的管理、评价和恢复生态系统健康的研究。

迄今西方国家已出版了6本关于生态系统健康的专著，有《Ecosystem health：new goals for environmental management》，《Ecosystem health》等。

3. 生态系统在胁迫下的反应

1962年 Carson 出版了《寂静的春天》，向人们披露了化学物质污染生态系统后产生的恶果，引起人们对环境恶化的广泛关注。事实上人们对生态系统的影响有许多方面：A 过度开发利用：指对陆地、水体生态系统的过度收获，主要后果是物种消失。B 物理重建，指为了某种目的改变生态系统结构与功能，可能导致生物多样性减少，水质下降，有毒物增加，从而影响人类生存。C 外来种的引入，引进外来种引起乡土种消失及生态系统水平的退化。D 自然干扰的改变，如火灾、河流改道、地震、病虫害爆发等，可引起生态系统的消失和退化。

不同因子胁迫下系统的反应是不同的，下面详细讨论。

(1) 单因子胁迫下的反应

Rapport(1998)年曾比较了在同一种胁迫下湖泊、河流、山地三种生态系统的表现,结果显示不同生态系统在同种胁迫下的反应类似(表4-2)。

表4-2 在同种胁迫下三种生态系统的表现

指标	低拉文田大湖	开容九开河	琼拿塔山地
系统性质			
初级生产力	+	+	0/ -
水平营养运移	+	+	+
物种多样性	-	-	-/ +
疾病普遍性	+	+	+
种群调控	-	-	-
演替的逆转	+	+	+
复合稳定性	-	-	-
群落结构			
r - 对策种	+	+	+
短命种	+	+	+
更小的生物群	+	+	?
外来种	+	+	+
种间相互作用	-	-	-
边界线	+	+	+
乡土种的消失	?	+	+

注:+增加;-减少;0无变化

Odum 提出了受胁迫生态系统的反应趋势,他认为生态系统在胁迫情况下会在能量(群落呼吸增加,生产力/呼吸量<1 或 >1,生产力/生物量和呼吸量/生物量增加,辅助性能量的重要性增加,冗余的初级生产力增加)、物质循环(物质流通率增加,物质的水平运移增加而垂直循环降低,群落的营养损失增加)、群落结构(r - 对策种的比例增加,生物的大小减小,生物的寿命或部分器官寿命缩短,食物链变短,物种多样性降低)和一般系统水平(生态系统变得更开放,自然演替逆行,资源利用效率变低,寄生现象增加而互生现象降低,生态系统功能比结构更强壮)上发生变化。

(2)多因子胁迫下的反应

当生态系统受多个因子胁迫时会产生累积效应,从而增加生态系统的变异程度。在这种情况下,生态系统的反应与胁迫因子的关系非常复杂,而且对于人类的管理也提出了更高的要求。Rapport(1998)提出了一个框图展示了人类活动对生态系统变化及人类健康的影响。图4-25 表明,人类活动会胁迫生态系统健康,导致生态系统结构发生变化,进而影响到生态系统服务功能,对人类健康产生影响。

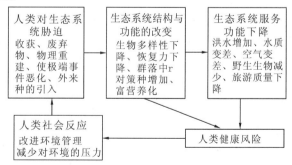

图4-25 人类活动与生态系统健康间的关系

4. 生态系统健康的标准

为了对生态系统健康与否做出准确的评价,必须根据生态系统健康的概念来制定相应的标准，并围绕这个标准派生出各种健康状态。绝对健康的生态系统是不存在，健康是一种相对的状态，它表示生态系统所处的状态。任海等总结了生态系统健康的标准主要包括：活力、恢复力、组织、生态系统服务功能的维持、管理选择、外部输入减少、对邻近生态系统的影响及人类健康影响等8个方面，涵盖了生物物理、社会经济、人类健康及一定的时间、空间等范畴。作为生态系统健康的评价，最重要的是活力、恢复力、组织及生态系统服务功能的维持等几个方面。它们分别是：

(1) 生态系统的活力(vigor)

活力是指能量或活动性，即生态系统的能量输入和营养循环容量，具体指生态系统的初级生产力和物质循环。在一定范围内生态系统的能量输入越多，物质循环越快，活力就越高，但这并不意味着能量输入高、物质循环快的生态系统更健康，尤其对水生生态系统来说，高输入可导致富营养化效应。

(2) 恢复力(resilience)

为自然干扰的恢复速率和生态系统对自然干扰的抵抗力，即胁迫消失，系统克服压力及反弹恢复的容量，具体指标为自然干扰的恢复速率和生态系统对自然干扰的抵抗力，一般认为受胁迫生态系统的恢复力弱于不受胁迫生态系统的恢复力。

(3) 组织结构(organization)

即系统的复杂性，可以用生态系统组分间相互作用的多样性及数量、生态系统结构层次多样性、生态系统内部的生物多样性等来评价。一般情况下，生态系统的稳定性越高，系统就越趋于稳定和健康。但在很多特殊情况下，比如外来物种的侵入在生态系统物种数增加的同时，使系统的稳定性降低，严重的时候甚至会导致系统的崩溃。这一特征会随生态系统的次生演替而发生变化和作用。具体指标为生态系统中对策种与非对策种的比率、短命种与长寿种的比率、外来种与乡土种的比率、共生程度、乡土种的消亡等。一般认为，生态系统的组织能力越复杂就越健康。

(4) 生态系统服务功能的维持(maintenance of ecosystem services)

这是人类评价生态系统健康的一条重要标准。生态系统服务功能是指生态系统与生态过程所形成及所维持的人类赖以生存的自然环境条件与效用。Costanza 等[4]将生态系统的商品和服务统称为生态系统服务，将生态系统服务分为气体调节、气候调节、水调节、控制侵蚀和保持沉淀物、土壤形成、食物生产、原材料、基因资源、休闲、文化等17个类型。生态系统服务功能一般是对人类有益的方面，包括有机质的合成与生产、生物多样性的产生与维持、调节气候、营养物质储存与循环、环境净化与有毒有害物质的降解、植物花粉的传播与种子的扩散、有害生物的控制、减轻自然灾害、降低噪声、遗传、防洪抗旱等，不健康的生态系统的上述服务功能的质和量均会减少[86]。

(5) 管理选择(management options)

健康生态系统可用于收获可更新资源、旅游、保护水源等各种用途和管理，退化的或不健康的生态系统不具多种用途和管理选择，而仅能发挥某一方面功能。例如许多半干旱的草原生态系统曾经在畜牧放养方面发挥很重要的作用，同时由于植被的缓冲作用又会起到减少水土流失的功能；但由于过度放牧，这样的景观大多退化为灌木或沙丘，不再能承载像过去那样的牲畜量。

(6) 外部输入减少(reduced subsidies)

健康的生态系统为维持其生产力所需的外部投入或输入很少或没有。因此，生态健康的指标之一是减少外部额外的物质和能量的投入来维持其生产力。一个健康的生态系统具有尽量减少每单位产出的投入量(至少是不增加)，不增加人类健康的风险等特征，所有被管理的生态系统依赖于外部输入。健康的生态系统对外部输入(如肥料、农药等)会大量减少。

(7)对邻近系统的破坏(damage to neighboring systems)

许多生态系统是以别的系统为代价来维持自身系统的发展的。健康的生态系统在运行过程中对邻近的系统的破坏为零，而不健康的系统会对相连的系统产生破坏作用，如废弃物排放，农田流失(包括养分、有毒物质、悬浮物)等进入相邻系统都造成了胁迫因素的扩散，增加了人类健康风险等。

(8)对人类健康的影响(human health effects)

生态系统的变化可通过多种途径影响人类健康，人类的健康本身可作为生态系统的健康的直接反映。与人类相关且对人类不良影响小的生态系统为健康的生态系统，其有能力维持人类的健康。

5. 生态系统健康研究中存在的问题

到目前为止，对生态系统健康的评价还存在着下列问题：

(1)由于生态系统健康的不可确定性，生态系统健康的评价还只限于定性的评价，难以量化；

(2)生态系统健康要求考虑生态、经济和社会因子，但对各种时间、空间和异质性的生态系统而言实在太难，尤其是人类影响与自然干扰对生态系统的影响有何不同还难以确定，生态系统改变到何种程度其为人类服务的功能仍然能够维持；

(3)由于生态系统的复杂性，生态系统健康是很难概括为一些简单而且容易测定的具体指标，很难找到能准确评估生态系统健康受损程度的参考点；

(4)生态系统是一个动态的过程，有一个产生、成长到死亡的过程，很难判断哪是演替过程中的症状，哪些是干扰或不健康的症状；

(5)健康的生态系统具有吸收、化解外来胁迫的能力，但对这种能力很难测定其在生态系统健康中的角色如何；

(6)生态系统发生多大程度的改变而不影响它们的生态系统服务；

(7)生态系统健康的时间尺度以及能够持续的时间；

(8)生态系统保持健康的策略是什么等，都有待于进一步深入研究；

(9)风景园林生态系统作为一个自然生态系统与人工结合的特殊的生态系统，如何确保风景园林生态系统的健康、更好的发挥其服务功能，迄今为止还没有相关报道，如何促进风景园林生态系统健康，为城市创造一个舒适的环境是现代园林学科所需要研究的内容。

生态系统健康涉及多学科的研究范畴，因此解决生态健康问题，需多学科联合，不能简单地把生态系统健康定义为生物的、伦理的、美学的或历史的概念；由于生态系统健康的范围非常广，因此在进行生态系统健康评价时要综合考虑各种因素，从不同角度进行评价，以充分体现生态系统健康及其完整性；在生态系统健康研究中，由于人是生态系统的关键因子，因此对生态系统健康的研究不仅要从生态系统自身的角度考虑，更应从人的角度来评价生态系统的健康。

生态系统的健康和相对稳定是人类赖以生存和发展的必要条件，维护与保持生态系统健康，促进生态系统的良性循环，是关系到人类生存和健康的重大课题。健康的生态系统对于经济、社会和环境的可持续发展是至关重要的。生态系统健康综合了生物物理过程和社会动态的知识，前者驱动了生态系统的动态演变，后者决定其社会价值和期望。生态系统健康概念的发展和应用为环境管理提供了有力的支持。

6. 风景园林生态系统健康评价

(1) 风景园林生态系统健康评价的标准及评价等级

Ⅰ 评价标准　为了对风景园林生态系统健康与否做出准确的评价，必须根据风景园林生态系统健康的概念来制定相应的标准，并围绕这个标准派生出各种健康状态。绝对健康的生态系统是不存在的，健康是一种相对的状态，它表示生态系统所处的状态。风景园林生态系统健康的评估最重要的是活力、恢复力、组织及生态系统服务功能的维持、人类健康等几个方面。

Ⅱ 评价等级　一般说来，健康评价等级的划分是为了确定评价工作的深度和广度，体现人类各种社会、经济、文化活动对风景园林生态系统内部功能、结构产生影响的程度。

医学上对人体的健康评价等级分为：健康、亚健康、疾病三个状态，参照这个，把风景园林生态系统健康等级分为：病态、不健康、亚健康、健康、很健康 5 个等级（表 4-3）。

表 4-3　风景园林生态系统健康评价标准

要素	病态	不健康	亚健康	健康	很健康
活力（V）	风景园林生态系统活力很弱，城市经济水平低下，经济效率也很低	风景园林生态系统活力较弱，城市经济水平低下，经济效率也较低	风景园林生态系统活力一般，城市经济水平一般，经济效率也一般	风景园林生态系统活力较高，城市经济水平较高，经济效率也较高	风景园林生态系统活力很强，城市经济水平很高，经济效率也很高
恢复力（R）	风景园林生态系统恢复力很差，一旦受到外界胁迫，系统很难恢复	风景园林生态系统恢复力较差，一旦受到外界胁迫，系统较难恢复	风景园林生态系统恢复力一般，对外界胁迫具有一定的抵抗力	风景园林生态系统恢复力较强，对外界胁迫，系统有较强的抵抗力	风景园林生态系统恢复力很强，对外界胁迫具有很强的抵抗力
维持生态系统服务功能（S）	风景园林生态系统为人类所提供的服务功能很差，尤其是环境质量	风景园林生态系统为人类所提供的服务功能较差	风景园林生态系统为人类所提供的服务功能一般	风景园林生态系统为人类所提供较好的服务功能	风景园林生态系统为人类所提供很好的服务功能
人群健康（P）	城市内居住的人群无论从身体健康和人口素质上看，健康状况都很差	城市内居住的人群身体健康和人口素质方面的健康状况较差	城市内居住的人群身体健康和人口素质方面的健康状况都一般	城市内居住的人群健康状况较好，包括身体健康和人口素质	城市内居住的人群健康状况很好，包括身体健康和人口素质

(2) 风景园林生态系统健康评价的指标体系

Ⅰ 指标体系建立原则　在建立生态系统健康评价指标体系之前，应该确定指标选择原则。生态系统健康评价指标涉及多学科、多领域，因而种类项目繁多，指标筛选必须达到 3 个目标。一是指标体系能完整准确地反映生态系统健康状况，能够提供现代的代表性图案；二是对生态系统的生物物理状况和人类胁迫进行监测，寻求自然压力、认为压力与生态系统健康变化之间的联系，并探求生态系统健康衰退的原因；三是定期地为政府决策、科研及公众要求等提供生态系统健康现状、变化趋势的统计总结和解释报告。

风景园林生态系统在人类的干扰和压力下表现出整体性、有限性、不可逆性、隐显性、持续性和灾害放大性等重要特征。生态系统健康指标体现生态系统的特征，反映区域生态系统健康变化的总体趋势，指标选择的原则概括如下：科学性原则、动态性和稳定性原则、层次性原则、可操作性和简明性原则、系统全面性和整体性原则、可比性原则、多样性原则、可接受性原则、人类是生态系统的组成原则和定性与定量相结合。

Ⅱ 评价指标体系的建立　根据风景园林生态系统自身特点，结合生态系统健康评价的指标，选择下面指标作为风景园林生态系统健康评价的指标（表4-4）：

表4-4　确定指标列表

目标层	准则层	要素层	指标层
园林生态系统健康评价 A	活力 B1	C1 绿化水平	D1 绿化投入
	恢复力 B2	C2 受干扰后自然恢复力	D2 物种数量的变化
		C3 人为养护管理力度	D3 年养护次数
	生态系统服务功能 B3	C4 环境质量状况	D4 空气质量状况
			D5 降低噪音水平
			D6 环境承载力
			D7 景观舒适度
			D8 生物多样性指数
			D9 景观整体协调度
			D10 人均绿地率
			D11 防灾减灾功能
			D12 视觉美观性
			D13 保健功能
		C5 基础设施服务状况（包括园林建筑、小品、标识牌、道路铺装、路灯、垃圾筒、坐凳、厕所等设施）	D14 使用率
			D15 与周围环境的协调性
			D16 景观连通性（可达性）
			D17 合理性（人性化）
			D18 安全性
			D19 环保性（材质应用）
		C6 文化功能	D20 文化特色体现
			D21 教育功能
	人群健康水平 B4	C7 人群健康	D22 人均期望寿命
			D23 0~4岁儿童死亡率
			D24 甲、乙类传染病发病率
			D25 恩格尔系数
		C8 人口素质	D26 万人在校大学生数
			D27 人均受教育年限
			D28 科技、教育经费占GDP比重

应当说在风景园林生态系统健康评价中还存在许多不确定的因素，以上也只是笔者的一些探讨。

Ⅲ 评价方法　目前常用的评价方法有层次分析法和模糊综合评价法。

层次分析法（Analytical Hierarchy Process，简称AHP法）是美国运筹学家萨蒂（A. T. Saaty）于20世纪70年代提出的一种定性方法与定量分析方法相结合的多目标决策分析方法，也是一种综合定性和定量分析,模拟人的决策思维过程,以解决多因素复杂系统,特别是难以定量描述的社会系统的分析方法。运用这种方法,决策者通过将复杂问题分解为若干层次和若干因素,在各因素之间进行简单的比较和计算,就可以得出不同方案重要性程度的权重,为最佳方案的选择提供依据。这种方法的特点是:思路简单明了,它将决策者的思维过程条理化、数量化,便于计算,容易被人们所接受;所需要的定量化数据较少,但对问题的本质,问题所涉及的因素及其内在关系分析得比较透彻、清楚。这种分析方法是将分析人员的经验判断给予量化,对目标(因素)结构复杂且缺乏必要数据的情况更为实用,是目前系统工程处理定性与定量相结合问题的比较简单易行且又行之有效的一种系统分析方法。

模糊综合评价法是将模糊数学的有关运算理论应用在对事物的评价中。模糊数学是1965年由美国控制论专家查德(L. A. Zadeh)创立的一门新的数学分支,是研究和处理模糊现象和模糊概念的数学。模糊综合评判的基本原理是,将评价对象视为由多种因素组成的模糊集合(评价指标集),通过建立评价指标集到评语集的模糊映射,分别求出各指标对各级评语的隶属度,构成评判矩阵(或称模糊矩阵),然后根据各指标在系统中的权重分配,通过模糊矩阵合成,得到评价的定量解值。

限于篇幅这里就不作介绍,可以参考相关的资料。

三、生态系统服务

1. 生态系统服务的概念

生态系统服务是指生态系统与生态系统过程所形成及所维持的人类赖以生存的生物资源和自然环境条件及其效用。

生态系统的服务功能与生态系统的功能所涵盖的意义不同,服务功能是针对人类而言的,但值得注意的是生态系统的服务功能只有一小部分被人类利用。

2. 生态系统服务的内容

生态系统的服务功能,可以分为4个层次:生态系统的生产、生态系统的基本功能、生态系统的环境效益和生态系统的娱乐价值。生态系统的生产包括生态系统的产品及生物多样性的维持等。生态系统的基本功能包括传粉、传播种子、生物防治、土壤形成等。生态系统的环境效益包括减缓干旱和洪涝灾害、调节气候、净化空气、处理废物等。生态系统的娱乐价值包括休闲、娱乐、文化、艺术素养、生态美学等。

生态系统服务类型具体包括了气体调节、气候调节、干扰调节、水分调节、水分供应、侵蚀控制、沉积物保持、土壤形成、养分循环、废弃物处理、授粉、生物控制、庇护、食物生产、原材料、遗传资源、休闲和文化等17个方面(表4-5)。

3. 自然生态系统服务性能的四条基本原则

第一,自然生态系统服务性能是客观存在的,不依赖于评价的主体。自然服务功能在人类出现之前就存在,在人类出现之后,自然生态系统服务性就与人类的利益相联系。

第二,系统服务性能与生态过程密不可分地结合在一起,它们都是自然生态系统的属性。自然生态系统中植物群落和动物群落,自养生物和异养生物的协同关系,以水为核心的物质循环,地球上各种生态系统的共同进化和发展等,都充满了生态过程,也就产生了生态系统的功益。

表 4-5　生态系统服务类型

序号	生态系统服务类型	生态系统功能	序号	生态系统服务类型	生态系统功能
1	气体调节	调节大气化学组成	10	授粉	植物配子的移动
2	气候调节	对气温、降水及其他气体过程的生物调节作用	11	生物控制	对种群的营养动态调节
3	干扰调节	对环境被动的生态系统容纳、延迟和整和能力	12	庇护	为定居和临时种群提供栖息地
4	水分调节	调节水文循环过程	13	食物生产	总初级生产力中可提取的食物
5	水分供给	水分的保持和储存	14	原材料	总初级生产力中可提取的原材料
6	侵蚀控制、沉积物保持	生态系统内的土壤保持	15	遗传资源	特有的生物材料和产品来源
7	土壤形成	成土过程	16	休闲	提供休闲娱乐
8	养分循环	养分的获取、形成、内部循环和存储	17	文化	提供非商业用途
9	废弃物处理	流失养分的恢复和过剩养分有毒物质的转移和分解			

第三，自然作为进化的整体，是生产服务性功益的源泉。自然生态系统是在不断进化和发展中产生更加完善的物种，演化出更加完善的生态系统，这个系统是有价值的，能产生许许多多功益性能。自然生态系统在进化过程中维护着它产生出来的性能，并不断促进这些性能的进一步完善。其潜力是非常强大的，它趋向于更高、更复杂、更多功能方向变化。

第四，自然生态系统是多种性能的转换器。在自然进化的过程中，产生了越来越丰富的内在功能。个体、种群的功能是与它在生物群落共同体相联系的。这样，又使它自身的性能转变成集合性能。例如，当绿色植物被植食动物取食，植食动物又被肉食动物所吃。动植物死后又被分解，最后进入土壤里。这些个体生命虽然不存在了，但其物质和能量转变成别的动物或在土壤中贮存起来的。经过自然网络转换器的这种作用就来回在全球的部分和整体中运动。

显然，生态系统服务具有十分重要的意义。同时自然生态系统与人工生态系统之间关系密切，自然生态系统提供的服务只有部分在人工生态系统中得到充分体现，也只有一部分人得到这种服务；而反过来，人工生态系统影响到自然生态系统的各种服务功能的发挥程度。人工生态系统通常仅在一个较小尺度和有限时段内更为有效地提供一种生态服务（图

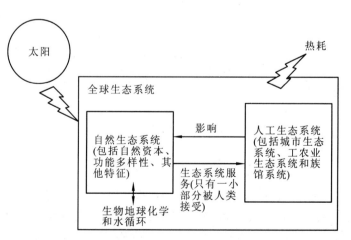

图 4-26　自然生态系统与人类为主的生态系统之间的关系

4-26)。

4. 生态系统服务功能的价值分类

根据生态服务功能和利用状况可以将服务功能价值分为4类(图4-27)：

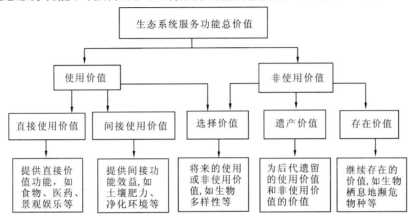

图 4-27 生态系统服务功能的价值分类

直接利用价值：主要指生态系统产品所产生的价值，可以用产品的市场价格来估计；

间接利用价值：主要指无法商品化的生态系统服务功能，如维护地球大气成分的稳定。间接利用价值通常根据生态服务功能的类型来确定；

选择价值：它是人们为了将来能够直接利用与间接利用某种生态系统服务功能的支付意愿；

存在价值又称内在价值：它表示人们为确保这种生态服务功能继续存在的支付意愿，它是生态系统本身具有的价值。

5. 生态系统服务的特征

一般的商品或服务可以通过市场流通，以市场价格表达其价值(使用价值)，生态系统服务不同于一般的商品，许多服务项目不能体现为具体的实物形式，有的甚至未被受益的人们意识到，表现出了"市场失效"。两者的供给和需求有明显的不同，如图4-28所示。

6. 生态系统服务功能价值的评价方法

生态系统的服务未完全进入市场，但对生态系统服务的"增量"价值或"边际"价值进行估计是有意义的。生态系统服务的经济价值评价方法有如下几种(图4-29)。

(1) 费用支出法

是以人们对某种生态服务功能的支出费用来表示其生态价值。例如，对于自然景观的游憩效益，可用游憩者支出的费用总和作为该生态系统的游憩价值。费用支出法通常又分为三种形式：总支出法，以游客的费用总支出作为游憩价值；区内支出法，仅以游客在游憩区支出的费用作为游憩价值；部分费用法，仅以游客支出的部分费用作为游憩价值。

(2) 市场价值法

市场价值法先定量地评价某种生态服务功能的效果，再根据这些效果的市场价格来估计其经济价值。在实际评价中，通常有两类评价过程。一是理论效果评价法，它可分为三个步骤：先计算某种生态系统服务功能的定量值，如农作物的增产量；再研究生态服务功能的"影子价格"，如农作物可根据市场价格定价；最后计算其总经济价值。二是环境损失评价

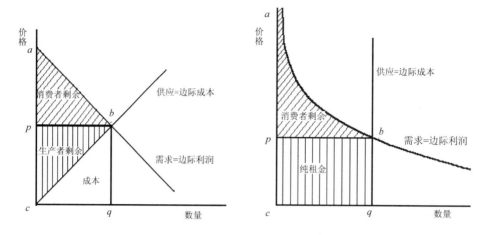

图 4-28　一般商品与生态系统服务的需求曲线
A. 一般商品的供应—需求曲线　B. 生态系统服务的供应—需求曲线

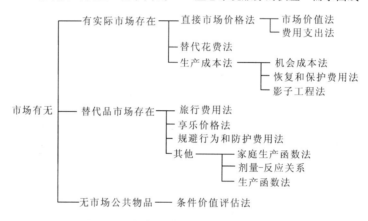

图 4-29　生态系统服务的评价方法分类

法，如评价保护土壤的经济价值时，用生态系统破坏所造成的土壤侵蚀量、土地退化、生产力下降的损失来估计。

（3）恢复和防护费用法

恢复和防护费用法全面评价环境质量改善的效益，在很多情况下是很困难的。对环境质量的最低估计可以从为了削除或减少有害环境影响所需要的经济费用中获得，我们把恢复或防护一种资源不受污染所需的费用，作为环境资源破坏带来的最低经济损失，这就是恢复和防护费用法。

（4）影子工程法

影子工程法是指，当环境受到污染或破坏后，人工建造一个替代工程来代替原来的环境功能，用建造新工程的费用来估计环境污染或破坏所造成的经济损失。

（5）人力资本法

人力资本法是通过市场价格和工资多少来确定个人对社会的潜在贡献，并以此来估算环境变化对人体健康影响的损失。环境恶化对人体健康造成的损失主要有三方面：因污染致病、致残或早逝而减少本人和社会的收入；医疗费用的增加；精神和心理上的代价。

(6) 机会成本法

机会成本是由边际生产成本、边际使用成本和边际外部成本组成的。机会成本是指在其他条件相同时，把一定的资源用于生产某种产品时所放弃的生产另一种产品的价值，或利用一定的资源获得某种收入时所放弃的另一种收入。对于稀缺性的自然资源和生态资源而言，其价格不是由其平均机会成本决定的，而是由边际机会成本决定的，它在理论上反映了收获或使用一单位自然和生态资源时全社会付出的代价。

(7) 旅行费用法(TravelCostMethod，TCM)

旅行费用法是利用游憩的费用(常以交通费和门票费作为旅游费用)资料求出"游憩商品"的消费者剩余，并以其作为生态游憩的价值。旅行费用法不仅首次提出了"游憩商品"可以用消费者剩余作为价值的评价指标，而且首次计算出"游憩商品"的消费者剩余。

(8) 享乐价格法

享乐价格与很多因素有关，如房产本身数量与质量，距中心商业区、公路、公园和森林的远近，当地公共设施的水平，周围环境的特点等。享乐价格理论认为：如果人们是理性的，那么他们在选择时必须考虑上述因素，故房产周围的环境会对其价格产生影响，因周围环境的变化而引起的房产价格可以估算出来，以此作为房产周围环境的价格，称为享乐价格法。西方国家的享乐价格法研究表明：树木可以使房地产的价格增加5%~10%；环境污染物每增加一个百分点，房地产价格将下降0.05%~1%。

(9) 条件价值法(CVM)

条件价值法也叫问卷调查法、意愿调查评估法、投标博弈法等，属于模拟市场技术评估方法，它以支付意愿(WTP)和净支付意愿(NWTP)表达环境商品的经济价值。条件价值法是从消费者的角度出发，在一系列假设前提下，假设某种"公共商品"存在并有市场交换，通过调查、询问、问卷、投标等方式来获得消费者对该"公共商品"的 WTP 或 NWTP(净支付意愿)，综合所有消费者的 WTP 和 NWTP，即可得到环境商品的经济价值。根据获取数据的途径不同，又可细分为：投标博弈法，比较博弈法，无费用选择法，优先评价法和德尔菲法等。

不同评估方法其优缺点不同(表4-6)，因而，在具体评估过程中必须依据资源的特点选择合适的方法进行评估，以求获得数据的准确性和合理性。

表4-6 主要生态系统服务功能价值评估方法比较

分类	评估方法	优点	缺点
直接市场法	费用支出法	环境价值可以得到较为粗略的量化	费用统计不够全面合理，不能真实反映旅游地的实际游憩价值
	市场价值法	评估比较客观，争议较少，可信度较高	数据必须足够、全面
	机会成本法	比较客观全面地体现了资源系统的生态价值，可信度较高	资源必须具有稀缺性
	恢复和防护费用法	可通过生态恢复费用或防护费用量化环境的价值	评估结果为最低的环境价值
	影子工程法	可以将难以直接估算的生态价值用替代工程表示出来	替代工程非唯一性，替代工程时间、空间性差异较大
	人力资源法	可以对难以量化的生命价值进行量化	违背伦理道德，效益归属问题以及理论上尚存在缺陷

（续）

分类	评估方法	优点	缺点
替代市场法	旅行费用法	可以核算生态系统游憩的使用价值，可以评价无市场价格的环境价值	不能核算生态系统的非使用价值，可信度低于直接市场法
	享乐价格法	通过侧面的比较分析可以求出环境的价值	主观性较强，受其他因素的影响较大，可信度低于直接市场法
模拟市场法	条件价值法	适用于缺乏实际市场和替代市场交换的商品的价值评估，能评价各种生态系统服务功能的经济价值，适宜于非实用价值占较大比重的独特景观和文物古迹价值的评价	实际评价结果出现重大的偏差，调查结果的准确与否很大程度上依赖于调查方案的设计和被调查的对象等诸多因素，可信度低于替代市场法

7. 生态系统服务功能价值评估的意义

首先，在理论上表明生态系统的众多的服务，是永远无法替代的。提醒人们必须给提供这些服务的自然资本存量以足够的重视。可以设想如果自然生态系统不再提供这些服务，人们将不得不花大量的精力用所谓的人类的工程技术来处理这一大堆的事情。至少目前我们社会对此还无能为力。据估计，要想通过人类自己来解决生态系统为我们提供的这些服务，每年至少要在每人身上花掉 900 万美元。

其次，生态系统服务估价较好地反映了生态系统和自然资本的价值。这给一个国家、地区的决策者、计划部门和财务会计系统在管理运行中提供了背景值。

最后，生态系统价值评估的最重要的用途之一是对建设项目规划的评估。任何一个待建的项目的设计、规划所得到的公益和规划中所造成的生态服务价值进行比较，加以权衡。生态系统边界尚无统一标准，有很大的弹性。为此，应依据其功能和价值进行确定。

Costanza 等对全球生态系统服务估价工作表明，对生态系统需要加强更多的基础性研究和急需进行补充研究的领域，如荒漠、冻原和城市生态系统。该报告对生态系统模型的构建、自然生态与社会经济的结合及全球生态系统更深层次的研究产生了积极的影响。

8. 生态系统服务功能价值评估中存在的问题

评价只是这个问题的一部分，但却是需要最先解决的一个问题，而且必须采用一种能够被各行各业人们都能理解的方式进行。因此，对生物入侵造成的生态系统服务丧失的经济评价，应当是沟通政府和科学家及各行业人群的一个重要桥梁。尽管经济学家认为市场价格不是物种和生态系统服务价值的一个好的指示指标，但这种方法近年来在评价生物多样性价值时开始逐渐得到应用。

现在有一些共识，即对于非市场的生物资源进行经济评价，最合适的方法是计算它们的本地的机会成本 – 本地未受入侵影响的生态系统提供的各种生态系统服务的价值。目前的入侵影响评价研究也主要集中在这个方面，下面对与入侵影响评价有关的生态系统服务和生物多样性价值做介绍。

生态系统服务估价还存在不少问题。正如 Costanza 等一再强调的一样，他们对全球各种生态系统服务做出的估价只是探索性的，存在一定局限性，主要原因有：

空缺一些服务项目，如荒漠、苔原等生态系统目前都尚未进行充分研究，没有可靠数据；

价值是根据当前人们愿意支付做出的，带有主观性、未必准确，未必符合公正和可持续性等；

从局部的估计推算全球总价值都会存在误差，一般来说，首先估算一个单位面积生态系统的服务价值然后乘以每个生态系统的总面积；

所采用的估计等于是用一个静态的快照来代表一个复杂的动态系统。显然忽略了系统各要素之间和各种服务之间的复杂的相互依存性。

四、风景园林生态系统服务

1. 概念

风景园林生态系统服务是指风景园林生态系统在建成后在人类的生产生活中所提供的各种服务。这些服务中有些是乐于被人们接受的，而有些是不易被人们认识的。

2. 风景园林生态系统的服务内容

风景园林生态系统服务内容如表4-7。

表4-7 风景园林生态系统服务内容

序号	生态系统服务	生态系统功能	举例
1	气体调节	大气化学成分调节	CO_2/O_2平衡、O_3防紫外线、SO_x水平
2	气候调节	全球温度、降水及其他由生物媒介的全球及地区性气候调节	温室气体调节，影响云形成的DMS产物
3	干扰调节	生态系统对环境波动的容量、衰减和综合反应	风暴防止、洪水控制、干旱恢复等生境对主要受植被控制的环境变化的反应
4	水调节	水文流动调节	为农业、工业和运输提供用水
5	水供应	水的贮存和保持	向集水区、水库和含水层供水
6	控制侵蚀和保持沉积物	生态系统内的土壤保持	防止土壤被风、水侵蚀，把淤泥保存在湖泊和湿地中
7	土壤形成	土壤形成过程	岩石风化和有机质积累
8	养分循环	养分的贮存、内循环和获取	固氮、P和其他元素及养分循环
9	废物处理	易流失养分的再获取，过多外来养分、化合物的去除或降解	废物处理，污染控制，解除毒性
10	传粉	有花植物配子的运动	提供传粉者以便植物种群繁殖
11	生物防治	生物种群的营养动力学控制	捕食者控制被食者种群，顶级捕食者使植食动物减少
12	避难所	为常居和迁徙种群提供生境	育雏地、迁徙动物栖息地、当地收获物的栖息地或越冬场所
13	食物生产	总初级生产中可用为食物的部分	通过渔、猎、采集和农耕收获的鱼、鸟兽、作物、坚果、水果等
14	原材料	总初级生产中可用为材料的部分	木材、燃料和饲料产品
15	基因资源	独一无二的生物材料和产品的来源	医药、材料科学产品，用于农作物抗病和抗虫基因、家养物种（宠物和植物栽培品种）
16	休闲娱乐	提供休闲旅游活动机会	生态旅游、钓鱼运动及其他户外游乐活动
17	文化	提供非商业性用途的机会	生态系统的美学、艺术、教育、精神及科学价值

3. 服务的价值评估

现在所做的研究还较少，更缺乏系统的研究，但是对风景园林生态系统服务的完善不仅可以提高人们对于园林绿地的重视,同时也可以更好地促进园林的发展,提高人们的环境保护意识。

五、风景园林生态系统效益评价

1. 风景园林生态系统的功能特点

(1)园林可持续发展的环境基础

风景园林生态系统以保持自然、生态良性持续发展为基础,使经济发展与人口承载力相协调,是可持续发展的基本条件。城市的发展使环境恶化,直接制约着城市的可持续发展。而园林绿地对于改善城市环境却具有多方面的作用,它有利于减少城市自身排放的污染,增强抵御外来生态灾害的能力,也可以减轻对周边地区环境的危害,成为可持续发展的保障条件。有利于原有的自然环境部分的合理维护与提高,充分利用人工重建生态系统的系列措施和模拟自然的设计手段。

(2)城市人民生活质量提高的标志

城市中的绿地、园林能使居民心旷神怡,获得美的享受;能增进健康、丰富精神生活、提高工作效率。随着生活水平的提高,人民群众对于生活质量提出了更高的要求。不仅要提高物质、文化生活水平,还要不断改善生活和工作环境,这些成为广大群众的共同需求。

城市绿地是提高人民生活质量必不可少的条件。生活在绿色环境中,可以使人们产生安宁、祥和的感觉,促进身体健康。绿视率在25%以上时,可以使人的精神舒适,产生良好的生理、心理效应,有利于稳定情绪、消除疲劳,脉搏和血压都较稳定,有利于减轻心脏病、高血压、神经衰弱等病。

(3)保护生物多样性的基地

保护生物多样性是人类生存和可持续发展的基础。人类社会文明的发展应归功于地球的生物多样性。

城市生物多样性是城市生态系统中生物与生物、生物与生境间、环境与人类间的复杂关系的体现。由于工业化的发展、环境的污染和人们对环境资源的过量开发,自然界的物种正以前所未有的速度减少,有一些物种正面临着灭绝的危机。一个物种的灭绝意味着难以计算的遗传基因的消失。

园林绿地是物种丰富的地带之一,是植物、动物、微生物集中生存的空间,因此园林绿地也是保护生物多样性的重要场地。

(4)增加经济效益,发展环保产业

搞好绿化植物可以提供工业原料和其他多种林副产品。如香樟、核桃、油橄榄、油茶等种子可以榨油;刺槐、香樟、丁香、玫瑰是香料植物,可以提供香精原料;银杏、柿、枣、枇杷、葡萄、苹果等果实可供食用及制酒等;白榆、毛白杨、青桐、芦苇、竹类等可以提供造纸原料;国槐、栾树等可提供染料工业的原料;绝大多数的根、叶、花、果实、种子、树皮可供药用。因此,"花树生产"和相应的经营企业正在蓬勃兴起,形成了具有一定规模的绿化产业体系,成为环境产业的组成部分之一。

(5)对城市旅游发展的促进

风景名胜、园林绿地是人们出游的目的地。现有旅游资源许多是大自然赐予的,但是都经过了园林工程的精雕细致,更多的是园林艺术的作品。当今的城市绿地建设是对旅游资源的开发，同时也是对今后旅游资源的积累。

园林绿化事业的发展是发展旅游业的有利依托，适应了人民生活水平提高的要求，可以达到促进经济社会发展的"双赢"效应。

（6）兼有防灾避灾的功能

许多植物有防火功能。如珊瑚树、厚皮香、山茶、罗汉松、蚊母、八角金盘、夹竹桃、海桐、银杏等。

城市绿化有利于战备，对重要的建筑物、军事设备、保密设施等可以起到隐蔽作用。如桧柏、侧柏、龙柏、雪松、石楠、柳杉、女贞等。

绿化植树比较茂密的地段如公园、街道绿地等，还可以减轻因爆炸引起的伤害而减少损失，同时也是地震避难的好场所。

2. 风景园林生态系统的生态效益评价

（1）吸收二氧化碳放出氧气的经济效益计量分析

以大连市建成区1998年绿地总面积$8806.4hm^2$为例，其中：公共绿地面积$1427.3hm^2$；公园31个，计$510.3hm^2$，游园78个，计$87.69hm^2$；苗圃17个，计$136.66hm^2$。绿地吸收二氧化碳$2.9 \sim 4.1 t/hm^2 \cdot a$，放出氧气$2.2 \sim 3.2 t/hm^2 \cdot a$。通过计算可以得出：

大连市建成区1998年产氧量为

$8806.4hm^2 \times 2.2t/hm^2 \cdot a = 19\,374.08t$

$8806.4hm^2 \times 3.2t/hm^2 \cdot a = 28\,180.08t$

如果按用工业液化空气供氧，按市场价格1600元/t计算，则

每年价值量为：19374.08t × 1600元/t = 3099.85万元

28 180.48t × 1600元/t = 4508.85万元

若用木材吸收二氧化碳代替工厂回收二氧化碳制造干冰，以工业市场价格1000元/吨计算，年吸收二氧化碳量为：

$8806.4hm^2 \times 2.9t \cdot hm^2 \cdot a = 25\,538.56t$

$8806.4hm^2 \times 4.1t \cdot hm^2 \cdot a = 36\,106.24t$

产值量为：

25 538.56t × 1000元/t = 2553.86万元

36 106.24t × 1000元/t = 3610.62万元

综上所述，大连市建成区1998年一年的产氧量为19 374.08 ~ 28 180.48t，吸收二氧化碳量为25 538.56 ~ 36 106.24t；仅这两项创造的产值量为5653.71万 ~ 8119.51万元。

（2）吸收二氧化硫

据瑞典专家研究，向环境中排放二氧化硫一吨，会造成500克朗的损失。反之，绿化植物从空气中吸收二氧化硫一吨，就会减少损失500克朗，折合人民币545元。$1hm^2$草坪可吸收二氧化硫30.2kg，可减少二氧化硫污染损失16.5元，也就是每株树木可减少污染损失0.033元。大连市自1990 ~ 1998年以来共植各类树木679株（表4-8），种植草坪$1127.5hm^2$，总共吸收二氧化硫507 081.66kg，减少的污染损失折合成人民币：

市区树木6 790 000株 × 0.033元/株 = 22.40万元

市区草坪11 275 000hm^2 × 11.8元/hm^2 = 1.330 45亿元

总产值为：1.332 69亿元

表 4-8　大连市 1990~1998 年绿化状况

	1990	1991	1992	1993	1994	1995	1996	1997	1998
年植树(万株)	51.2	36.0	29.9	33.0	37.0	31.0	125.0	186.0	150.4
年铺草坪(hm^2)	28.6	44.6	76.2	33.4	70.1	220.6	275.0	281.0	98.0

(3)滞尘效应

据科学测定,$1hm^2$ 树木滞尘量平均为 10.9t,大连市从 1990~1998 年间城市建成区共植树木 679 万株,如果每公顷按 500 株计算的话,可能全市树木面积折合为 13 580hm^2。全市这 9 年间的滞尘量为

$$13\ 580 hm^2 \times 10.9t/hm^2 = 148\ 022t$$

根据环保局有关的资料再结合市场现价格,每吨尘土除尘费用(包括运输、设备大修、折旧等费用)为 80.69 元,则绿地的滞尘经济价值为:

$$148\ 022t \times 80.69 元/t = 1194.39 万元$$

(4)蓄水效益计量分析

据测定,$1km^2$ 树木可蓄水 $2.0 \times 10^4 \sim 5.0 \times 10^4 t$。如果每 500 株为 $1hm^2$ 的话,大连市全市树木 6 790 000 株,折合 13 580hm^2,经换算共为 135.8km^2。全市在 1990~1998 年间,共可蓄水的总量为

$$135.80\ km^2 \times (2.0 \times 10^4 \sim 5.0 \times 10^4 t/\ km^2) = 4.16 \times 10^6 t \sim 6.790 \times 10^6 t$$

这些水作为城市用水,其水价格以 0.30 元/t 计算,每年的总产值为$(4.16 \times 10^6 t \sim 6.790 \times 10^6 t) \times 0.30 元/t = 8.148 \times 10^5 元 \sim 2.037 \times 10^6 元$

(5)调节温度效率计量分析

据测定,$1\ km^2$ 森林全年蒸发水分 4500~7500t,一株大树蒸发一昼夜的调温效果等于 $1.046 \times 10^9 J$,相当于 10 台室内空调工作 20h。

室内空调耗电 0.86 度/台·h,20h 为 0.15 元 × 20h = 3 元。一株大树相当于 10 台室内空调,则一株林树起到节约用电 30 元的效果。大连自 1990~1998 年全市共植树木 6 790 000 株,按 0.5% 折算为大树 33 950 株,每昼夜可节省电费 33 590 株 × 30 元 = 101.85 万元,按一个月计算其经济价值为:1 018 500 元 × 30 天 = 3055.5 万元。

3. 风景园林生态系统的经济效益评价

(1)城市园林绿地的游憩效益分析

到大连森林动物园的费用一般包括饮食 15 元、门票 40 元、照相 30 元和来往交通费 4 元等,在动物园游玩时间按 5h 计算,则平均每小时消耗为$(15 + 40 + 30 + 4) \div 5 = 16.8$ 元/h。加上往返时间 2h 总共 7h。按当前工资水平 800 元/月计算,每月工作 22 天,每天 8h,由每小时相当花费为 $800 \div 22 \div 8 = 4.55$ 元/h,则费用 = 17.8 + 4.5 = 22.35 元/h。

每年游人按 700 万人计算,在现已利用的 100hm^2 森林动物园内则每公顷每年的游憩时间 = 7 000 000 × 5 ÷ 100 = 35 000h/hm^2

每公顷森林动物园的游憩价值 = 22.35 × 350 000 = 782.25 万元/hm^2,全区的总游憩价值为 7.82 亿元/年。

(2)对城市经济的拉动效益

当城市人均绿地面积不断增加时,城市生活环境也得到了改善,投资环境会明显好转,

GDP值会明显上涨；另一方面，随着GDP值的增长，经济实力的增强，会有更多的资金来改善环境，使环境进一步得到美化和亮化。通过这种良性循环，使得城市经济进入快速发展的轨道，使城市经济快速增长，1990到1998年大连市人均绿地面积与GDP指标值的变化生动地说明了改善环境可以促进经济的快速发展（表4-9）。

表4-9　1990~1998年大连市人均绿地面积与GDP指标值

	1990	1991	1992	1993	1994	1995	1996	1997	1998
人均绿地面积(m^2)	3.18	3.28	4.20	4.45	5.20	5.50	6.50	7.00	7.30
GDP(亿元)	178.63	200.89	14.62	325.2	528.1	645.0	733.1	829.6	926.9

（3）土地增值效益

大连在经营城市过程中，由于城市环境的变化，城市资产大幅增值。土地也增值了，房价不断攀升，房地产市场空前活跃。1992年以来，大连市新增公共绿地815多万m^2，这些新增绿地按1999年出让价格计算价值462.8亿元，此间城区共完成100多万m^2的棚户区改造，新建竣工住宅2000多万m^2，不仅改善了人居环境，而且拉动经济大幅度增长。全市四区平均地价增长了5倍，全市城市资产在8年内翻了近一番。房地产开发收取土地出让金123亿元。

（4）吸收外资

1997年以来，大连星海会展中心共举办展会326场次，实现成交额1376亿元；12届大连国际服装节和14届出口商品交易会成交总额达261亿元。通过改善投资环境，吸收外商投资。1992年到1998年新批准外商投资企业7285个，实际到位外资72.4亿美元，外资企业共提供15万多个就业岗位。

GDP连续10年保持了两位数的发展。

4. 风景园林生态系统的社会效益分析

（1）使用效益

园林绿地是人们休闲娱乐的场所，它对于体力劳动者来说可消除疲劳，恢复体力；对于脑力劳动者，可调剂生活，振奋精神，提高工作效率；对于儿童，可培养勇敢、活泼、伶俐的素质，并有益于健康生长；对于老年人，则可享受阳光空气，增进生机，延年益寿（图4-30）。

园林绿地也是进行文化宣传，开展科普教育的场所，如在公园、名胜古迹点，设置展览馆、陈列馆、纪念馆等进行多种形式、生动活泼的活动，可以收到非常积极的效果。

图4-30　典型的园林休闲绿地

（2）美学效益

园林是自然景观的提炼和再现，是人工艺术环境和环境的创造，是美化城市的一个重要手段。园林包括姿态美、色彩美、嗅觉美、意境美，使人感到亲切、自在、舒适，而不像建筑那样有约束力。一个城市的美丽，除了在城市规划设计、施工上善于利用城市的地形、道路、河边、建筑配合环境，灵活巧妙地体现城市的美丽外，还可以运用树木花草的不同形态、颜色、用途和风格，配置出一年四季色彩丰富，乔木、灌木、花卉、草皮层层叠叠的绿地，镶嵌在城市、工厂的建筑群中。不仅使城市披上绿装，而且其瑰丽的色彩伴以芬芳的花香，点缀在绿树成荫中，更起到画龙点睛(图 4-31)。

图 4-31　园林各种景观给人以美的享受

(3) 心理效应

植物对人类有着一定的心理暗示功能。绿色象征着青春、活力与希望。对人的心理领域产生影响的是可见光，在城市中使人镇静的蓝色较少，而使人兴奋和活跃的红色、黄色在增多。居住区阳光汇集量增加，引起人们心理上兴奋，与此同时，也导致了人们生理活力的减弱。因此，绿地光线可以激发人们的生理活力，使人们在心理上感觉平静。绿色使人感到舒适，能调节人的神经系统。使人的神经系统、大脑皮层和眼睛的视网膜放松(图 4-32)。

图 4-32　美的景观使人们心情放松

(4) 公益效应

园林的社会效益还表现在满足日益增长的文化生活的需要，清洁优美的环境给人们以启示：珍惜和爱护环境，使人们随着环境的改变，培养良好的道德风尚。美的绿色环境可以陶冶情操，增长知识，消除疲劳，健康身心，激发人们对自然、对社会、对人际关系的情感。据调查，90% 的住户认为良好的绿化环境有利于消除疲劳；88% 的住户认为给健身活动提供了良好场所，对增强体质有益；82% 的住户认为有利于老年人疗养，能减轻疾病，延年益寿；70% 住户认为有利于儿童的健康发育。

园林绿化功能也可以特殊的方式间接进入产品生产过程，如园林植物的药用功能、生产功能等。

第三节　风景园林生态系统的退化与恢复

一、生态系统退化

1. 生态系统退化现象

生态系统退化体现在许多方面：

(1) 森林退化　表现为森林资源数量型增长，质量型下降；结构简单，生物多样性低；生态系统服务功能降低。我国林分的每公顷蓄积量仅为 78.06m³，人工林每公顷蓄积量只有

$35m^3$,远低于$114m^3/hm^2$的世界平均水平。

(2)草地退化 目前,我国90%的草地存在不同程度的退化,其中中度退化以上的草地面积将近一半,全国"三化"草地面积已达1.35亿hm^2,并且每年还在以200万hm^2的速度增加。荒漠化严重,我国干旱、半干旱地区,即可能发生沙漠化的地区的总面积是256.6万km^2,占国土总面积的26.7%;20世纪90年代后期,我国沙漠化的扩展速度已达每年$3436km^2$,不仅沙漠化面积急剧增加,沙化的强度也在增强。

(3)水土流失严重 一方治理多方破坏,点上治理面上破坏,部分地区破坏大于治理,90年代末全国水土流失面积达165万km^2。

(4)湿地退化 不合理的开发利用导致湿地面积锐减,湿地环境恶化,生物多样性减少,污染日益严重。湿地生态系统调蓄洪水、生物多样性维持、净化污染以及物质产出等各项生态服务功能日益下降。

(5)冰川退缩 冰川和冰覆盖面积进一步退缩,溶化的冰川使海平面升高0.09~0.88m。

(6)生物多样性锐减 有害物种入侵,约有200余种,全国大多数自然保护区都有外来物种入侵,联合国《国际濒危物种贸易公约》列出的740种世界性濒危物种中,我国占189种。我国野生水稻、大豆等遗传资源保护不力,70%以上的野生稻已被破坏。

除了以上的一些现象,近来年随着人为活动的加强在森林破坏、草地超载、土地滥垦、工程干扰和环境污染等方面对环境的影响正在加强。

2. 退化生态系统的定义

退化生态系统指生态系统在自然或人为干扰下形成的偏离自然状态的系统。与自然系统相比,一般地,退化的生态系统种类组成、群落或系统结构改变,生物多样性减少,生物生产力降低,土壤和微环境恶化,生物间相互关系改变。

系统的退化程度取决于生态系统的结构或受干扰的程度。一般分为轻度退化、中度退化、重度退化和极度退化。

当然,不同的生态系统类型,其退化的表现是不一样的。例如,湖泊由于富营养化退化,外来种入侵,在人为干扰下本地非优势种取代历史上的优势种等引起生态系统的退化等,往往这种情况下会改变生态系统的生物多样性,但生物生产力不一定会下降,有的反而会上升。

3. 退化生态系统形成的原因

直接原因是人类活动,部分来自自然界,有时两者叠加发生作用。生态系统退化的程度由干扰的强度、持续时间和规模所决定。

Daily对造成生态系统退化的人类活动进行了排序:过度开发(含直接破坏和环境污染等)占35%,毁林占30%,农业活动占27%,过度收获薪材占7%,生物工业占1%。自然干扰中外来种入侵(包括人为引种后泛滥成灾的入侵)、火灾和水灾是最重要的因素。

Daily进一步指出:基于以下四个原因人类进行生态恢复是非常必要和重要的:需要增加作物产量满足人类需求;人类活动已对地球的大气循环和能量产生了严重的影响;生物多样性依赖于人类保护和恢复生境;土地退化限制了国民经济的发展。

4. 环境污染对生物多样性的影响

随着人类的发展,环境的污染也加剧。环境污染影响生态系统各个层次的结构、功能和动态,进而导致生态系统退化。

环境污染对生物多样性的影响目前有两个基本观点：一是由于生物对突然发生的污染在适应上可能存在很大的局限性，故生物多样性会丧失；二是污染会改变生物原有的进化和适应模式，生物多样性可能会向污染主导的条件下发展，从而偏离其自然或常规轨道。

环境污染会导致生物多样性在遗传、种群和生态系统三个层次上降低。

(1) 在遗传层次上的影响

虽然污染会导致生物的抵抗和适应，但最终会导致遗传多样性的减少。这是因为在污染条件下，种群的敏感性个体消失，这些个体具有特质性的遗传变异因此消失，进而导致整个种群的遗传多样性水平降低；污染引起种群的规模减少，由于随机的遗传漂变的增加，可能降低种群的遗传多样性水平；污染引起种群数量减少，以至于达到种群的遗传学阈值，即使种群最后恢复到原来的种群大小时，遗传变异的来源也大大降低。

(2) 在种群水平上的影响

物种是以种群的形式存在的，最近研究表明，当种群以复合种群形式存在时，由于某处的污染会导致该亚种群消失，而且由于生境的污染，该地方明显不再适合另一亚种群入侵和定居。此外，由于各物种种群对污染的抵抗力不同，有些种群会消失，而有些种群会存活，但最终的结果是当地物种丰富度会减少。

(3) 在生态系统层次上的影响

污染会影响生态系统的结构、功能和动态。严重的污染可能具有趋同性，即将不同的生态系统类型最终变成没有生物的死亡区。一般的污染会改变生态系统的结构，导致功能的改变。值得指出的是，重金属或有机物污染在生态系统中经食物链作用，会有放大作用，最终对人类造成影响。

5. 全球及中国退化生态系统的面积

据估计，由于人类对土地的开发（主要指生境转换）导致了全球 $50 \times 10^8 \mathrm{hm}^2$ 以上土地的退化（表4-10）。联合国环境署的调查表明：全球有 $20 \times 10^8 \mathrm{hm}^2$ 土地退化（占全球有植被分布土地面积的17%），其中轻度退化的（农业生产稍下降，恢复潜力很大）有 $7.5 \times 10^8 \mathrm{hm}^2$，中度退化的（农业生产力下降很多，要通过一定的经济与技术改良才能恢复）有 $9.1 \times$

表4-10 全球陆地范围内人为引起的土地退化（$\times 10^6 \mathrm{hm}^2$）

退化类型	非洲	亚洲	拉丁美洲	北美洲	欧洲	大洋洲	全世界
水蚀	227	440	169	60	114	83	1093
风蚀	187	222	47	35	42	16	549
养分衰退	45	14	72	-	3	+	134
盐渍化	15	53	4	+	4	1	77
污染	+	2	+	-	19	-	22
酸化	2	4	-	+	+	-	7
压实	18	10	4	1	33	2	68
水涝	+	+	9	-	1	-	11
有机质降低	-	2	-	-	2	-	4
总计	495	748	305	97	218	102	1965
受影响的土地	17	18	15	5	23	12	15

$10^8 hm^2$,严重退化的(没有进行农业生产,要依靠国际援助才能进行改良的)有 3.0 × $10^8 hm^2$,极度退化的(不能进行农业生产和改良)有 $0.09 \times 10^8 hm^2$,全球荒漠化的有 36 × $10^8 hm^2$ 以上(占全球干旱面积的70%)。

我国有 960 万 km^2 土地,据 1995 年统计,农田占 14.6%,果园占 0.5%,草地占 41.6%,林地占 17.2%,工业交通和城镇用地占 2.6%,水体占 3.5%,荒漠和雪地占 27.2%。

由于人口增长过快等原因,我国形成了大量的退化生态系统。我国水土流失面积约 180 万 km^2,占国土面积的 18.8%,其中黄土高原地区约 80% 地方水土流失。北方沙漠、戈壁、沙漠化土地面积为 $149 km^2$,占国土面积的 15.5%,1987 年已沙漠化土地 $20.12 km^2$,潜在沙漠化的土地 $13.28 km^2$(表 4-11)。

表 4-11 1995 年中国主要生态系统及其退化生态系统面积($\times 10^6 hm^2$)

生态系统类型	总面积	退化面积	比例(%)
农田生态系统	140	28	20
草地生态系统	400	132	33
森林生态系统	165	31.2	25
荒漠生态系统	0.13	—	—
淡水生态系统	0.74	0.25	32
废弃矿地	2	—	—

二、生态恢复

1. 生态恢复的目标

Hobbs 和 Norton(1996)认为恢复退化生态系统的目标包括:建立合理的内容组成(种类丰富度及多度)、结构(植被和土壤的垂直结构)、格局(生态系统成分的水平安排)、异质性(各组分由多个变量组成)、功能(诸如水、能量、物质流动等基本生态过程的表现)。

事实上,生态恢复的目标不外乎四个:

恢复诸如废弃矿地这样极度退化的生境;

提高退化土地上的生产力;

在被保护的景观内去除干扰以加强保护;

对现有生态系统进行合理利用,维持其服务功能。

在四个目标中,首要目标是保护自然的生态系统,因为保护在生态系统恢复中具有重要的参考作用。

第二个目标是恢复现有的退化生态系统,尤其是人类关系密切的生态系统;

第三个目标是对现有的生态系统进行合理管理,避免退化;

第四个目标是保持区域文化的可持续发展;

其他包括实现景观层次的整合性,保持生物多样性及保持良好的环境等。

对不同生态系统在不同的社会、经济、文化和生活需要下,生态恢复的目标不同,但一些基本的目标和要求是一致的。

实现生态系统的地表基底的稳定性;

恢复植被和土壤，保持一定的植被覆盖率和土壤肥力；

增加种类组成和生物多样性；

实现生物群落的恢复，提高生态系统的生产力和自我维持能力；

减少或控制环境污染；

增加视觉和美学享受。

2. 生态恢复的基本原则

（1）地理学原则　区域性、差异性、地带性原则；

（2）生态学原则　主导生态因子原理；限制性与耐性原理；能量流动与物质循环原理；种群密度制约与相互作用原则；生态位与生物互补原则；边缘效益与干扰原理；生态演替原则；生物多样性原则；食物链与食物网原则；

（3）系统学原则　整体原则、协同恢复重建原则、耗散结构与开放性原则；可控性原则；

（4）社会经济技术原则　经济可行性与可承受性原则；技术可操作性原则；社会可接受原则；无害化原则；最小风险原则；生物、生态与工程技术相结合原则；效益原则；可持续发展原则；

（5）美学原则　景观美学原则；健康原则；精神文化娱乐原则。

3. 生态恢复的关键技术

（1）非生物环境因素

Ⅰ 土壤

A. 土壤肥力恢复技术　少耕、免耕技术；绿肥与有机肥施用技术；生物培肥技术（如EM 技术）；化学改良技术；聚土改土技术；土壤结构熟化技术；

B. 水土流失控制与保持技术　坡面水土保持林、草技术；生物篱笆技术；土石工程技术（小水库、谷坊、鱼鳞坑等）；等高耕作技术；复合农林牧技术；

C. 土壤污染的恢复控制与恢复技术　土壤生物自净技术；施加抑制剂技术；增施有机肥技术；移植客土技术；深翻埋藏技术；废弃物的资源化利用技术；

Ⅱ 大气

A. 大气污染控制与恢复技术　新兴能源替代技术；生物吸附技术；烟尘控制技术；

B. 全球变化控制技术　可再生能源技术；温室气体的固定转换技术（如利用细菌、藻类）；无公害产品开发与生产技术；土地优化利用与覆盖技术；

Ⅲ 水体

A. 水体污染控制技术（如加过滤、沉淀剂）　化学处理技术；生物处理技术；氧化糖技术；水体富营养化控制技术；

B. 节水技术　地膜覆盖技术；集水技术；节水灌溉（渗灌、滴灌）。

（2）生物因素

Ⅰ 物种

A. 物种选育与繁殖技术　基因工程技术；种子库技术；野生生物种的驯化技术；

B. 物种引入与恢复技先　先锋种引入技术；土壤种子库引入技术；乡土种苗库重建技术；天敌引入技术；林草植被再生技术。

Ⅱ 种群

A. 物种保护技术　就地保护；迁地保护；自然保护区分类管理技术；
B. 种群动态调控技术　种群规模、年龄结构、密度、性比例等调控技术；
C. 种群行为控制技术　种群竞争、他感、捕食、寄生、共生、迁移等行为控制技术。

Ⅲ 群落　群落结构优化配置与组建技术（乔灌草搭配技术；群落组建技术；生态位优化配置技术；林分改造技术；择伐技术；透光抚育技术）；群落演替控制与恢复技术（原生与次生快速演替技术；封山育林技术；水生与旱生演替技术；内生与外生演替技术）。

（3）生态系统结构功能

A. 生态评价与规划技术　土地资源评价与规划；环境评价与规划技术；景观生态评价与规划技术；4S辅助技术（RS、GIS、GPS、ES）；

B. 生态系统组装与集成技术　生态工程设计技术；景观设计技术；生态系统构建与集成技术；

（4）景观结构功能

生态系统间链接技术；生物保护网络；城市农村规划技术；流域治理技术。

4. 退化生态系统恢复与重建的程序

操作过程：

接受恢复项目 → 明确被恢复对象、确定系统边界（生态系统层次与级别、时空尺度与规模、结构与功能）→ 生态系统退化的诊断（退化原因、退化类型、退化过程、退化阶段、退化强度）→ 退化生态系统的健康评估（历史上原生型与现状评估）→ 结合恢复目标和原则进行决策（是？恢复、重建或改建，可行性分析，生态经济风险评估，优化方案）→ 生态恢复与重建的实地试验、示范与推广 → 生态恢复与重建过程中的调整与改进 → 生态恢复与重建的后续监测、预测与评价。

5. 恢复成功的标准

恢复生态学家、资源管理者、政策制订者和公众希望知道恢复成功的标准何在，但生态系统的复杂性及动态性却使这一问题复杂化了。通常将恢复后的生态系统与未受干扰的生态系统进行比较，其内容包括关键种的多度及表现、重要生态过程的再建立、诸如水文过程等非生物特征的恢复。

国际恢复生态学会建议比较恢复系统与参照系统的生物多样性、群落结构、生态系统功能、干扰体系、以及非生物的生态服务功能。

还有人提出使用生态系统23个重要的特征来帮助量化整个生态系统随时间在结构、组成及功能复杂性方面的变化。

Cairns（1977）认为，恢复至少包括被公众社会感觉到的，并被确认恢复到可用程度，恢复到初始的结构和功能条件（尽管组成这个结构的元素可能与初始状态明显不同）。

Bradsaw（1987）提出了可用如下五个标准判断生态恢复：

一是可持续性（可自然更新）；

二是不可入侵性（像自然群落一样能抵制入侵）；

三是生产力（与自然群落一样高）；

四是营养保持力；

五是具生物间相互作用（植物、动物、微生物）。

如果有可能，恢复退化生态系统的终极目标是恢复生态系统的功益。生态系统功益是指人类直接或间接从生态系统功能(生态系统中的生境、生物或系统性质及过程)中获取的利益。

恢复退化的生态系统的最终目标是恢复并维持生态系统的服务功能。

6. 生态恢复的时间

全球的土地、植被、农田、水体、草地的自然形成或演替的时间是不一样的,而且这种自然的过程一般是漫长的。而退化的生态系统的恢复时间则相对要短些,其恢复时间与生态系统类型、退化程度、恢复方向、人为促进程度等密切相关。

一般来说,退化程度轻的生态系统恢复时间要短些;湿热地带的恢复要快于干冷地带。不同的生态系统恢复时间也不一样,与生物群落等恢复相比,一般土壤恢复时间最长,农田和草地要比森林恢复得快些。

Daily认为,火山爆发后的土壤要恢复到具生产力的土地需要3000~12 000年,湿热区耕作转换后的恢复要20年左右(5~40年),弃耕农地的恢复要40年,弃牧的草地要4~8年,而改良退化的土地需要5~100年(根据人类影响的程度而定)。

Daily还提出,轻度退化的生态系统的恢复要3~10年,中度的10~20年,严重的50~100年,极度的要200多年。

任海等认为热带极度退化的生态系统(没有土壤A层、面积大、缺乏种源)不能自然恢复,而在一定的人工启动下,40年可恢复森林生态系统的结构、100年恢复生物量,140年恢复土壤肥力及大部分功能。

7. 生物多样性在生态恢复中的作用

在生态恢复的计划阶段就要考虑恢复乡土种的生物多样性;

在遗传层次上考虑那些温度适应型、土壤适应型和抗干扰适应型的品种;

在物种层次上,根据退化程度选择阳生性、中生性或阴生性种类并合理搭配,同时考虑物种与生境的复杂关系,预测自然的变化,种群的遗传特性,影响种群存活、繁殖和更新的因素,种的生态生物学特性,足够的生境大小;

在生态系统水平层次上,尽可能恢复生态系统的结构和功能(如植物、动物和微生物之间的关系),尤其是其时空变化。

在生态系统恢复中采用乡土种具有更大的优势,这主要体现在乡土种更适应于当地的生境,其繁殖和传播潜力更大,也更易于与当地残存的天然群落结合成更大的景观单位,从而实现各类生物的协调发展。

当然,外来种(人类有意或无意引入的,非当地原生的物种)在生态恢复中也具有一定的作用。如广东鹤山市在森林恢复过程中,大量栽种从澳大利亚引种的马占相思、大叶相思等外来种作先锋种,利用它们固氮、耐旱、速生等特点进行植被覆盖,等其3~4年成林后再间种红锥、荷木等乡土种进行林分改造,大大缩短了恢复时间,并节约了成本。

三、生态恢复与风景园林生态系统建设

1. 生态恢复的特点

运用工程手段,在恢复生态学理论的指导下,对正在退化或受到破坏或污染的生态系统进行恢复,使其结构和功能得到恢复,实现其自我发展和演替,实现系统的良性循环。

遵循的基本原则:地理学原则、生态学原则、系统学原则、社会经济技术原则和美学原

则。

遵循的基本原则中首先考虑的是地理学原则和生态学原则，对于美学原则考虑相对较少。对经济技术原则是考虑如何在降低成本的前提下，实现恢复后创造经济效率。

2. 园林的特点

在一定的地域运用工程技术和艺术手段，通过改造地形（或进一步筑山、叠石、理水）、种植树木花草、营造建筑和布置园路等途径创作而成的美的自然环境和游憩境域，就称为园林。园林包括庭园、宅园、小游园、花园、公园、植物园、动物园等，随着园林学科的发展，还包括森林公园、风景名胜区、自然保护区或国家公园的游览区以及休养胜地。

遵循的基本原则：地理学原则、生态学原则、系统学原则、社会经济技术原则和美学原则。

3. 生态恢复与园林工程的异同点

（1）相同点

Ⅰ 遵循的基本原则　地理学原则、生态学原则、系统学原则、社会经济技术原则和美学原则。

Ⅱ 目标一致　对现在已退化的生态系统进行恢复，不仅使它们具有一定的生产功能，而且具有一定的景观功能。

Ⅲ 方法有相似性　都会在改造地形的基础上，引入植物，使植物在人工种植的基础上成活，形成新的景观；同时用植物改善环境。

（2）不同点

Ⅰ 遵循的原则中有所侧重　园林更强调美学原则、地理学原则、生态学原则、系统学原则，最后才是社会经济技术原则。生态恢复则首先考虑生态学原则、社会经济技术原则，系统学原则、地理学原则和美学原则。二者强调面有所侧重。

Ⅱ 目标也偏差　园林不仅对现有的系统进行恢复，而且使它们具有良好的景观功能，系统的自我循环虽然也强调，但总是在人工辅助的基础上实现；生态恢复则强调系统的自我恢复，人工辅助相对较少，景观功能方面考虑较少。

Ⅲ 方法有所不同　园林工程中可利用最近建筑或工程上的一些新技术、新方法，可扩展空间较大；而生态恢复由于面积较大，受到资金的限制，一些新的技术、方法应用可能性较小。

Ⅳ 资金投入不同　园林工程中投入的资金多，面积相对较小；而生态恢复工程往往投入资金少，面积较大，所面对人员较多，而且多是不发达地方，处理过程中难度较大。

四、生态系统的可持续发展

1. 可持续发展的概念

"世界环境与发展委员会"在《我们共同的未来》中明确提出了可持续发展的概念：既满足当代人的需求，又不对后代满足其需求的能力构成危害的发展。其中包括两个重要的概念：需求和限制。它强调与后代公平享用资源，要留给后代同样或更好的资源基础。

可持续发展具有自然属性、社会属性、经济属性、科技属性等几方面。

自然属性：在其再生能力（速度）的范围内使用一种有机生态系统或其他可再生资源（IUCN，1993年）。

社会属性：生存不超出维持生态系统承载能力的情况下，提高人类的生活质量。

经济属性：在保护自然资源的质量和其所提供服务的前提下，使经济发展的净利益增加到最大限度。

科技属性方面：可持续发展就是转向更清洁、更有效的技术，尽可能接近"零排放"或"密闭式"工艺方法，尽可能减少能源和其他自然资源的消耗。

2. 可持续发展的原则

公平性原则：一是代内之间的横向公平；二是代际间的公平即世代的纵向公平；三是公平分配有限资源。

持续性原则：自然资源的永续利用和环境的可持续性是可持续发展的重要保障。

共同性原则：可持续发展就是人类共同促进自身之间、自身与自然之间的协调。

需求性原则：坚持公平性和长期的可持续性，满足所有人的基本需求，向所有的人提供实现美好生活的机会。

3. 可持续发展的主要内涵

（1）可持续发展是一种新的模式，是持久、永续的进步和增长。可持续发展是以提高生活质量为目标，同社会进步相适应。单纯追求产值的经济增长是不能体现发展的内涵的。

（2）可持续发展是包涵自然、人、社会相统一的物质过程，是生态、可持续经济和可持续社会三个方面的统一体。所涉及的内容，至少包括人口、社会、经济、资源和环境等多方面整体、协调发展。从不同的视角来说，可持续发展关注重点可有不同。有的关注的重点是人类生存的自然环境不受破坏；有的关注的是经济的增长；有的关注的是社会成员生活水平不断得到改善；有的关注科学技术如何保证经济的持续发展和可利用资源的节约和再生等。

（3）可持续发展是一种反映现代社会文明的发展观。它要求人们的思维方式来一个彻底的转变。这就要求从人的个体本位、部分人的群体本位，向人类的群体本位转化，从仅为今天或目前的需要向今天与明天或未来的需要相统一转变；从单纯的"人类中心主义"向"天地人合一"的有机整体转变。它不仅指出了人类发展的正确道路，而且具有一种崭新的价值观、道德观。

时间空间上要实现人的全面发展。可持续发展是以人类整体和长远利益为最终目标。既要满足当代人的需求又不对后代人的发展构成危害；既要保障人类的基本生存需要又要不断提高人类的生活质量，实现人的全面发展。因而要求人们在追求眼前的、局部的利益的同时必须兼顾整体与长远利益。

保护好地球。为了保证子孙后代生存的需求，发展要以自然资源为基础，通过适当的经济手段，减缓自然资源的耗竭速率，使之低于自然资源再生速率。

高效率地利用资源。可持续发展就是要实现资源的永续利用，经济的有序发展。可持续发展就是要求低投入、低消耗、高产出、高效益，废弃以浪费资源为代价的发展，与传统的高投入、高消耗、低产出、低资源，以资源的浪费和环境的破坏来换取发展的模式完全相反。对不同的资源要采取不同的对策，如对非再生资源矿物、煤、油、气等要提高其利用率，加强循环利用，尽可能用再生资源代替，以延长其使用年限；对再生资源，首先要积极保护生物多样性，限制在其再生产的承载力限度内，同时采用人工措施促进其再生产。

4. 可持续发展的战略目标

改变单纯追求经济增长，忽略环境保护的传统发展模式，由资源型经济过渡到技术型经济，综合考虑经济、社会、资源、生态和环境效益；通过产业结构的调整和合理布局，开发和应用高新技术，实现清洁生产和文明消费；提高资源和能源使用率，减少废物排放等措施，协调环境与发展之间的关系，使社会经济发展既满足当代人的需求，又不至对后代人的需求构成危害，最终达到社会、经济、生态的持续稳定协调发展。因而可持续发展的战略目标应体现在多个方面，这可以从我国的可持续发展目标中得到体现（表4-12）。

表4-12 我国的可持续发展现状及预测（牛文远，1997）

项 目	1990年	2000年	2010年	2020年	2030年
人均GDP（1990年美元不变价格）	443	764	1175	1724	2500
年平均增长速率（%）	10.0	8.6	6.9	4.8	4.2
总能源需求（亿吨标准煤）	10.4	13.8	15.9	18.5	20.0
人口净增长率（%）	1.44	1.22	1.00	0.72	0.45
人口数量（亿）	11.43	13.0	13.92	14.50	15.20
老年人口数量（亿）	1.002	1.287	1.588	2.089	2.646
劳动人口数量（亿）	7.15	8.03	9.08	9.41	9.28
人均生物量（kg）	3050	2971	2850	2742	2660
人均粮食（kg）	375	372	375	378	380
人均耕地（hm^2）	0.13	0.11	0.10	0.095	0.090
人均林地（hm^2）	0.115	0.120	0.128	0.135	0.145
人均肉禽量（kg）	20.6	28.1	34.5	40.3	45.0
单位GNP的能量消耗（1900为100）	100	93.3	75.8	52.4	25.5
废气排放（亿m^3）	85 380	144 500	154 000	105 000	80 000
废水排放（亿t）	354	285	240	200	140
废渣排放（亿t）	5.8	6.5	6.3	6.0	5.5
CO_2排放（亿t）	6.7	7.5	8.0	8.3	8.5
SO_2排放（亿万t）	15.5	17.5	18.0	15.5	12.1
CFC排放（t）	32 000	35 000	28 000	11 000	5000
土壤侵蚀（百万km^2）	1.53	1.55	1.50	1.48	1.40
森林覆盖率（%）	12.9	13.3	14.5	17.5	22.0
沙漠化（百万km^2）	0.176	0.191	0.220	0.245	0.250
工业耗水量（亿t）	355	670	783	831	850

5. 可持续发展的行动纲领

转变发展模式。即转变传统的只注重经济效益、不注重环境的模式为注重综合效益模式，在发展经济的同时，注意对资源和环境的保护和综合利用，首先在注重环境的条件下再使经济持续、快速地发展。

在经济发展过程中坚持3R原则：即坚持减量化（Reduce）、再利用（Reuse）和再循环（Recycle）的原则。

实施《21世纪议程》：限制人口增长、鼓励自然保护、改善环境、保护生物多样性、探求资源的永续利用、提高资源利用率、推行清洁生产、推行环境标志、采取源头控制、采取经济手段、增加环保投入、控制城市化进程。

建立全球伙伴关系。

6. 可持续发展的体系建设

可持续发展是一项长期综合的工作，需要各方面的合作，包括多方面的建设：

管理体系建设方面，尽快成立综合决策与协调管理，使属于多方管理的工作能尽快解决，避免由于管理上的不足而出现相互推脱的现象。

法制体制建设方面应健全相应的法律法规体系，为实现资源的合理利用，确保社会、经济的持续发展提供法律保障。

科技体系建设方面，通过科学技术的进步和发展，提高资源的利用效率和经济效益，使原来不可再用的资源能再次利用，降低成本，提高经济效率，为社会、经济持续发展提供技术保障。

教育体系建设方面，通过加强教育的投入，提高全民的整体素质水平，从而提高专业技术能力；另一方面通过加强道德教育，使全民的道德水平有明显的提高，具有适应经济的可持续发展的道德水平。

公众参与方面，要积极宣传并采取措施让公众参与各种管理，并制定相关的法律措施保障决策的实施与监督管理。

国际合作方面，加强与各国之间的交流和交往，吸收其他国家好的经验；更主要的是要增强国力，只有国力增强了才有可能在全国范围内做好各种工作，同时国力增强了才能促进全球可持续发展。

思 考 题

一、基本概念

园林植物配置　风景园林生态系统平衡　生态系统健康　生态系统服务　退化生态系统　可持续发展

二、简答题

1. 构建风景园林生态学的基本生态学原理有哪些？应遵循哪些基本原则？
2. 园林植物配置的作用体现在哪些方面？
3. 园林植物引种的基本原则包括哪些？
4. 园林动物群落有什么重要的特点？
5. 园林动物群落的引进的基本原则包括哪些？
6. 风景园林生态系统达到平衡的标志有哪些？
7. 生态系统健康的标准包括哪些？生态系统健康研究中存在哪些问题？
8. 风景园林生态系统健康评价标准包括哪些？
9. 生态系统服务的内容包括哪些？
10. 自然生态系统服务性能的四条基本原则分别是什么？
11. 生态系统服务功能价值的评价方法有哪些？
12. 对生态系统服务功能价值评估有何意义？
13. 风景园林生态系统的服务内容包括哪些？

14. 风景园林生态系统有何功能特点?
15. 如何评价风景园林生态系统的生态效益、经济效益和社会效益?
16. 退化生态系统形成的原因主要是什么?
17. 生态恢复的目标是什么?应遵循哪些基本原则?
18. 如何判断生态恢复是否成功?
19. 可持续发展应遵循的原则有哪些?

第五章 生态学思想在园林绿地构建中的应用

[主要知识] 园林绿地功能、园林绿地类型、生态园林绿地构建中的基本原理、生态园林绿地评价的指标体系、园林绿地评价准则、园林绿地生态评价的方法、构建生态园林绿地的条件、公园的作用、公园环境的物理特点、公园生态学评价的指标、附属绿地的作用、附属绿地的环境特点、附属绿地的生态评价指标、生产绿地的作用、生产绿地存在着的问题及对策、防护绿地的作用、防护绿地存在着的问题及对策、风景名胜区的环境特点、风景名胜区生态评价的指标。

第一节 园林绿地类型及生态学评价

一、城市园林绿地的类型及功能

1. 城市园林绿地的类型

根据绿化性质和功能,园林绿化可分为公园绿地、单位附属绿地、生产绿地、防护绿地和其他绿地五大类。

2. 各绿地的具体类型

（1）公园绿地

公园绿地是向公众开放,以游憩为主要功能,兼具生态、美化、防灾等作用的绿地。根据其规模、服务范围、功能性质和设施及内容,可将公园分为：综合性公园(包括全市性公园和区域性公园)、社区公园(包括居住区公园和小区游园)、专类公园(包括儿童公园、动物园、植物园、历史公园、风景名胜公园和其他专类公园)、带状公园和街旁绿地(图5-1,图5-2)。

图5-1 北京菖蒲河公园绿地

图5-2 北京植物园公园绿地

Ⅰ综合性公园 这类公园内容丰富,有相应设施,适合于公众开展各类户外活动的规模较大的绿地。根据其规模可以分为全市性公园和区域性公园。

全市性公园：为全市居民服务，活动内容丰富、设施完善的绿地；

区域性公园：为市区内一定区域的居民服务，具有较丰富的活动内容和设施完善的绿地；

Ⅱ社区公园　为一定居住用地范围内的居民服务，具有一定活动内容和设施的集中绿地。可分为居住区公园和小区游园。

居住区公园：服务一个居住区的居民，具有一定活动和设施，为居住区配套建设的集中绿地；

小区游园：为一个居住小区的居民服务、配套建设的集中绿地；

Ⅲ专类公园　具有特定内容或形式，有一定游憩设施的绿地。可分为儿童公园、动物园、植物园、历史公园、风景名胜公园和其他专类公园。

儿童公园：单独设置，为少年儿童提供游戏及开展科普、文化活动，有安全、完善设施的绿地；

动物园：在人工饲养条件下，异地保护野生动物，供观赏、普及科学知识，进行科学研究和动物繁育，并具有良好设施的绿地；

植物园：进行植物科学研究和引种驯化，并提供观赏、游憩及开展科普活动的绿地；

历史公园：历史悠久、知名度高，体现传统造园艺术并审定为文物保护单位的园林；

风景名胜公园：位于城市建设用地范围内，以文物古迹、风景名胜点（区）为主形成的具有城市公园功能的绿地；

其他专类公园：除以上各类公园外具有特定主题内容的绿地。包括雕塑园、盆景园、体育公园、纪念性公园等。

Ⅳ带状公园　沿城市道路、城墙、水滨等，有一定游憩设施的狭长形绿地；

Ⅴ街旁绿地　位于城市道路用地之外，相对独立成片的绿地，包括街道广场绿地、小型沿街绿化用地等；

（2）生产绿地　为城市绿化提供苗木、花草、种子的苗圃、花圃、草圃等圃地。

（3）防护绿地　城市中具有卫生、隔离和安全防护功能的绿地。包括卫生隔离带、道路防护绿地、城市高压走廊绿带、防风林、城市组团隔离带等；

（4）附属绿地

城市建设用地中绿地之外各类用地中的附属绿化用地。包括居住用地、公共设施用地、工业用地、仓储用地、对外交通用地、道路广场用地、市政设施用地和特殊用地中的绿地。

居住区绿地　城市居住用地内社区公园以外的绿地，包括组团绿地、宅旁绿地、配套公建绿地、小区道路绿地等；

公共设施绿地　公共设施用地内的绿地；

工业用地　工厂、企业内部的绿地；

仓储绿地　储仓周围的绿地；

对外交通用地绿地　对外交通用地内的绿地；

道路绿地　道路广场用地内的绿地，包括行道树绿带、分车绿带、交通岛绿地、交通广场和停车场绿地等（图5-3，图5-4）；

市政设施绿地　市政公用设施内的绿地；

特殊绿地　特殊用地中的绿地。

(5)其他绿地　对城市环境质量、居民休闲生活、城市景观和生物多样性保护有直接影响的绿地。包括风景名胜区、水源保护区、郊野公园、城市绿化隔离带、野生动植物园、湿地、垃圾填埋场的恢复绿地等。

图5-3　分车带绿地

图5-4　行道树复羽叶栾树(左)和枫香(右)

3. 城市园林绿地功能

城市园林绿地具有生态效益、社会效益和经济效益。

城市园林绿地被称为"城市的肺脏",具有调节城市的温度、湿度、净化空气、水体和土壤,又能促进城市通风,减少风害,降低噪音,对改善城市环境、维护城市的生态平衡起着不可替代的作用。除了在生态效益方面的作用,城市园林绿地具有十分重要的社会功能,表现在美化城市,陶冶情操,防灾避难等作用。当然,城市园林绿地还有十分明显的经济效益功能。经济效益表现在城市园林绿地的游憩效益、对城市经济的拉动效益、土地增值效益和吸收外资等多个方面,能加速城市经济的发展(详见第四章)。

二、园林绿地的生态学评价

1. 园林绿地构建中应用的生态学原理

生态公园构建过程中必须遵循主导因子原理、限制性与耐性定律、能量最低原理和物质循环原则、生态位与生物互补原理、种群密度与物种相互作用、边缘效应与干扰原理、生态演替原理、生物多样性原则、食物链与食物网原则、斑块－廊道－基质的景观格局原则、空间异质性原则和时空尺度与等级理论(详见第四章第一节)。

2. 园林绿地构建与生态评价的基本原则

(1)安全原则

安全是人的第一需要，所有园林绿地的设计都必须首先保证游人和行人的安全，这是最基本的原则。如选择植物时应考虑到近距离接触植物时，植物的枝刺会对行人构成胁迫。因而在生态评价时必须首先考虑安全，且权重也偏大。

(2)健康原则

在保证游人安全的情况下，第二步就是要保护游人的身心健康。影响人们身心健康的因素有很多。如植物生长过程中产生的一些代谢物质会对人体的健康构成威胁，甚至引起伤害，如全株有毒的植物夹竹桃、粗肋草、西洋白花菜、软枝黄蝉、洋绣球、马茶花、鸢尾、杜鹃花、麒麟花、陀罗、长春花、中国水仙等都会引起人体产生过敏反应或中毒。

除了植物之外，公园修建过程中，所使用的一些材料可能也会对游人构成一定的伤害，如所作用的大理石中的放射性物质会对游人构成一定的伤害作用。对于这种伤害应尽可能降低，可以通过减少使用或用其他材料替代的方法来减少伤害。现在有关这方面的研究还很少。

另外，空气中的一些有毒物质也会对行人和游人的健康构成威胁，使人感到不舒服或者难受，在浓度较大的时候还会诱发游人发病。

(3)实用原则

园林绿地的设计无论是美学享受还是休闲放松，最终目的是满足人们的需求。

(4)能量最低原则

各种物质、人力和资金的使用最终的归结为能量，因而在设计中应尽可能降低各种物质的消耗，以节约资金和能源。

(5)系统原则

园林绿地作为一个小的生态系统，其中的各个成分都是相互作用相互影响的，改变其中的某一成分在某一时间内都影响甚至改变其他成分，因而整个园林绿地的建设和管理必须作为一个系统来考虑，任何大的改变必须在系统原则指导下进行。

(6)美学原则

园林中十分强调给人以美的感受，在植物配置时考虑到统一、均衡、韵律、协调的原则，但同时也必须以使人健康和与环境相协调为前提。如道路分车带的景观能美化环境，给人以美的享受。

(7)社会经济技术原则

以最小经济投入来获得最大的回报是社会经济技术的总原则。具体包括技术可操作原则、社会可接受原则、无害化原则、最小风险原则、效益原则和可持续发展原则。

3. 园林绿地生态评价的指标体系

园林绿地的设计和构建是否生态，涉及到很多方面，因为园林绿地不仅是一个生态系统，而且是一个在人为干预下的半自然生态系统，不仅要求有好的生态效益，而且还要有好的观赏习性。

园林绿地生态评价可以分为准则层、要素层和指标层，如表5-1。准则层从生态学原理、环境质量和景观质量三个方面进行分析。

表 5-1　园林绿地生态评价的指标

目标层	准则层	要素层	指标层
园林绿地生态评价	生态学基本原理	主导因子原理	单位面积植物生长不良的个体数量
		限制性与耐性定律	植物栽种过程中由于环境因子超过极限而导致死亡的个体数量
		能量最低原理和物质循环原则	单位面积年养护成本
			单位面积投入建设资金
			单位面积的景观用水量
		生态位与生物互补原理	单位面积上的物种数量
		种群密度与物种相互作用	物种竞争导致物种灭绝数
			种群密度大小
		边缘效应与干扰原理	年平均养护次数
		生态演替原理	物种被替换的时间
		生物多样性原则	植物物种数量
			乡土植物所占比例
			物种多样性
			有毒植物所占比例
			药用植物所占比例
			动物多样性指数（不包括昆虫）
		食物链与食物网原则	草牧食物链中平均营养级数量
			食物网的复杂程度
	环境质量	空气质量状况	空气中氮氧化物的浓度变化
			空气中硫化物浓度变化
			相对周围的噪音变化
			样地中空气中负离子平均含量
			空气中粉尘浓度
		安全性	材料放射性的安全性
			有毒植物所占的比例
			水体的安全性
			园林建筑的安全性
		绿地服务性	环境承载力
			保健功能
			防灾减灾功能
			教育功能
			文化特色体现
			绿地率
		景观的观赏性	视觉美观性
			景观整体协调度
			景观被观赏率或使用率
		斑块-廊道-基质的景观格局原则	景观连通性（可达性）
			水体面积及维持成本
		时空尺度与等级理论和空间异质性原则	单位面积的景观数

（1）生态学原理

包括：主导因子原理、限制性与耐性定律、能量最低原理和物质循环原则、生态位与生物互补原理、种群密度与物种相互作用、边缘效应与干扰原理、生态演替原理、生物多样性原则和食物链与食物网原则。

Ⅰ 主导因子原理 主导因子主要是针对植物的种植和选择,主导因子往往决定了许多植物的应用范围,如植物的抗寒性、抗高温、抗旱性、抗极端温度的能力等因素都决定了植物的分布,特别是外来种的引进、新品种的培育和引进的过程中,往往起着决定性的作用。如果在植物栽种和养护过程中,不注重主导因子原理,就会导致植物生长不良甚至死亡。因而单位面积植物生长不良的个体数量可以反映该因子的水平。

因而在园林设计过程中,必须对影响植物生长的主导因子十分熟悉和了解,这样设计出来的景观才能真正接近自然,尽可能地生态。

生态目标及应用:在园林绿地中选择和应用植物时首先找到主导因子,根据主导因子进行地形改造、选择植物和建筑设计,形成独特的园林景观。

Ⅱ 限制性与耐性定律 生物对于环境因子有一定的忍耐性,如果超过其耐性限度往往会导致植物生长不良甚至死亡。植物栽种过程中由于环境因子超过耐受极限而导致死亡的个体数量往往可以反映园林设计对于植物生理生态习性的掌握程度,如果对于植物不熟悉,特别是对植物的忍受性不熟悉,会导致植物生长不良。因而园林设计过程中必须考虑植物的限制性和耐性,植物只有在其忍受范围内才能正常生长,才能表现出其自然的观赏习性,也才能达到设计师的设计效果。因而植物的环境因子的变化范围必须在其耐性范围内,最好是在植物的最佳生长范围内,这样植物的生长才能达到最佳的效果。选择和种植的植物必须考虑它们对环境的耐性,最佳的是环境因子是它们的最佳生长因子。

生态目标及应用:在选择植物进行景观设计时,所选择的植物必须适合当地气候条件,不仅仅是能存活下来,而且是较合适的范围内生长。

Ⅲ 能量最低原理和物质循环原则 生物在生长过程中不断地与周围进行着物质和能量的交换,以维持其正常的新陈代谢。但是在园林绿地中,由于景观偏离了植物自然生长和发展的方向,且植物种类较少、环境因子恶劣,不足形成复杂而完善的食物网,导致了动物种群的大爆发和植物生长的不良,因而必须依靠人为的养护才能维持系统的运转。

单位面积年养护成本、单位面积投入的建设资金和单位面积的景观用水量都是物质和能量的体现。生态学的最理想状态是只有太阳能的输入系统就能自我维持,使系统向良性化循环和发展。因而园林系统中,应当逐渐降低人为能量和物质的输入,同时减少系统向外界物质和能量的输出,使系统能逐渐积累有机物质、改善土壤的理化性质促进植物生长、完善系统的结构和功能,使系统能在较少人工干预下向正向演替。

生态目标及应用:在保证园林绿地最佳景观的前提下,以最少的能量和物质输入是能量最低原理和物质循环原则追求的目标。

Ⅳ 生态位与生物互补原理 在没有人为干预下,自然界中能生存下来的物种都能在生态系统中找到自己生存的空间,也就是在生态系统中存在自己的生态位。如果一个系统存在着多余的生态位,则会有新的物种产生或有外来物种的入侵;相反如果一个系统中有多个物种同时竞争一个生态位会导致其他物种的特化或物种因竞争能力差而被淘汰。物种与生态位在生态系统中是一一对应的关系。单位面积上的物种数量可以反映系统内部食物链网关系的复杂程度,也可以反映生态位与生物互补原理在系统中的应用情况。

根据生态位原理,引进的植物应有它的生态位,不会引起系统中其他物种与它竞争而导致引进失败或乡土物种的灭绝。如果出现这些情况,说明该原理没有很好地应用。

生态目标及应用:充分了解每一种植物的生态位,然后根据园林绿地中的生态位来选择相应的植物来设计植物景观。

Ⅴ 种群密度与物种相互作用　　竞争存在于种内和种间。种间的竞争会导致种的灭绝或者种生态位的特化，这种作用在不同种间相差很大，如柳杉林下几乎没有其他植物生长；而种内竞争会导致部分个体死亡或生长变弱的情况，也就是种群密度会发生变化。对于植物来说，种群密度的效果需要较长的时间，因为植物不能运动，所以需要通过枝冠的生长来完成制约种内不同个体的竞争。

园林绿地中在进行植物景观设计时必须考虑不同种间的相互作用，这种作用可能是直接的也可能是间接的；也有可能是有利的，也有可能是有害的。如果没有考虑就会导致设计的景观无法达到预期的效果或者后期的养护管理费用过高。种群密度适中，减少物种间的不利影响是生态学追求的目标。

生态目标及应用：通过物种间和物种内的相互作用，自然调节好园林绿地内的物种个体数，这样可以维持设计的景观。

Ⅵ 边缘效应与干扰原理　　在边缘地段由于生态位较多，因而物种数量和个体都较多，特别是一些对环境要求较高的物种。比如对部分鸟类，要求在森林中筑巢，但需要在田间觅食，这样的生态位只有在边缘地带才能得到满足，再如有些植物需要有侧方蔽荫，只有在边缘地带才能满足这些条件。如果长期演替的系统，边缘的面积往往相对较小，这时在人为干扰条件下，可以创造直接的边缘空间，为生物的生活和生存创造条件。如果园林中想增加植物和其他生物的种类，在景观设计过程中可以人为创造一些边缘空间，为生物的生存创造条件。这样，可以使一些观赏性强且适应边缘空间的动物能生活下来，为人们的休闲提供另样的环境。

边缘效应和干扰原理的目标是人为有意识创造边缘空间，增加生物多样性。

生态目标及应用：在部分地段应用边缘效应，通过人工干扰增加生物种类。

Ⅶ 生态演替原理　　生态系统是一个动态的系统，在这个过程中是不断地发生、发展着，同时通过自身的新陈代谢活动，使得生活的环境不断得到改善和改良，改善改良后的环境往往不利于其后代的生活和生长，但是却为其他物种的生长和生活创造条件，这时，该物种就被其他物种所取代，这就是发生在生态系统中的演替。演替的原驱动力是生物对于环境的改造和改良。

园林由于观赏的需要，往往是人为栽种一些观赏性强的植物，而且希望这些能持续生长，维持其良好的景观，因而园林中的部分景观不需要或者不希望生态演替的发生。

但是一些景观则需要演替，这些主要是一些风景林、防护林等地，这样才能使系统能自我维持，随着演替的进行，景观也会发生变化。

生态目标及应用：利用生态演替原理，通过人为干预保持原有的景观；或者利用生态演替原理形成新的景观。

Ⅷ 生物多样性原则　　生物多样性包括三个层次，分别是生态系统多样性、物种多样性和遗传多样性。在园林绿地中更多的是物种多样性。一个系统中物种数量越多，其相互的关系也就越复杂。同时，物种数量越多，可供观赏和选择的物种数量也更多，更利于营造出特色和观赏性更强的景观。在园林绿地中生物种类有很多，包括一些乡土植物、有毒植物和药用植物等，这些植物由于具有不同的次生代谢物质，所以其作用也不一样。其中总的物种数、乡土植物所占比例、物种多样性、有毒植物所占比例、动物多样性指数（不包括昆虫）

和药用植物所占的比例可以反映园林绿地中生物多样性。

在园林绿地遵循生物多样性原则应当是：尽可能多的植物种类且不同种的个体数尽量均衡、尽可能种植一些具有药用的观赏植物、优先选用乡土植物，这样不仅可以使植物景观更加漂亮，同时也可以使一些珍稀濒危植物在园林中得到很好的保护。

生态目标及应用：尽可能地多利用不同种类的植物来营造植物景观，同时利用园林绿地保护好珍稀濒危植物。

Ⅸ 食物链与食物网原则　生态系统中的生物通过各种食物链而组成复杂的食物网。食物网越复杂，系统的稳定性越强，同时如果系统中营养级数量越多，系统的稳定性也越强，因为要维持高数量的营养级，需要更多的生物种类。园林中由于人为因素的影响，动物特别是大型动物的数量很少，这就意味着园林绿地中营养级数量相对较少且食物网较简单，这往往会导致系统的稳定性较差，容易导致生殖对策中 r 对策的大爆发，而要维持系统的稳定性就必需人为地投入物质和能量，这样与自然性和生态性不相符。草牧食物链中的平均营养级数量和食物网的复杂程度可以反映园林绿地中根据食物链与食物网原则应尽可能选择多种植物，同时为不同种生物构成复杂的食物网创造条件。

生态目标及应用：通过调整植物的种类，通过食物链和食物网来调整生态系统的结构和功能，从而保持生态系统的稳定和增强其对外界干扰的抵抗能力。

(2) 环境质量

包括空气质量状况、安全性和绿地服务性。

Ⅰ 空气质量状况　空气质量是现代城市居民十分关注的焦点之一，它与居民的生活密切相关，空气质量的好坏影响到居民的居住意愿，而现代城市由于工业生产等原因，空气质量往往较乡村要差许多，表现在空气中氮氧化物浓度、硫化物浓度和粉尘浓度较高，而空气中的负离子浓度很低，另外，城市中的噪音种类较多、分贝较高。正为这样，空气中氮氧化物的浓度变化、空气中硫化物浓度变化、相对周围的噪音变化、样地中空气中负离子平均含量和空气中粉尘浓度可以反映空气质量的状况。这些指数的变化主要通过植物的新陈代谢作用来完成。

园林中通过植物的新陈代谢可以吸收和转化空气中存在的氮氧化物和硫化物，降低这些物质对居民的为害。同时通过植物对噪音的吸收可以大大降低噪音。同时通过植物和水体的作用，增加空气中的负离子含量，使空气质量更好，更适合于居住。

生态目标及应用：根据当地的具体空气质量，分析其原因，选择合适的植物来改善局部的空气质量状况。

Ⅱ 安全性　园林绿地的完全性是最基本的需求，如果做不到这一点，园林绿地中就没人敢去，也就失去了它的真正作用和功能。园林绿地的安全性包括以下几方面，一是园林绿地中的建筑或道路的安全性；二是绿地构建过程中材料的安全性，如材料是否有放射性等；三是水体的安全性，水体是否有毒，生长的植物中的有毒物质积累是否超过了正常的水平，是否对人体构成威胁；四是植物是否有毒，有毒的植物是否会对进入园林绿地的游人构成威胁。园林绿地中不管是什么原因，都不能存在安全隐患。

生态目标及应用：建筑物符合质量要求，水体安全、材料安全和有毒植物较少或不用是园林绿地在安全性方面的生态表现。

Ⅲ 绿地服务性　园林绿地修建的目的就是为游人提供各种服务，以便人们在工作之余能放松心情、调整心态，以便更好的工作。园林绿地的服务性体现在以下几方面：环境承载力、保健功能、防灾减灾功能、绿地率、文化特色体现和教育功能。

环境承载力是指园林绿地在不引起系统退化的前提下所能承载的最大游人数量，这个标准在实际操作过程中往往会超出，但是随后的人为养护管理费用会明显增加。保健功能是指植物在新陈代谢过程中会分泌一些具有杀菌作用的物质，这些物质会促进人体健康，长期在这种环境下会对一些慢性病有一些缓慢的治疗作用。防灾减灾功能也是园林绿地中的功能之一，特别是在一些特大灾害面前它们的作用特别明显，如可以是地震、火灾时的避难所。除此之外，园林绿地还有教育功能，特别是对小孩的教育；对于文化特色的体现可以通过一些园林绿地中的雕塑、小品和植物的应用来体现。园林绿地的这些服务功能要充分体现，园林绿地率必须达到一定的标准。虽然园林绿地率是越高越好，但是作为城市中的局部绿地其绿地率不能达百分之百，因为还有水体、建筑和一些娱乐设施。

生态的园林绿地服务的目标就是较大的环境承载力、较好的保健功能、较强的防灾减灾功能、较高的绿地率、能较好地体现文化特色和教育功能。

生态目标及应用：通过选择合适的植物、构筑少量的建筑及小品最大程度上提高园林绿地对游人的服务功能。

(3) 景观质量

包括景观的观赏性、斑块-廊道-基质的景观格局原则、时空尺度与等级理论和空间异质性原则。

Ⅰ 景观的观赏性　园林绿地景观构建的目的是为供游人观赏，因而景观的可观赏性在园林规划设计中十分重要。景观的观赏性可以从以下几方面进行评价：景观美观性、景观整体协调度和景观被观赏率或使用率。景观在设计和开发过程中，首先必须考虑他的美观性，如植物秋季景观，金黄色的叶片能否吸引人；如果一个景观漂亮，位置不当或者与周围的景观不相协调，那整个景观也不是很漂亮。除此之外，一个景观的变化也是一个重要因素，一方面是一年中景观的变化，另一方面是随着时间变化的景观变化，在这个过程中有许多不确定的因素。

生态目标及应用：通过引进和培育新的品种或变种，增强植物的观赏性，通过巧妙的搭配，使游人能观赏到植物的形态美、色彩美和文化底韵。

Ⅱ 斑块-廊道-基质的景观格局原则　在一个系统中，存在大面积的基质，也有作为独立景观的斑块如湖泊，也有作为廊道的河流，不同景观之间的连通性（可达性）如何直接影响到各个独立景观的可使用性。另外水体面积及维持成本也是一个重要的指标，园林绿地往往有一定面积的水体，水能给人带来灵气，但同时维护的成本也很高。

生态目标及应用：各景观有良好连通性是园林绿地设计中追求的目标。良好的水体和低的维护成本是水体设计中追求的目标。

Ⅲ 时空尺度与等级理论和空间异质性原则　在园林绿地系统中，各景观本质上是不一样的，也就是景观的异质性，也是园林中景观设计可以展示的空间，单位面积的景观数可以反映时空尺度和空间异质。

在不破坏环境尽可能少的投入的前提下，在有限的空间里以此为准尽可能地构建出多的景观数是园林设计中追求的目标。

生态目标及应用：高的景观异质性是园林设计中的目标。

应当说在风景园林生态系统生态学中还存在许多不确定的因素，以上也只是笔者的一些探讨。

4. 园林绿地的生态评价方法

目前常用的评价方法有层次分析法和模糊综合评价法（详见第四章）。

5. 构建生态的园林绿地的前提条件

(1) 设计师有较强的生态学理念，能以生态学观点为根本的出发点进行景观设计

虽然在许多园林设计中，设计者都强调以生态学理论进行指导，但是真正什么是生态、应用了哪些生态学原理，所以设计过程并没有真正做到以生态学原理进行指导，完成的园林设计也不是生态的设计；

(2) 设计师非常了解园林中的植物的生理生态习性

植物虽然适应能力很强，但是其最合适的环境较窄，在最合适的环境条件下植物生长快、对环境的抵抗能力强，所形成的景观也最漂亮。但是由于种种原因，到现在为止，对园林中常见植物的生理生态习性、生物习性与观赏习性不了解，缺乏详细的数据，所以在园林设计过程中对植物的选择带有很大的主观性，许多植物配置虽然能保证植物不死亡，但是其景观效果却大打折扣，而且后期的维护费用会相当地高。

(3) 能满足设计的各种不同类型的苗木

园林生产绿地中有大量的设计师可以用的苗木，且不断地有新的苗木培育出来，设计师可以根据自己的设计选择植物。

园林植物种类较多，有许多的观赏性也相当强，种源也存在，但是没有苗木供应，这样导致了园林设计十分好，景观也十分漂亮，但是无法实现，最后只能更改苗木种类。

(4) 园林建设过程公正、公开，接受公众的监督

许多园林项目的建设过程中，由于没有公开，也无法做到公正，所以许多有实力的设计公司无法参与进去，真正好的设计和景观无法得到体现，使景观质量大打折扣。因而应当规范园林建设过程的各种立法，使整个过程有法可依并严格执法。

第二节 公园绿地的生态建设

一、公园的作用

1. 公园的作用

修建公园的目的，一是作为城市的绿地，起着调节城市大气组分，提高空气质量的作用；二是使城市绿地连接起来，构成网络；三是为人们在工作之余提供休闲的场所；四是起着宣传和科普作用，使人们在休闲的同时，起着学习和增长知识的作用；五是一些特殊的目的或作用，如纪念先烈的烈士园、陵园、植物园等。

不管出于哪种目的，城市公园确实为市民休闲提供了一个很好的场所。但是在一个城市中不同公园其使用率是不一样的，除了规模大小、交通的方便等因素外，公园的环境质量是一个很重要的因素。

2. 公园的特点

公园作为城市中公众最重要的户外休闲娱乐场所之一，具有以下特点：

(1)公众性　公园面对的是普通的市民，而不是某些特殊的群体，所以具有明显的公众性。也正因为这样，现在许多城市的公园都免费对公众开放，作为城市公众的休闲场所。

(2)对外开放性与参与性　公园中大部分的项目或设施都为游人开放和参与。公众来公园一方面是放松心情、调整心态，另一方面是通过各种活动使紧张的心情得到放松，因此公园往往设计了各种游乐设施，为公众提供服务。当然，也给这些设施的经营者带来一些经济收入。

(3)娱乐性　使公众在公园中休闲、娱乐就是修建公园的目的，大部分公园中的游乐区，公众能参与的游乐项目也很多。

(4)服务性　除了在景观上给人提供美的享受外，往往在生活上也提供一些服务设施，如供休息用的座椅、亭、廊等设施，饮食服务的餐厅、茶室、小卖、摄影、租借活动用具、询问、电话亭及物品寄存处、厕所垃圾箱等。

二、公园绿地的环境特点

1. 土壤条件变化大

一般公园面积相对较大，土壤条件相差较大。有的地段保留着自然的土壤结构、有的地段则人为破坏较为严重，甚至有许多建设过程中残留下来的旧建筑的旧路、废渣土。因而在绿地构建过程中，必须根据具体的情况采取措施，进行土壤改良或改造，以适应植物生长的需求。

2. 光条件变化较大

公园中往往有一定面积的植物、水体和建筑，还有一些道路等基础设施，这样的环境下不同地段光环境往往相差较大，这为不同植物的栽种和应用创造了良好的条件。

3. 空气质量相对较好

由于有一定面积的森林，因而相对周围城市的空气来说，其质量是较好的。

4. 一般都有一定面积的水体

水是公园的灵魂，有水就有了灵气，因而一般的公园中都会有一定面积的水体，这为公园的景观设计提供了广阔的空间。

5. 受人为影响大

由于公园中人流量大，因而人为因素对于公园的各种元素的影响十分大，因而在进行建设过程中必须考虑大的人流量对公园的影响。

三、公园绿地的生态评价

1. 公园生态评价的指标体系

公园绿地生态评价可以参考以下指标：单位面积年养护成本、单位面积投入建设资金、单位面积的景观用水量、单位面积上的物种数量、年平均修剪次数、乡土植物所占比例、物种多样性、有毒植物所占比例、药用植物所占比例、空气中氮氧化物的浓度变化、空气中硫化物浓度变化、相对周围的噪音变化、样地中空气中负离子平均含量、空气中粉尘浓度、材料放射性的安全性、水体的安全性、园林建筑的安全性、环境承载力、保健功能、防灾减灾功能、教育功能、文化特色体现、绿地率、视觉美观性、景观整体协调度、景观被观赏率或使用率、景观连通性(可达性)、水体面积及维持成本和单位面积的景观数。

以上指标的选择主要是依据生态学的基本原理和思想进行的。

单位面积年养护成本 单位面积的养护成本可以反映整个公园运行中景观养护的成本，也反映植物景观设计的好坏程度，一个好的、生态的植物景观，单位面积养护成本较低；而非生态的植物景观往往需要较高的成本来维持该景观的延续，甚至需要重新种植。

生态目标：降低单位面积的养护成本，尽可能实现零养护成本。

单位面积投入建设资金 虽然公园的建设是要投入大量的资金的，但是任何东西都有一个最优的比例，并不是一定要投入大量的资金才是最好的。因此，单位面积投入建设资金的情况可以反映一个设计师水平的好坏，也能反映设计师生态学思想的程度。因而，这是必须考虑的指标之一。

生态目标：尽可能地减少投入单位面积建设资金数量，建设资金数量越多，其对环境的改造也越强，与自然生态系统之间的差距也越大。

公园内绿地单位面积的景观用水量 对于全中国大部分缺水城市来说，城市绿地的景观用水是一笔很大的开支，在居住区中，很多地方都有水景，由于蒸发和植物的蒸腾，单位面积的景观用水很大，而合理的设计可以保持相同的植物景观情况下，把景观用水量降到最少。

生态目标：尽可能减少公园绿地中的景观用水量，以减少养护成本。

单位面积上的物种数量 公园肯定会应用大量的植物，植物种类越多，植物的观赏性也就越强，可能出现的景观也就越多。虽然不是越多越好，但是可以反映人工群落与自然群落的差异程度。因为植物要正常生长必须有合适的生态位，因而植物种类越多，生态位也就越多，系统的结构也就越复杂，功能也越多，也就越接近自然生态系统的结构和功能。

生态目标：在满足观赏性的条件下，尽可能地多选择不同的植物，做到物种多样化。

年养护次数 公园中，对于植物的养护和管理是一笔很大的开销，因而年养护次数越多，其开销越大，这与现在倡导的节约型园林的理念是不一致。另一方面，养护的次数也与设计者本身有着密切的关系。因为不同植物的生长速率不一样，速生植物一年的时间内可以生长 3 m 以上，而生长较慢的植物一年生长的高度只有 3~5 cm 甚至更少。因而植物的选择往往决定了公园中对于养护次数的多少。比如，用金边六月雪作地被一年修剪的次数只要一次就够了，但是如果用小叶女贞作为地被，一年修剪的次数最少在三次以上。

生态目标：尽可能减少年养护次数或播种的频率，最终目标是在具有较好的观赏性的条件下多用具有自播能力的植物、生长缓慢且生态效益好的植物，通过前面的多类型植物的应用，减少病虫害的为害或爆发，少用或不用化学药剂进行病虫害防治。

乡土植物所占比例 园林建设与自然保护区的保护有着很大的区别，就是群落或者系统往往很大程度上依赖人工或设计。但是在设计过程中，人为引入新的植物往往具有很大的风险，而且由于气候方面的差异，植物的生长往往带有很大的不确定性，严重时会引起引入物种和本地物种之间的严重竞争，甚至会引起乡土植物的灭绝。而乡土植物由于长期与本地气候的长期适应，而且与本地其他的物种之间协同进化不会出现其他严重问题。因而，园林植物中乡土植物所占比例可以反映公园环境与自然环境的差异程度。

生态目标：在相等条件下，优先选择乡土植物以减少外来种对本地生态系统的冲击。

物种多样性 物种多样性反映物种数量以及各种物种个体数量之间的比例关系。其指数越高，其物种分布也越均匀，系统会越稳定。

生态目标：尽可能选择一些具有较强观赏性、适应性强且属于不同科属的植物，以增加园林生态系统的稳定性。

有毒植物所占比例　植物对于人体健康会有很大的影响，有些植株全株对人体有毒，有些植株根、或果、或花有毒，这些植株的数量和比例直接影响到整个公园环境的安全性，也反映了公园环境与自然环境的差异程度。

生态目标：尽可能少用或不用有毒植物，在少数特殊地段需要应用采取远距离应用或不直接用的原则。

药用植物所占比例　除了有毒的植物外，还有部分植株对于人体健康是有利的，比如有些植株分泌的次生代谢物质可以直接治疗某些疾病，或者通过改变整个环境中某些物质的种类和数量而影响人体的健康。

生态目标：在满足观赏的前提条件下，尽可能多用药用植物，一方面可以改善休闲游憩的环境，另一方面可以利用药用观赏植物的药用价值（以不影响观赏价值为前提）。

空气中氮氧化物含量　空气质量好坏评价的因子之一。

生态目标：使空气中的氮氧化物含量趋于零。

空气中二氧化硫含量　空气质量好坏评价的因子之一。

生态目标：使空气中的二氧化硫含量趋于零。

相对周围的噪音水平　城市公园是一个相对安静以利于人们放松和休闲的地方，噪音的水平反映了城内公园环境的可休闲性。

生态目标：使公园中的没有噪音，只有使人感到舒服的自然之声。

空气中负离子含量　空气中负离子含量可以反映空气中整个质量的好坏，而且往往是使人感到心旷神怡的主要因子之一，而且现代城市居民十分注重周围环境中负离子的含量。而且负离子被称为空气中的维生素，对于改善空气质量具有十分重要的作用。

生态目标：使空气中的负离子含量接近自然生态系统中负离子的含量。

空气中粉尘浓度　空气中粉尘含量的高低是评价空气质量好坏的主要因子之一，粉尘低则空气质量好、且新鲜，空气中的粉尘除了自然沉降外，植物叶片和枝干的吸附也是主要方式。

生态目标：使空气中的粉尘含量接近自然生态系统中粉尘的含量。

材料放射性的安全性　放射性对人体健康的伤害很大，但是由于肉眼看不到，所以很多能看到但无法有精确的数据来支持。公园建设过程中会用到很多的材料，天然的材料中很多具有放射性，但不同材料的放射性强弱不一样。

生态目标：不使用放射性的材料，或者将其辐射降到最低。

水体的安全性　水体虽然是园林人向往的要素之一，但在设计过程中需要考虑多种因素。一是水本身的安全性，水是最容易受到污染的，因而水体质量的安全十分重要；二是水体周围的安全性，人具有亲水性，但在亲水过程中行为的安全性也是必须考虑的。

生态目标：保证水质的安全，也保证亲水行为的安全性。

园林建筑的安全性　园林建筑是园林中重要的景观之一，与其他建筑相比，园林中的建筑更能与周围环境相融合。园林建筑的材料变化多样，有木材、有钢材、还有常见的钢筋混凝土等。用木材修建的建筑中，安全必须十分注重。

生态目标：修建没有任何安全的园林建筑。

单位面积最大的人流量　一个环境总有它的最大容量,长时间的超过其容量会导致环境不可逆性地退化,当然,短时间内超过它的最大容量系统通过其本身的调节能力还是可以忍受的。但是单位面积最大的人流量是反映一个公园是否生态的标志之一。

生态目标:使单位面积的人流量在公园的环境容量以下。

保健功能　公园中具有保健功能是植物,许多植物具有明显的保健功能。对于这种作用可以开辟专门地块进行利用,也可以和其他植物一块应用,但效果不是很明显。

生态目标:开辟小块的保健功能区,使植物的保健功能得到充分地利用。

防灾减灾功能　公园不仅是一个休闲的场所,也是一个对突发性自然灾害进行反应或处理的场所,因而公园具有防灾减灾功能,其能力的强弱反映了公园的功能之一。

生态目标:在特殊事件中公园肩负着防灾减灾功能。

文化特色体现　公园具有文化宣传作用。

生态目标:起很好地体现当地文化特色,但不影响系统的功能。

教育功能　公园起着宣传和科普作用。

生态目标:起很好地教育功能,但不影响系统的功能。

绿地率　绿化的面积占总面积的比例,大体上能反映整个公园的绿化状况,也能反映与自然森林公园的绿化率的差距,至少应不低于国家规定的要求。

生态目标:一个重庆生态公园,其绿地率应当在50%以上,才能真正实现公园中系统的良性循环和正向演替。

景观舒适度　园林中十分注重景观的观赏性,所以景观给人的舒适度也是评判一个公园是否生态的依据之一。公众到公园去休闲或放松的主要依据一是有没有娱乐设施,另一方面就是有没有漂亮的景观。

生态目标:构建出适合大众的景观,满足大众对于公园绿地景观的需要。

景观整体协调度　公园往往具有较大的面积,因而景观也较多,可观赏的景观则更多,景观之间的协调性可以反映设计师的整体水平和对于景观的把握度。

生态目标:构建出各景观之间相协调的景观,使景观能溶于一体。

景观的观赏率或使用率　公园中景观设计的目的就是供游人欣赏,如果一个公园中游人很少或者部分景观前游人很少,说明了该部分景观使用率较低,也意味着该景观设计的失败。

生态目标:构建出高使用率的景观,使园林绿地功能得到充分体现。

景观连通性(可达性)　公园中有很多景观,各景观之间的连通性如何,是公园中物流和人流是否畅通的因素之一。

生态目标:使公园内所有的景点都易于到达。

水体面积及维持成本　水体面积的大小与自然地形有关,也与设计师有关。当然水体较大,给人的感觉会更好,可利用和设计的景观也越多,但是维持和成本也越高,因为水体在夏天会大量地蒸发,水分的补充是一个大的开支。如果有水源,且补充很容易,水体面积可以适当大一些。

生态目标:合适的面积,最低的运行成本。

单位面积的景观数　在一定面积上,景观数不是越少越好,也不是越多越好,有一个最恰当的值,该值与环境最大容量紧密相关,而且园林中景观的设计往往采用疏密有致的设计手法。

生态目标：设计出单位面积上最佳的景观数，给人的感觉不密也不疏。

2. 公园生态评价的指标方法

目前常用的评价方法有层次分析法和模糊综合评价法。

四、公园绿地的生态建设

1. 公园的一般组成

综合性的公园一般由水体和陆地两部分组成，特别是在综合性公园中一般都有水体（图5-5）。水体在公园中一般都是娱乐区；陆地根据情况不同区分为：入口区、娱乐区、休闲区、运动区、管理区和其他区域。

2. 水体娱乐区的建设

综合性公园中一般都有水体，可以说水体是公园中的灵魂，也是公众休闲、娱乐的重点区域，所以公园中十分重视对水体娱乐区的建设。

在水体建设过程中，要做到生态、接近自然，减少养护成本应尽量做到以下几点：

（1）如果水体没有活水来源，尽可能缩小水体面积　没有水源的水是死水，虽然可以通过人工措施来增加水的流动性，补充氧气，但是需要巨大的资金和人力资源。这与生态学思想是背道而驰的。

（2）在较小的池塘中，应种植一些水生植物　这些植物可以在一定程度上清除一些物质，净化水体，还可以形成美丽的植物景

图5-5　北京朝阳公园

观，这类植物在不同地区种类不同，常见的植物有：千屈菜、荷枪实弹花、睡莲、梭鱼草、野慈姑、水葱、旱伞草、香蒲和再力花等植物，这些可以在小水塘边形成美丽的植物景观；

（3）在较小的池塘中，必要时可以通过人为措施，使水体流动起来　通过与假山岩石相协调，不仅可以改善池塘中的水质，而且可以形成流动水景，增加游人与水的亲近的机会。许多小型的池塘因为水体不流动，造成水质很差，虽然有一些水上游乐项目，但是一般游人不愿意参与其中；

（4）在较大水体岸上或水边，种植一些耐水湿的乔木或者形成特色景观　如种植水杉，塔形的树形远观十分美丽，且秋天金黄色的树叶所形成的秋景十分壮观。还可以在堤岸边上种植一些植物形成特色的景观，最常见的是种植垂柳，随风飘荡的柳枝给人带来无限的思绪；桃花和柳树间种形成早春的特色景观"桃红柳绿"，很受游人的欢迎。

（5）池塘或水体的驳岸处理应接近自然　在大多数城市公园中，驳岸都是用混凝土、石块进行堆砌，可以防渗能力相当强，但是隔断了水体与周围土壤的接触，阻断了水的自然循环。

（6）在水上适当修建一些水上项目　通过公众参与这些项目，可以使池塘中的水流动起来，增加水体中的含氧量。

（7）加强对水体的监测和管理　由于有游人的各种活动，所以水体很容易遭受污染，因

而必须经常对水体进行监测和管理，保证水体的质量和安全。

（8）对污水物质较多的水域，可以种植一些漂浮的植物来净化水体　如凤眼莲，但是要控制它的生长量，以免造成新的污染。

3. 入口区的建设

公园入口区是公园中人流和车流集中和分散的地方，同时也是展现公园风格和主题的地方，因此入口区一般的景观往往是简洁、明了。为了使景观更加美观、生态，必须注意以下几点：

（1）尽量少用或不用草坪　草坪具有通透性强、观赏性的特点，但是草坪的养护成本太高，一般6~8年就需要全部更新一次，日常养护中的修剪、清除杂草、病虫害的防治都需要大量的资金，特别是我国降水较多的南方，杂草的生长速度相当快，要维护草坪的景观，养护难度相当大。

（2）少用草本花卉装饰或者用多年生能自播的花卉　草本花卉虽然很漂亮，但是其成本很高，相反应用木本花卉则不仅观赏性强，而且养护成本较低，因为木本花卉只需要修剪而不必要每年重新栽种，如雀舌栀子、红檵木、金边六月雪等。多年生能自播的花卉具有观赏性强、养护管理相对简单的特点，但是一般有一段时间景观效果较差，因而只宜小块应用，美人蕉、三角花、二月蓝等。

（3）入口周围宜设计一些小型的植物群落，以活跃和丰富植物景观　入口区虽然是人流、车流的集散区，同时也是公园中特有景观的体现。在城市中人们最渴望的就是接近自然的景观，植物群落是最能体现自然景观的载体，因而为了体现植物景观，吸收更多的人来休闲，种置小型的植物群落是最好的选择，如上层种植香樟、中层种植山矾、三层种植鸢尾。

（4）入口处应当有较长的林荫道　一方面林荫道可以为行人提供蔽荫，另一方面也是特色景观的体现，特别是一些秋色叶植物如鹅掌楸、银杏、悬铃木等，这些植物生长快、树形美观、秋色叶黄色或金黄色，是公园中相当不错的观赏乔木。

（5）入口区应当有一些特色的植物景观　这类植物景观可以是一些灌木，也可以是一些植物绿雕，总之要体现公园的主题和特色，如体现红色的红枫等。

4. 娱乐区的建设

娱乐区是公园中人气最旺的地区之一，是公园中一些大型游乐项目的集中修建地。这些项目也是公园为了维持其养护管理的需要，因而是十分重要的一部分；同时也是公众娱乐的重要场所。因此，这部分人工痕迹特别明显，但也要注意以下几个方面：

（1）保证所有娱乐设施的安全　这也是所有娱乐设施正常运转的前提；

（2）在娱乐场周围种植一些大的乔木或观赏性的灌木美化娱乐环境　这些植物最好是能蔽荫、能观花、观果、且有秋景，常见的有银杏、日本晚樱、柿子、李、梅、桃、垂丝海棠、金边黄槐、金雀儿、八仙花、月季等；

（3）为了降低噪音对不同娱乐场所的影响，在娱乐场所周围栽种一些能隔断噪音的树种　常见的有雪松、龙柏、水杉、悬铃木、梧桐、垂柳、云杉、鹅掌楸、柏木、臭椿、香樟、榕树、柳杉、海桐、桂花和女贞等。这些树基本上对行人没伤害，隔音效果好，除此之外还可以遮荫；

（4）娱乐场所周围可以种植一些常见的观赏植物　园林中常见的植物都可以，一般以常绿观花灌木作绿篱，如杜鹃、红檵木、大叶黄杨、海桐、珊瑚树；常绿观赏木本地被植物覆盖地面，这样不仅观赏性强，而且养护成本比较低，如金边六月雪、雀舌栀子等；在局部地区可以种植一些藤本植物，藤本植物不仅可以进行垂直绿化，而且可以覆盖地面，常见的植物有金边常春藤、花叶蔓长春花、爬墙虎、爬行卫矛等。

5. 运动区的建设

运动区一般是公园中专门开辟的一部分供群众进行体育锻炼的场所，虽然一般的公园的运动区比较分散，但是也有部分公园比较集中。这部分地段往往只需要上层的大的乔木在夏天提供遮荫就行，冬天植物落叶后可以有较充足的光照，这些植物的种类较多，较好的有银杏、栾树、金钱松、无患子、白玉兰、鹅掌楸、凹叶厚朴、梧桐、柿子、合欢、蓝果树等；在乔木的下面可以种植一些灌木，园林中种类较多、选择余地也较大，只要能满足条件就可以。

6. 休闲区的建设

休闲区是公园中最为安静和最能体现设计者艺术修养的地区。因而这个区域的植物的选择没有详细的要求，只要能满足植物的生长条件，且满足设计者的艺术要求和景观要求就可以。至于植物对于环境的要求可以查阅相关的资料。

7. 管理区的建设

管理区一般面积都不大，主要对整个公园进行日常的维护和管理。其建筑应当与公园大的环境相协调，植物的配置与一般的居住区一样。

8. 其他区域的建设

针对不同公园，其他区域也不一样。如长沙市烈士公园就有纪念区，可以针对具体情况来进行建设。

五、公园绿地实例

1. 长沙烈士公园简介

湖南烈士公园位于长沙市中心城区，是长沙市最大的公园，其丰富的植被覆盖被誉为长沙的"绿肺"。始建于1951年，1953年正式开园，是一个以纪念湖南革命先烈为主题，以自然山水风光为特色，集纪念、游乐、休闲于一体的自然生态型城市综合公园，南界迎宾路，北抵德雅路，西临东风路，东至湘湖渔场，总面积144.2hm²，其中陆地面积59.1hm²，水面面积85.1hm²（包括新增动物园用地），所用植物326个种，分别属于35科，172属，共10多万棵树。

为了将湖南烈士公园的文化教育功能、休闲娱乐功能、旅游观光功能、生态调节功能完美结合在一起，

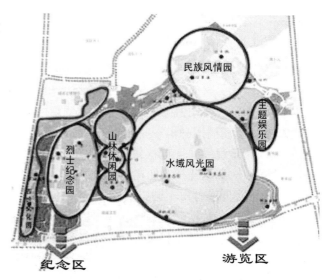

图5-6 湖南烈士公园功能分区图

是新规划追求的最终目标。根据公园用地特征及性质,将公园按功能划分成"二区六园",功能分区图见图5-6。"二区"即纪念区、游览区;六园为百姓休闲园、烈士纪念园、山林休闲园、水域风光园、民族风情园和主题娱乐园。

2. 烈士公园景观

(1)植物景观

长沙地处亚热带,植物丰富,形成的植物景观也多种多样。

公园中的游步道(图5-7),两边有高大的行道树,但是两边都是低矮的草坪和地被植物,群落的层次不很丰富,可以增加一些中层耐荫的植物,以增强植物的生态效益,而且景观会更好;但是少用一些草坪植物,这样可以降低养护成本。

竹林景观是南方最富有特色的园林景观,往往通过竹子营造出曲径通幽的景观,但图5-8虽然也是这样去设计的,但是效果有待改进。竹子旁边杂草丛生,效果也不是很好。

图5-7 游步道

图5-8 竹 径

公园南门进入后左右两边有两个较大的草坪广场(图5-9),广场中间零星地种植着几株雪松。草坪的生态效益在所有植物中是最差的,且养护成本很高。如果只是要突显雪松的高大和圆锥树形,可以种植一些低矮的地被植物,在长沙种植雀舌栀子或金边六月雪的效果都相当好,一方面植株低矮且在5~6月份有白色的花可观赏,雀舌栀子的花的香气很香,观赏性相当好;另一方面种植雀舌栀子并不影响景观效果,养护成本也较低,生态效益也更好。

在公园中种植有较多的香樟,香樟下配置的植物种类,较好的有撒金东瀛珊瑚,香樟喜光、速生,而撒金东瀛珊瑚喜荫且叶的观赏性很强(图5-10),二者搭配十分得体。如果再增加群落中间耐荫植物,如山矾,则形成的群落结构更加合理,生态效益更加明显。

在园林绿地中,植物的配置往往强调多层次、对空间的充分利用(图5-11)。图5-11的植物配置虽然有多层次,但由于刚种植,植物生长较差,要达到预期的效果还需要一段时间。这也就是植物景观的动态变化。

另外,在植物景观设计过程中,往往需要用植物围合形成相对私密的空间,这种围合不能太透,也不能太密,因而一般以较高的灌木围合空间比较好(图5-12)。

在公园的园路两旁往往种植一些行道树,烈士公园内除了香樟外,还有荷花玉兰(图5-13)、柿树(图5-14)和枫香(图5-15)。公园内土壤条件较好,适合于这些乔木的生长,同

图 5-9　广场前的草坪景观

图 5-10　香樟树下种植撒金东瀛珊瑚

图 5-11　多层次的植物配置

图 5-12　法国冬青形成的围合空间

图 5-13　荷花玉兰做行道树

图 5-14　柿树做行道树

时，选择这些植物夏天可以观花、秋天可以观红果和红叶，景色迷人。而且大部分行道树下面还有花卉或其他植物，搭配合理，但是图 5-13 中明显没有中层灌木，种植一些灌木能使群落的层次更加清楚。

（2）地被植物景观

地被植物是一类较低矮的植物，包括一些小灌木、花卉和藤本植物。它们在园林中起着覆盖地表、形成特色景观的作用。

园林中用藤本植物（图5-16、图5-15）作地被的效果较好，覆盖度很大，而且往往能附着在乔木树干上，形成独特的景观。这类植物作地被时必须有一定的密度，否则覆盖度不大，暴雨时会引起水土流失。而且最好是用在群落的下层，上层有乔木，中层有耐荫的植物，地面用藤本或匍匐生长的植物，这样具有丰富的群落结构，不同季节能形成不同的影响。

图5-15 枫香作行道树

用具有自播能力的植物做地被是相当好的，这类植物往往不必要每年都播种，只需简单地养护就可以每年都可以欣赏到美丽的景观（图5-18）。应用这类植物时注意花期不同的植物进行搭配，这样能在一年中能不断地看到美丽的花朵。同时最好上层有乔木，形成复合群落；但是不能大面积的应用，因为这类植物的冬季的景观相当糟糕，只能起点缀的作用。

用灌木和花卉搭配作地被景观也是比较好的选择，如三色堇与杜鹃的搭配，在早春有杜鹃开花、在初夏有三色堇开花，由于它们都比较低矮，视野非常开阔，能起到很好的衬托作用（图5-19），当然三色堇可以用木本的灌木取代，景观效果会有变化，但养护成本会低一些。

图5-16 花叶常青藤作地被

图5-17 爬行卫茅和玉簪作地被

图5-18 具自播能力的美人蕉作地被

图5-19 三色堇与杜鹃的搭配作地被

(3) 水景

人具有亲水性，因而亲水平台(图5-20)在公园中是最受欢迎的地方。亲水平台的设置：首先要注意安全，如在材料的选择、水体深度、防护设施等；二是要有景可赏，不仅是水体本身，还有远处的公园内和公园外的景观，近景可以种植一些水生观赏植物，远景可以是借景；三是有适当的娱乐参与项目，使人能更好地与水相融；四是要保证水质良好，不会因为各种原因水质很差很脏，则达不到预期的目标。图5-20左边的亲水平台很不错，但是近景有待改进、水质需进一步净化，右边的亲水平台的水太深，还需进一步处理，使游人真正安全地能接触水体。

图5-20 亲水平台

水景设计过程中驳岸十分重要，其设计的好坏直接影响水体景观。公园内正在处理的驳岸采用了混凝土块处理，缺少了自然的野趣，也不利于水体附近植物的吸水(图5-21)。较理想的是在夯实的基础上，用自然的一些卵石平铺在上面，既富有野趣，也利于亲水活动。

另一方面，公园中虽然大多有水体，但如果处理不当或者没有水源，往往会导致池塘严重富养化，变成臭水池(图5-22)。如果没有水源的池塘，必须人工增氧，加速水体的自净，使水体变得较为清澈。

图5-21 正在处理的驳岸

图5-22 受污染的水塘

(4) 园林小品

海棠坞(图5-23)是公园中展望春天海棠类植物开花的一处景观，春天到了贴梗海棠、西府海棠、垂丝海棠等争奇斗艳，粉红色、白色、红色的花千姿百态悬挂于枝头、在风中摇曳，十分美丽。这类景观人工性太强，又不能在中间栽种高大的乔木和灌木，只能是下面铺以草坪，以突出海棠花的美丽。这与生态的多层次的植物群落不一致，同时，石凳设置于空旷地带(图5-24)，长沙夏秋光照强，不大可能在太阳下休闲，同时也缺乏私密性，如果将坐凳设置于树下或用植物围合成半私密的空间，效果更好。

图5-23 海棠坞一隅

图5-24 坐凳

坐凳是园林中常见的休息设施之一（图5-24），但是它往往需要有一个相对较私密的空间，且最好设有垃圾投放点，以免游人在小憩时不对周围的环境造成破坏。图5-24中的坐凳一没有私密的空间，二前面地面不平坦，三无垃圾筒等设施，有待进一步改进。

图5-25 音箱的处理

公园中常设有音箱（图5-25），其形态往往会对周围的景观产生影响，将音箱巧妙地隐藏于石头之下，既具有较强的观赏性，也不影响其声音效果，值得借鉴和推广。

(5) 植物与景石的搭配

在园林景观设计和构建中，景石由于其独特的观赏性，以及景石与园林其他要素的容易协调的特性，使得景石在园林应用十分广泛，除了作为景观的主体，还在植物景观、地被景观、园路、驳岸等场所广泛应用，常见的还是与植物搭配。

南天竹、石榴与景石搭配比较协调（图5-26、5-27），观赏性较强，可以在局部景观营建中应用，但是大面积应用是需要斟酌，因为景石是硬质景观，对它欣赏往往需要植物的衬托或协调，才能更显其观赏性，在这种情况下，植物往往是一些低矮的灌木或小乔木，较难形成复合的植物群落。

图5-26 南天竹与景石搭配

图5-27 石榴与景石搭配

第三节 附属绿地的生态建设

一、附属绿地的作用

附属绿地包括居住用地、公共设施用地、工业用地、仓储用地、对外交通用地、道路广场用地、市政设施用地和特殊用地中的绿地。附属绿地是城市园林绿地系统的重要组成部分，它以点和线的形式广泛分布于全城，城市各绿化点的联接必须依靠道路绿地，它和其他绿地共同组成完整的城市园林绿地系统。道路绿地具有以下几方面的作用：

1. 卫生防护

城市废气污染很大一部分来源于街道上行驶的各种机动车辆，附属绿地中的街道绿地线长、面广，对街道上机动车辆排放的有毒气体有吸收作用，可以净化空气、减少扬尘、降低噪音、降低风速、增大空气湿度、降低日光辐射热、降低路面温度、延长道路寿命的作用。

2. 组织交通

附属绿地中的道路绿地中的绿化带可以将上下行车辆分隔开，可以避免行人与车辆碰撞、车辆与车辆碰撞。此外，交通岛、立体交叉、广场、停车场上一般都进行立体绿化，这些不同的绿化都可以起到组织城市交通，保证行车速度和交通安全的作用（图5-28）。

3. 美化城市

各类附属绿地可以美化街景，烘托城市建筑艺术，软化建筑的硬质线条，还可隐蔽街道上有碍观瞻的部分。在不同的街道上，采用不同的树种，通过植物的体形、色彩不同，可形成不同的街道景观（图5-29）。

图5-28 绿化带组织交通

图5-29 细叶美女樱美化城市

4. 散步休闲

附属绿地中面积大小不等的街道绿地、城市广场绿地、公共建筑前绿地。这些绿地中常设有园路、广场、坐凳等设施，可为附近居民提供健身、散步及休息的场所（图5-30）。

5. 结合生产

附属绿地的很多植物不仅观赏价值较高，而且可以提供果品、药材、油料等价值很高的产品，如七叶树、银杏、连翘。银杏的开发现已进入综合应用阶段，如叶、果都可以药用，落叶时收集落叶一方面可以药用，还可以净化街道环境。

6. 防灾、备战

附属绿化为防灾、备战提供了条件,它可以伪装、掩蔽,在地震时可以搭棚,战时可以砍树架桥等。

二、附属绿地的环境特点

1. 土壤贫瘠

由于城市长期不断地建设,完全破坏了土壤的自然结构。有的绿地是旧建筑的基础、旧路基或废渣土;有的土层太薄,不能满足所有植物生长对土壤的要求。有些地方土壤由于人为踩、压,出现板结、透气性差,使植物生长不良。

图 5-30 街道绿地的小路

2. 烟尘部分地段严重

车行道上行驶的机动车辆是街道上烟尘的主要来源,街道绿地距烟尘来源近,受害较大。烟尘能降低光照强度和光照时间,从而影响植物的光合作用,烟尘、焦油落在植物叶上可堵塞气孔,降低植物的呼吸作用。

3. 有害气体浓度大

机动车排出的有害气体直接影响植物的生长。由于植物的生活力降低造成其对外界环境适应能力也降低,因而易受病虫危害。

4. 日照强度受建筑影响较大

街道上的植物,有许多是处在建筑物一侧的阴影范围内,遮荫大小和遮荫时间长短与建筑物的高低和街道方向有密切关系,特别是北方城市,东西向街道的南侧有高层建筑时,街道北侧行道树由于处在阳光充沛的地段,生长茂盛,街道南侧的行道树由于经常处在建筑的阴影下而生长瘦弱,甚至造成偏冠。

5. 风速不均

附属绿地类型多样,如城市街道上的风速是各不相同的,有的地方有建筑物的遮挡时风小,而有的地方则由于建筑物的影响而使风力加强。强风可使植物迎风面枝条减少,导致树冠偏斜,还能把植物连根拔起,造成一些次生灾害。

6. 人为机械损伤和破坏严重

附属绿地中的道路绿地的街道上人流和车辆繁多,往往会碰坏树皮、折断树枝或摇晃树干,有的重车还会压断树根。北方街道在冬季下雪时喷热风和喷洒盐水,渗入绿带内,对树木生长也造成一定影响。

7. 地上地下管线很多

附属绿地中各种植物与管线虽有一定距离,但树木不断生长,仍会受到限制,特别是架空线和热力管线,架空线下的树木要经常修剪。管线使土壤温度升高,对树木的正常生长有一定影响。

三、附属绿地生态评价的指标体系

附属绿地的生态评价可以参考以下指标：单位面积投入建设资金、植物物种数量、乡土植物所占比例、生物多样性指数、有毒植物所占比例、药用植物所占比例、年养护次数、景观舒适度、景观与周围环境的协调性、绿地率、单位面积养护成本、空气中负离子含量、空气中氮氧化物含量、空气中二氧化硫含量、噪音水平、文化特色体现和教育功能。

以上指标的选择主要是依据生态学的基本原理和思想进行的。各指标的说明见前一节。

四、附属绿地的生态建设

1. 居住区绿地的生态建设

居住区绿地包括居住房屋前后的绿地、小区公园和小区其他绿地。小区公园的生态建设参考公园的生态建设。这里只讨论前两项。

（1）宅旁绿地的建设

房屋前后的绿地面积相对较小，但是与居民的生活密切相关。因此往往能体现一个居住小区绿化质量的好坏。

Ⅰ 所有植物不能有毒、也不能影响居民的正常生活　所以很多近距离接触或有飞粉的植物都不能使用，如夹竹桃、黄花夹竹桃、白花夹竹桃、长春花等，因为这些植物容易和小孩接触，导致他们中毒；

Ⅱ 种植一些高大的落叶庭荫树　居住区大多是南北朝向，所以南边的遮荫十分重要，一些落叶的庭荫树在夏天能很好地遮荫，冬天不影响采光，常见的植物有复羽叶栾树、栾树、银杏、白玉兰、鹅掌楸、檫木、梧桐等都是很好的植物；

Ⅲ 乔木距离建筑物间隔3m以上　这样可以减少乔木对于建筑的低层空间的影响，如避免了较小昆虫直接进入室内影响日常生活，也要避免树枝直接接近窗户而影响采光；

Ⅳ 种植一些具有杀毒、驱蚊的灌木类　这些植物的存在可以改善建筑物周围的环境，更有利于居住。如松柏科的植物可以杀菌，如柳杉、大叶黄杨等；

Ⅴ 种植少量的观赏灌木　如桃、梅、李、梨等植物，一方面可以起到观赏作用，另一方面有果实可以观赏，起到多方面的作用；

Ⅵ 地被植物不用或少用草坪，多用低矮的木本植物　一般居民区其物业管理费用不高，所以对草坪的养护管理一般很难到位，使草坪中杂草丛生，达不到草坪的景观效果；

Ⅶ 在建筑物的西边如果有条件尽可能种植爬墙虎等植物防晒　在南方建筑物西晒是比较严重的，室内温度会比其他房间高3~5℃，如果有藤本植物，可以在夏天较大程度上降低室内的温度；

Ⅷ 充分运用垂直绿化、屋顶、天台绿化、阳台、墙面绿化等多种绿化方式，增加绿地景观效果，美化居住环境。

（2）小区其他绿地的建设

Ⅰ 建议不设计喷泉或水景，当然有自然泉水的除外　如果泉水或自喷井水，一般的居民小区的水景90%以上都是干枯的，不仅不能起到美化的作用，更是一个不雅的景观。主要原因是水景的维护费用较高。

Ⅱ 道路绿地的建设　小区的主要道路绿化应与行道树组合，使乔、灌木高低错落自然布置，使花与叶色具有四季变化的独特景观，以方便识别各幢建筑。次干道因地形起伏不同，两边会有高低不同的标高，在较低的一侧可种常绿乔、灌木，以增强地形起伏感，在较高的一侧可种草坪或低矮的花灌木，以减少地势起伏，使两边绿化有均衡感和安定感。

Ⅲ 其他植物的选择同宅旁绿地中植物

2. 工厂附属绿地的生态建设

工厂的类型有很多，但是主要有几类：一类是污染物浓度较高的化工厂类，一类是精密仪表类，一类是普通的工厂。

（1）化工厂附属绿地的生态建设

化工厂一般都有不同的化学污染物，由于是生产车间所以其浓度也往往较高。附属绿地的功能除了美化外，还有吸收污染物、降低其浓度、加快其扩散的作用，因而必须注意以下几点：

Ⅰ 植物的选择必须依据工厂大气中的污染物的种类进行 虽然都是化工厂，但是其污染物种类和浓度会相差很大，为了保证植物的成活和植物景观的质量，必须依据污染的种类进行选择。有的植物抵抗SO_2的能力强，如银杏、刺槐、臭椿等；有的植物抵抗氯气的能力强，如紫荆、槐、紫藤等；有的抵抗光化学烟雾能力强，如连翘、冬青、鹅掌楸等。

Ⅱ 在化工厂能生长的植物不仅是能抗污染的植物，更应当是能吸收污染的植物 植物对于污染的适应有两种，一种是抵抗污染物，不使污染物进入植物体内，另一种是让污染物进入体内，但是通过体内的新陈代谢降解和转化它们，变成无毒物质。很明显后种在降低污染物质浓度方面效果更好，所以植物种类的选择应当能吸收降解污染物的植物种类。

Ⅲ 在工厂的周围植物的密度要较小，保持通透 污染物质由工厂产生，为了降低厂区内污染物质的浓度，厂房周围必须保护通透，植物的种植最好能促进空气的流通，因此厂区周围种植的植物上层的较大的乔木，密度不大，中层只有较少的灌木，下层是低矮的木本地被植物，生长较慢，高度不超过40cm，但密度要大。

Ⅳ 可以对一些乡土植物进行种植，挑选一些适应强的植物推广应用 现在对乡土植物的生理生态习性了解很少，虽然它们对于环境适应能力很强，但是对于污染物的适应能力怎样还不是很了解，所以必须对它们进行观察和研究，以便能挑选出一些能适应污染环境的植物。

（2）精密仪表厂附属绿地的生态建设

精密仪表厂的生产车间要求粉尘少，极个别的车间要求对空气进行专门处理，以满足精密仪器生产的环境要求，在植物配置过程中，因而必须注意以下几点：

Ⅰ 精密仪表厂主要降低粉尘的含量，因此植物选择时应以高大、叶宽且能较好吸附粉尘的植物为主，这样可以较好地吸附粉尘，常见的园林植物有：榆树、木槿、朴树、广玉兰等。

Ⅱ 与化工厂的植物配置不同，精密仪表厂车间周围植物的密度要较大，只有较多的植物才能尽可能地降低空气中的粉尘浓度。所以，上层是大的乔木、中层是耐荫的灌木（灌木数量不能太多）、下层是木本地被植物加少量的草本花卉。

Ⅲ 植物的观赏性主要体现在地被植物和灌木上，乔木主要欣赏其群体美和季相变化。

（3）普通工厂附属绿地的生态建设

普通工厂的附属绿地主要的作用是改善环境、美化环境和为人们提供休闲的环境，但同时又是厂区的一部分，所以这类附属绿地不仅要有观赏性而且还要接近自然环境。

Ⅰ 植物的选择和配置是以前提到乔、灌、草的多层配置；

Ⅱ 乔木的配置应当是常绿与落叶的种类搭配；

Ⅲ 灌木中选择一些观赏性强的灌木，同时选择一些可观花、观果且果可食的种类；

Ⅳ 地被植物以木本植物为主，加上少量的多年宿根花卉或多年生能自播花卉。

Ⅴ 选择一些松柏科的植物，这些植物可以分泌杀灭细菌的物质，这些物质可以减少工人得病的机会，提高生产率；

Ⅵ 在绿地中设置一些休闲的场所，为工人们在上下班的空闲提供放松的机会。

3. 道路绿地的生态建设

道路绿地是城市中分布最广、影响最大的一类绿地，通过道路绿地将城市中所有绿地都连接成网状。道路绿地按其在道路中的位置可以分为：上下行车道路的中央分车带绿地、机动车与非机动车的分车带绿地、非机动车与人行道的分车带绿地和道路边缘绿地。在宽度不同的道路上，绿地的数量不一样，面积也不一样。

(1) 上下行车道路的中央分车带绿地

这类绿地主要是起着分隔上行、下行机动车的目的，因而通过分隔能保证行车安全。除此之外，由于有大量低矮的植物因而还有改善道路局部小气候、美化道路的作用。

根据道路宽度的不同，中央绿地的宽度也有较大的变化，总的来说在 5~15m。由于道路绿地较宽，因而植物种类选择和景观设计方面有较大的空间。可以考虑以下几方面：

Ⅰ 所有选择的植物以能吸收和抵抗氮氧化物、二氧化硫为主 这样可以尽可能吸收有毒气候，降低污染物的浓度。

Ⅱ 由于位于道路中央，所以养护管理相对较难 因而植物的选择尽量选择容易养护的植物。

Ⅲ 中央绿地的乔木，一方面为行车提供遮荫，同时也具有良好的观赏习性植物 如复羽叶栾树、枫香和合欢等，主要在夏季或秋季形成特色观赏景观，同时都是速生树木，生长迅速，能为车辆迅速提供遮荫，是较为理想的行道树。同时，这些树木由于生长迅速，成本较低，虽然银杏的观赏性也相当不错，但是移植时的成本高，如果是小苗移植形成较好的遮荫树冠的时间很长。

Ⅳ 乔木的密度不能太大，在为车辆提供遮荫的前提下，不能影响行人对道路对面建筑和景观的观赏。

Ⅴ 灌木可以不用修剪成规则的球形或塔形，均采用自然式种植 选择的灌木有：罗汉松、紫叶李、紫叶桃、梅、月季、含笑、木芙蓉、山茶、紫荆、紫薇。早春有紫叶李、紫叶桃、梅、紫荆和月季开花，夏季有合欢和紫薇开花，秋季有木芙蓉开花、枫香观红叶，冬季有山茶开花，四季有花可观。

Ⅵ 地被植物可以选择一些观赏性强、生长较慢、耐修剪的植物 如金边六月雪、紫叶小檗、杜鹃地被，三者高度有一定的变化，金边六月雪最矮，杜鹃次之，紫叶小檗最高，可以根据需求修剪成不同高度的地被植物并形成各种层次和曲线，以体现韵律和节奏美。

Ⅶ 草本地被植物可以选择一些宿根或具自播能力的植物 如紫茉莉、二月蓝、半枝莲、雏菊和金盏菊等。

(2) 机动车与非机动车的分车带绿地

该绿地主要是分隔机动车和非机动车，一般宽度是 5～8m 之间，这种宽度限制了植物的选择和植物景观的设计，因而必须注意以下几点：

Ⅰ 所有选择的植物以能吸收和抵抗氮氧化物、二氧化硫为主。

Ⅱ 所选植物要求无毒、无其他任何副作用　因为这些可能被行人无意中近距离接触，为了保证行人的安全，必须要求所选植物无毒。

Ⅲ 植物要有较强的观赏性　由于车速较慢，所以行人和非机动车驾驶员有时间来欣赏景观。

Ⅳ 植物的应用方式不必拘泥于规整的修剪方式，对一些灌木可以采用自然式种植。

Ⅴ 行道树可以选择香樟、栾树等萌芽性强、生长迅速，树冠开展的乔木。

Ⅵ 灌木不采用修剪成规则的球形或塔形，均采用自然式种植　选择的灌木有：罗汉松、紫叶李或紫叶桃、梅、月季、木芙蓉、山茶、紫荆、紫薇。早春有紫叶李、紫叶桃、梅、紫荆和月季开花，夏季有合欢和紫薇开花，秋季有木芙蓉开花、枫香观红叶，冬季有山茶开花，四季有花可观。

Ⅶ 地被植物可以选金边六月雪、水栀子、红檵木、杜鹃、八仙花作地被，可以根据需求修剪成不同高度的地被植物。

Ⅷ 草本地被植物可以选择紫茉莉、二月蓝、半枝莲、雏菊、金盏菊、孔雀草、萱草、石蒜、葱兰、红花酢浆草、大花金鸡菊和常夏石竹等，但面积不宜过大。

(3) 非机动车与人行道的分车带绿地

该绿地主要是分隔非机动车和行人，一般宽度是 3m 左右，这种宽度限制了植物的选择和植物景观的设计，因而必须注意以下几点：

Ⅰ 植物应当安全，对行人无毒、无伤害作用；

Ⅱ 植物以观赏性为主，考虑到宽度的限制，不可能进行自动喷灌，所以植物应耐旱、耐高温、耐践踏；

Ⅲ 不使用草坪，因为草坪养护较困难且容易受到践踏；

Ⅳ 处理好绿地中的管线和下水道，不能因为植物而影响这些基础设施；

Ⅴ 土壤相对较贫瘠，由于宽度较小，所以植物的种类相对较少，但是单个个体的数量较多。为了丰富景观、增加种类多样性，在设计过程中，可以在同一道路不同路段采用不同植物；

Ⅵ 行道树主要考虑夏天为行人提供遮荫，除此这外，还应当没有不良污染物、无病虫害、生长迅速等，不同地方种类不一样，以长沙为例，香樟是最好的行道树之一；

Ⅶ 灌木种类选择的范围较大，但是一个路段的种类不宜过多，但不同地段可以用不同的植物营造不同的景观，体现设计者的特色。可以选用的植物有金钟花、腊梅、火棘、贴梗海棠、白鹃梅、棣棠、郁李、梅、稠李、紫叶桃、樱桃、李、紫叶李、榆叶梅、月季、绣线菊、红叶石楠、金丝桃、紫荆、紫叶小檗、南天竹、含笑、红檵木、黄杨、大叶黄杨、三角槭、红翅槭、五裂槭、鸡爪槭、扁担秆、木芙蓉、木槿、山茶、紫薇、石榴和灯台树等。

Ⅷ 地被植物往往是为了一些图形或图案，因而其应用的种类不是很多，而且在一小块绿地应用的种类更少，如月季、金边六月雪、水栀子和杜鹃等，这些植物一般可以根据需求修剪成不同高度的地被植物。

Ⅸ 草本地被植物尽可能少用，局部应用可以营造特色景观，如紫茉莉、二月蓝、半枝莲、雏菊、金盏菊、孔雀草、萱草、石蒜、葱兰、红花酢浆草、大花金鸡菊和常夏石竹等。

(4) 道路边缘绿地

道路边缘绿地由于地形等的关系，绿地形态往往千变万化，有的地方宽度不足1m，有的地方达10多米，因而其景观也没有统一的规律。但是作为道路边缘绿地在构建过程中，注意以下几点：

Ⅰ 植物应当安全，对行人无毒、无伤害作用，不会对小孩构成危险；

Ⅱ 植物以观赏性主为，考虑到宽度的限制，不可能进行自动喷灌，所以植物应耐旱、耐高温、耐践踏；

Ⅲ 不使用草坪，因为草坪养护较困难且容易受到践踏；

Ⅳ 由于宽度的变化，所以在适当的地方设计一些小游园，为附近居民的休闲提供一些方便，构建过程中不用硬质铺装；

Ⅴ 植物景观中乔木主要从景观的角度进行考虑，因而建议选用落叶、观赏性的乔木，如银杏、复羽叶栾树、无患子、黄枝槐等；

Ⅵ 灌木种类选择的范围较大，但是一个路段的种类不宜过多，但不同地段可以用不同的植物营造不同的景观，体现设计者的特色。可以选用的植物有金钟花、蜡梅、火棘、贴梗海棠、白鹃梅、棣棠、郁李、梅、稠李、紫叶桃、樱桃、李、紫叶李、榆叶梅、月季、绣线菊、红叶石楠、金丝桃、紫荆、紫叶小檗、南天竹、含笑红檵木、黄杨、大叶黄杨、三角槭、红翅槭、五裂槭、鸡爪槭、木芙蓉、木槿、山茶、紫薇、石榴和灯台树等。

Ⅶ 地被植物往往是为了一些图形或图案，因而其应用的种类不是很多，而且在一小块绿地应用的种类更少，如月季、金边六月雪、水栀子和杜鹃等，这些植物一般可以根据需求修剪成不同高度的地被植物。

Ⅷ 草本地被植物尽可能少用，局部应用可以营造特色景观，如紫茉莉、二月蓝、半枝莲、雏菊、金盏菊、孔雀草、萱草、石蒜、葱兰、红花酢浆草、大花金鸡菊和常夏石竹等。

4. 机关附属绿地的生态建设

机关附属绿地主要是机关办公楼前后为了美化环境、烘托建筑气势和提供休闲环境而构建的一类绿地。由于面积不同、建筑不同以及机关性质的不同，附属绿地构建也要随之变化，但注意以下几点：

Ⅰ 绿地除了要净化环境外，还要充分发挥植物的生态效益 植物生态效益方面，最差的是草坪，因而除了少量的地方外，建筑的前后尽可能少用草坪。

Ⅱ 建筑物前需要烘托建筑的气势，因而种植一些低矮的地被植物 植物应当以木本的植物为主，且高度最好不要超过40cm。

Ⅲ 建筑物前以景观为主的，种植一些高大的乔木，下面配置耐荫的地被，使整个景观显得较通透。

Ⅳ 建筑物后面积较大时可以设计休闲的小园，植物以富有野趣的植物群落为主。

五、附属绿地的生态建设实例

1. 街道绿地实例

(1) 长沙市道路绿地概况

长沙市自2000年以来，对于城市道路进行了大规模的改造，在改造过程中除了增加道路宽度以外，还增加分车带绿地和道路两边绿地。现在长沙市道路已形成完整的交通网，三环线也全部通车。在改造过程中，有许多分车带景观做得很漂亮也很生态，也有的做得较差且养护不到位。

(2) 道路绿地景观

道路绿地的分车带起着分隔人流与车流、美化景观和改善局部空气质量的作用。好的景观具有良好的观赏性，例如月季(图5-31)、杜鹃(图5-32)、山茶(图5-33)，除此之外，还有其他的植物在道路绿地进行应用(图5-34～图5-39)，在这些图片中，主要是从观赏的角度；但是从生态的角度，这些地段的植物在选择上可以多层次，而且在高度也可以更高一些。如图5-31左边的植物可以选择高度更高的一些灌木，而且可以高低错落，增加层次和美感；图5-33右图中山茶往往修剪成为球形，虽然可以观赏山茶花，但是没有自然姿态的山茶美丽，而且层次感太差了些。

图5-31 月季在分车带应用形成的景观

图5-32 漂亮的道路绿地植物景观

图5-33 山茶在道绿地上的应用

杜鹃、桂花(图5-34)和紫薇(图5-35)都是在分车带常用的植物,形成的多层次的群落也很漂亮,但是所形成的景观太过于整齐,缺少变化。多层次的植物应用往往更漂亮(图5-36),用竹块分隔分车带中央形成的景观也富有特色(图5-37)。

图 5-34　杜鹃和桂花形成的分车带景观

图 5-35　紫薇形成的分车带景观

图 5-36　分车带局部的植物群落

图 5-37　竹块分隔中央分车带形成的景观

图 5-38　石材在分车带的应用

图 5-39　红枫形成美丽的景观

除此之外,道路绿地中应用一些观赏性强的植物和景石能形成独特的景观(图5-38,图5-39),如果应用不当,形成的景观达不到预期的效果。

道路绿地中如果植物应用不当,形成的景观往往较差(图5-40~图5-49),也达不到预期的效果。

第五章 生态学思想在园林绿地构建中的应用

图 5-40　养护不到位的分车带植物景观

图 5-41　大面积的草坪且养护较差

图 5-42　分车带上生长差的地被植物

图 5-43　分车带上植物景观较差的配置

图 5-44　养护较差的绿篱

图 5-46　草坪上冬景单调的龙柏

图 5-47　养护不到位的分车带景观

图 5-45　雀舌栀子在冰冻中受到冻害死亡

图 5-48　层次较差的分车带植物景观　　　图 5-49　缺少乔灌木的分车带植物景观

　　道路绿地中非生态的景观往往表现在植物景观群落结构的不合理：Ⅰ很多只有地被，无大的灌木和乔木；Ⅱ植物种类选择不当，使植物生长不良甚至死亡；Ⅲ过多应用草坪且养护不到位，导致草坪退化，大量土地裸露；Ⅳ种植的植物景观与周围环境不相协调；Ⅴ应用一些有毒植物；Ⅵ植物选择不当，养护成本高。

2. 幼儿园附属绿地实例

　　一般来说，城市中的幼儿园规模较小，所以幼儿园户外空间的活动范围也相对较小，所以各种功能不可能得到充分体现。图 5-50 为正规的幼儿园室外活动空间的分布示意图。一般设有公共活动场地、班组活动场地、菜园、果园、小动物饲养基地等。这种设计一方面为幼儿的活动提供了场地，另一方面也为幼儿认识自然界的植物提供场所，这样既可以娱乐也可以起到教育的功能。

　　幼儿园绿化植物种类选择可多种多样，但要注意不能用有刺、有毒、有恶臭以及易引起过敏反应的植物，以免影响儿童健康。

　　在幼儿园植物的应用过程中，尽量选用一些低矮的地被和高大的乔木组合，低矮的植物不会影响幼儿的玩耍，高大的乔木可以提供遮荫。较高的灌木不大适合于幼儿园中（图 5-51），灌木里面容易隐藏一些有毒的昆虫、小动物，可能会对幼儿造成伤害。

　　在一般的幼儿园中植物应当具有较强的观赏性，且种类较少，不会影响幼儿的活动且不会有害；如果空间太小，一般可以不种植地被和灌木，只种植大的乔木，乔木下安排幼儿活动的场所（图 5-52）。

　　如果幼儿园中绿地养护不到位，会造成杂草丛生（图 5-53），不仅不美观，而且会影响

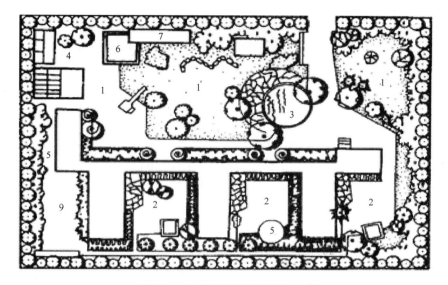

图 5-50　幼儿园的场地及绿化布置
1. 公共活动场地　2. 班组活动场地　3. 戏水池　4. 生物角　5. 沙地　6. 沙坑
7. 水槽　8. 防护林　9. 杂务院

图 5-51　幼儿园中植物围合的空间

图 5-52　幼儿园中的嬉戏场地

幼儿的活动，其中藏匿的昆虫、小动物会危及幼儿的安全。

3. 校园绿地实例

(1) 中南林业科技大学校园概况

图 5-53　养护不到位的草坪

中南林业科技大学长沙校区有面积 800 多亩，为了教学的需要，乡土植物和引进的植物种类达 1000 多种，良好的土壤环境和多种美丽的观赏植物使得校园绿树成荫，鸟语花香。

（2）校园绿地景观

图 5-54　八仙花（左）和月季（右）作地被

八仙花观赏性强、落叶，开花时间 6~7 月，持续时间可达两个月，是良好的地被植物；月季是灌木（图 5-54 右图），一年开花的次数在长沙可以达 6 次以上，观赏时间长，是园林中广泛应用的植物，但在应用过程中，必须达到一定的密度，否则土壤裸露，景观效果很差（图 5-54 右图）。如果月季的密度达到一定值，其景观效果相当好，但其最好种植于道路两侧，呈带状种植，上方有少量的行道树。

图 5-55　多层次的植物配置

在校园绿地的配置中应当乔、灌、地被搭配，形成复合的群落景观，可四季有花可赏，有景可看，但是在应用过程中乔、灌、地被的比例可以适当调整，如在建筑侧面，乔、灌木可以多一些(图5-55左图)，但是在教室的前面，地被植物必须多一些，不能影响室内采光(图5-55右图，图5-56)。

图5-56　熊掌木种植于建筑物北面

图5-57　红花酢浆草和紫叶酢浆草作地被

图5-58　爬墙虎绿化墙体

图5-59　栀子作地被

图5-60　杜鹃与紫叶酢浆草搭配作地被

图5-61　金边六月雪作地被

地被植物虽然低矮，但是在园林中应用十分广泛，不仅具有较强的观赏性，而且盖度较大(图5-57～图5-61)，但是如果有多种地被植物同时应用且是草本和木本搭配，其效果可能更好(图5-60)。

行道树在校园绿地中也十分重要。校园绿地的土壤条件相对较好，行道树生长也好，所以形成的景观很漂亮(图5-62、图5-63右图)。但如果种植不当,或者植物生长缓慢,则暂时的景观不能令人满意(图5-63左图),如果植物生长迅速,且具有良好的观赏性,会受到大众的喜爱(图5-63右图),如栾树8~9月金黄色的圆锥花序,10月红色的蒴果十分漂亮,且生长迅速,树冠开展,分枝点高,是十分好的行道树。

图5-62　天竺桂(左)和复羽叶栾树(右)作行道树

图5-63　撒金东瀛珊瑚(左)和八角金盘(右)种植在香樟林冠下层

在林冠下面的光强往往相对较弱,不适合于强阳性植物生长,但适合于耐荫或阴性植物生长,且与上层的乔木搭配,能形成复合的植物群落结构,景观效果和观赏性都相当不错。图5-63为香樟林下种植的撒金东瀛珊瑚(左)和八角金盘(右),撒金东瀛珊瑚是喜荫植物,强光下生长不良甚至死亡,在香樟林下生长良好;八角金盘为耐荫植物,在强光下也能生长,但在7、8月份时会有日灼发生,在林冠下叶片大、生长快,生态效益好。

在设计植物景观过程中,如果植物选择不当或者养护不到位形成的景观往往不舒服,也不被人们所接受。图5-64用栀子作绿篱,雀舌栀子作地被,二者开花时间接近,虽然植物生长较好,但是观花期太近,如果能错开最好。图5-65围墙只有一排行道树,下面没有灌木,所以树上的粉尘浓度很高,如果能在下面种植一排灌木或者藤本,则一方面可以遮挡墙体,另一方面也可以降低空气中的粉尘含量。

地被植物或草坪如果养护不到位,则形成的景观很差。图5-66左图大量的土壤裸露,使人看到很不舒服,右图草坪没有修剪和养护,杂草丛生,达不到预期的景观效果。

在植物景观的设计过程中,往往会引种一些观赏性强的植物种类,如果引种不当,营造出的景观往往与设计的景观相差很大。图5-67左图为十大功劳作地被景观,虽然十大功劳

图 5-64　栀子作绿篱，雀舌栀子作地被

图 5-65　生态效益欠佳的植物配置

活了，但是一年中大部分时间叶片有了烟霉病，叶片很难看，景观效果也较差；右图为黄栌引种到校园的景观，早春生长非常好，到了秋天后叶片上大部分都有白粉病，严重影响了它的观赏性，因为黄栌为秋色叶植物，得了白粉病后也无法观赏它的红叶，已达不到预期的景观效果。

图 5-66　养护不到位的红檵木（左）和草坪（右）

图 5-67　引种不当的十大功劳（左）和黄栌（右）

校园绿地中景观较差的原因往往有：Ⅰ植物搭配不合理，养护成本高，如喜荫的植物种植在强光下；Ⅱ引种不当，导致植物无法适应当地的气候环境，植物生长不良或容易出现病虫害为害；Ⅲ养护管理不到位，导致景观退化或杂草入侵；Ⅳ种植的植物景观与周围环境不相协调；Ⅴ应用一些有毒植物。

4. 医疗单位附属绿地实例

（1）长沙市中心医院概况

长沙市中心医院位于韶山南路，成立于1998年，占地185亩，固定资产达7亿人民币。院内环境优美，四季花开不断。

（2）长沙市中心医院景观

棕榈科植物反映的是热带风光，但由于棕榈植物高度不是很高，所以需要低矮的植物才能显现出景观，因而园林中一般都是种植草坪，草坪形成的景观虽然通透（图5-68，图5-69），如果草坪上面有大的乔灌木且数量较多，能形成曲径通幽的效果（图5-70）；但草坪养护成本高，且生态效益差，因而在医院里尽量少用。相同的景观可以用低矮的地被植物和个体较高的棕榈来替代，地被植物的养护成本一般比草坪低，生态效益高，而且观赏性要强，漂亮的花朵、鲜艳的色彩、多层的群落能组成有利于病人康复的环境，加快病人的康复。

图5-68　棕榈科植物与草坪形成的通透景观

图5-69　通透的草坪景观　　　　**图5-70　曲径通幽的景观效果**

地被植物在园林中应用广泛，而且很多具有较强的观赏性，能和乔木形成多层的景观，从而具较强的观赏性和生态效益（图5-71，图5-72，图5-73），这些植物应用过程中，要满足其生态位的要求，以使它们生长好从而展现出其景观效果，但是尽量少用草坪，多用一些具有自播能力且观赏强的花卉。

低矮植物除了与大的乔木、花卉搭配外，与岩石搭配也别具风韵（图5-74）。如果不是大体量的假山，一般要求植物比较低矮，且具有良好的观赏性，颜色能与岩石相协调。

第五章 生态学思想在园林绿地构建中的应用

图 5-71　八仙花（左）和孔雀草（右）作地被

图 5-72　多层次的植物配置

图 5-73　多层次的植物配置显著　　　　　图 5-74　植物与岩石的搭配

图 5-75　水池严重富养化　　　　　　　图 5-76　绦柳作庭荫树

另外，在景观营建过程中，植物应用的好坏直接影响景观的效果。同样是绦柳，种植在地下车库出入口，周围没有水体，虽然生长较好，但是景观效果较差（图5-76），但种植在水边，即使水的质量较差，但是绦柳形成的景观是相当漂亮的（图5-75），而水体的富养化需要通过定期补水、人工增氧等措施来解决。

5. 机关单位附属绿地实例

（1）长沙市天心区人民法院简介

位于长沙市湘府路湖南省政府旁，面积13亩*，建成于2005年。院内环境优美，四季花开不断。

（2）长沙市天心区人民法院附属绿地景观

水体景观给人带来灵气、清新，也使人更加清醒和精神，因而在所有的机关、企事业单位中都尽可能修建水体，形成漂亮的水体景观（图5-77）。只是在修建过程中，必须考虑水源、水体的流动性和养护成本。如果没有地下水或者其他水源，依靠自来水来补充水源，其养护成本会过高，并且只依靠水体植物本身的净化作用一般情况下是不够的，必须考虑增氧措施或水的循环，如果成本高一点，可以考虑安装喷泉，但有违生态原则。

园林景观往往以植物、建筑、水体和地形组成。这四者的巧妙组合能组成美丽的景观（图5-78，图5-79）。多层次的植物配置给人的感觉是不断变化的（图5-80）。

图5-77　漂亮的水景

为了突显建筑物的高大，建筑物前往往采用大面积的草坪（图5-81），虽然视野开阔，但是养护成本高，而且草坪根系浅，保水保肥能力更差，其景观用水的成本更高。

植物景观三分靠种植，七分靠养护，养护不到位往往会造成水体的富养化（图5-82）、景观退化等景观（图5-83～图5-85），与原来设计的景观相差很大，达不到预期的景观效果。

---

* 1公顷=15亩

第五章 生态学思想在园林绿地构建中的应用

图 5-78 漂亮的植物景观

图 5-79 漂亮的植物景观

图 5-80 多层次的植物景观

图 5-81 开阔的草坪景观

而且图 5-84 与图 5-85 都是采用大面积的草坪，如果用低矮的地被植物，养护管理更容易。

图 5-82　富养化的水体

图 5-83　养护不到位的地被

图 5-84　较差的草坪景观

图 5-85　养护不到位的草坪

6. 居民小区附属绿地实例

（1）三湘小区概况

三湘小区位于长沙市韶山南路与香樟路口交叉处，原来是三湘客车厂的职工居住区，后来进行房产开发后成为了经济适用房小区，小区人口多，建筑密度大，居住区绿地较少。部分绿地人为养护较好，景观不错，有些绿地人为养护不到位，景观效果差。

（2）附属绿地景观

墙体绿化是园林中的重要组成部分（图 5-86、图 5-87），不仅可以将不雅的景观遮挡起来，而且可以形成独特的景观，产生良好的生态效益，因而在各种场所都十分重视。

图 5-86　爬墙虎垂直绿化

图 5-87　南迎春垂直绿化

居住区绿地中大多设计有水景，好一点的有喷泉或瀑布，在水景旁种植绦柳是常见的景观（图5-88），既能体现水的灵气又体能柳树的飘逸。在假山、岩石上种植植物相对较少，常见的日本五针松、铺地柏等，还有一些蔓性藤本植物，如香花崖豆藤（图5-89）。

墙体景观除了用藤本植物进行绿化外，较矮的墙体可以用灌木进行绿化，常用的灌木是法国冬青（图5-90），不仅生长快，而且观赏性好，是墙体前绿化的好材料，但法国冬青前最好栽种一些其他生长慢的灌木，这样高低结合，效果更好；而且在初期墙体可以用一些藤本进行绿化，二者结合效果更好。

居住小区中垃圾收集和处理是一难点，如果堆积在地上不仅有碍景观，而且污染周围的空气，而垃圾收集隐于地下则不仅可以解决景观问题，而且对周围空气的污染可以减少（图5-91）。当然图5-91中，背后的墙体再用爬墙虎、常春藤等藤本植物绿化，其效果会更好。

图5-88　绦柳形成的景观

图5-89　香花崖豆藤与岩石搭配

图5-90　法国冬青作绿篱遮挡墙体

图5-91　垃圾收集场

一般的居住区绿地往往由于养护管理不到位或者建设设计时生态学思想缺乏，导致了一些景观的不美丽或有待进一步完善，如图5-92左图，养护管理不到位，导致了苏铁的死亡；右图中绿篱种类为金边六月雪，栾树和乌蔹莓在上面生长良好，但是整体景观较差，当然不是说一定要修剪整齐，可以是自然式的绿化，但是景观的变化要富有情趣；另外，右图中完全可以种植一些爬墙虎等垂直绿化植物，然后在爬墙虎附着墙体后再种凌霄，形成的景观也相当不错。

现在居住区中广泛应用草坪，但是往往由于养护费用太高，导致了对草坪不养护，让本地的一些杂草如狗牙根等占据了主导地位，生长高低不齐，给人的感觉是杂草丛生，景观质量差（图5-93）。

图 5-92　养护不到位的草坪(左)和绿篱(右)

图 5-93　景观较差的绿地

第四节　生产绿地的生态建设

一、生产绿地的作用

1. 提供城市绿化所需的苗木

园林建设往往需要大量的苗木，而这些除了从外地购买外，大部分依靠本地的生产绿地提供。

2. 净化空气，提高空气质量

生产绿地同样具有生态功能，具有净化空气，提高空气质量的作用。

3. 形成特殊的观赏景观

生产绿地大面积的苗木培育过程中，植物的开花结果往往会形成壮美的景观。

4. 进行品种繁育

在培育苗木的过程中，往往培育和发现新的品种，这种工作会为绿化提供新的素材。

5. 活跃当地经济

生产绿地往往经济效率较好，收入也较高。因而生产绿地可为当地的居民带来可观的经济收入。

二、生产绿地的生态性评价

由于生产绿地是人为集约管理的苗木培养基地，因而严格按生态学的思想来评价没有任何意义。因为这些地方投入的人力、物力和财力都是相当大的,这与生态学的最低能量原则不一致。而且物质输入也相当多,有些还采用了一些促进植物生根和生长的化学物质。

但是,生产绿地的景观效果和生态效益还是比较明显的,在创造经济效益的同时,也创造了社会效益和生产效益。

三、生产绿地存在的问题及对策

1. 存在的问题

(1) 植物种类较少　由于育种投入的成本高、获得效益的时间长,所以大部分生产绿地都不愿意去培育新的品种,而是培育市场上已有或刚开始的种类。

(2) 移植的种类和数量很多　为了获得较高的经济效益,往往从就近的农村中购买大的野生苗木,经过处理后直接假植到生产绿地,然后出售。

(3) 植物形态异形　为了运输的方便,很多大树在购买时都对树冠进行了处理,好一点只是疏枝、疏叶,严重的成了断头树,严重影响了植物的正常形态和景观质量。

(4) 跟风现象严重　一个好的品种出来,全国各地都可以见到,风靡大江南北。

2. 对策

(1) 国家出台政策,鼓励新品种的培育　市场经济条件下,利益是人们放弃新品种培育的主要原因,只要国家有扶持政策,大多数花农还是愿意进行这项工作的。

(2) 限制大树进城的数量　虽然大树能在短时间内获得良好的景观,但是如果处理不当,会对农村的自然环境造成严重的破坏。

(3) 对于断头树等异形树,在管理中可以部分禁止使用的措施,减少其数量和种类。

(4) 加强对园林设计的管理力度,使正规的设计公司和好的设计作品能应用于实践。

第五节　防护绿地的生态建设

一、防护绿地的作用

1. 吸收有毒气体,提高空气质量

防护绿地主要作用之一就是通过绿地里的植物吸收周围大量的有毒气体,减少空气中有毒气体的含量。

2. 降低空气中的粉尘的含量

粉尘是城市中的主要污染物之一,给居民的生活带来很大的影响和不便,严重污染周围环境。通过树木叶片和树干可以吸附粉尘,降低空气中的粉尘含量。

3. 降低空气中的噪音

由于生产和生活,城市中的噪音含量相当高,通过植物的阻隔和吸收,可以大大降低防护绿地周围的噪音含量。

4. 形成特殊的植物景观

防护绿地中的植物除了具有典型的生态效益外,还具有可观赏的树形、美丽的花朵和漂亮的果实,因而防护绿地的园林植物能形成特殊的植物景观。

5. 完善城市的绿地系统

作为城市的完整的绿地系统,除了面积较大外,而且必须连接成片,才能使整个绿地系统完整，这样才能使城市绿地系统内的物流和能流有序地进行。

二、防护绿地的生态评价指标

防护绿地的生态评价可以参考以下指标：单位叶片植物净光合速率、植物对二氧化硫抗性程度、植物对氮氧化物的抗性程度、景观舒适度、景观质量、景观与周围环境的协调性和空气中负离子含量。以上指标的选择主要是依据生态学的基本原理和思想进行了。

三、防护绿地存在的问题及对策

1. 存在的问题

（1）植物种类选择不当　由于不同地区污染物种类和浓度相差较大，所以在植物选择上往往种类不是很准确，导致植物生长不良，不能发挥植物应有的防护效果。

（2）养护管理不当　由于防护绿地主要的是公共效益，小范围内的经济效益和社会效益不明。

（3）景观质量有待提高　虽然防护绿地的主要功能是防护作用，但是同时有好的景观可赏是防护绿地的最高追求，但现在许多防护绿地可观赏性较差。

2. 对策

（1）加强基础研究　植物种类选择不当的主要原因是设计师对于植物的特性不清楚，比如植物的光饱和点是多少，最大光合速率是多少，二氧化碳饱和点是多少，抗旱性、抗污染性等都不是很清楚。

（2）加强养护管理　除了加强人员安排外，提高公众环境保护意识。对于已经衰老的防护林及时更新，充分发挥其生态效益和经济效益，也提高可观赏的景观质量。

（3）加强对防护绿地的设计　选择正规且具有一定设计实力的单位进行设计，做到既有防护效果又有景可观。

第六节　风景名胜区的生态建设

其他绿地包括风景名胜区、水源保护区、郊野公园、城市绿化隔离带、野生动植物园、湿地、垃圾填埋场恢复绿地等，其中最受人关注的还是风景名胜区绿地。

一、风景名胜区绿地的环境特点

1. 植物种类多样

由于风景名胜往往是一些原来自然条件好，但位置较偏的地方，所以植被保护相对较好，种类较多，同时保持着自然的植物群落结构，遭受人为破坏很少。

2. 气候条件多变

由于风景名胜区的海拔高度变化较大，所以不同地方的小气候相差较大，这为不同植物的生长提供了有利条件。

3. 环境质量好

由于有山有水，植物种类和数量都很多，而且有自然水体，所以整个风景名胜区空气质量好。同时，由于人为影响和破坏相对较轻，所以环境质量整体较好。

4. 自然景观好

风景名胜之所以成为风景区，往往是由于优美的自然风景，当然有些是自然风景和人文景观的结合。如果只有人文景观是成不了风景名胜区的。

二、风景名胜区的生态评价的指标

风景名胜区的生态评价可以参考以下指标：单位绿地面积投入建设资金、植物物种数量、生物多样性指数、景观舒适度、景观质量、景观与周围环境的协调性、自然景观的被破坏度、空气中负离子含量、最大的环境容量、最大单位面积单位时间内的人流数和景区收入的变化。

三、风景名胜区实例

1. 张家界

张家界国家森林公园以峰称奇，以谷显幽，以林见秀，三千座石峰拔地而起，形态各异，峰林间峡谷幽深，溪流潺潺。春天山花烂漫，花香扑鼻；夏天凉风习习，最宜避暑；秋日红叶遍山，山果挂枝；冬天银装素裹，满山雪白。公园一年四季气候宜人，景色各异。三千奇峰，八百秀水，演绎出张家界国家森林公园的传奇，展示着自然之美，且绝大部分地方未受到人为破坏。也正因为张家界人为破坏较少、景观漂亮、富有自然气息，所以现在人们都愿意到张家界旅游、休闲（图5-94～图5-98）。

图5-94 模拟自然的扶手

图5-95 美丽的自然景观

图5-97 "雾海金龟"景观

图5-98 "通天河"景观

图 5-96　未受人为破坏的自然景观

2. 桂林山水

桂林的地质地貌与张家界有些相似,是石灰岩地貌,张家界的景观以山取胜,而桂林美在山和水,由于有水,所以景观中多了许多灵气(图 5-99)。

风景名胜区规划过程中,最重要的方面就是要保留自然的山水,忌人为大面积的破坏,这也是风景名胜区能吸收游人的主要方面,也是生态学思想的应用。

思 考 题

1. 城市园林绿地可以分为哪些类型？各类型包括哪些范围和内容？
2. 园林绿地构建中应用的基本原理有哪些？
3. 园林绿地生态评价的基本原则有哪些？指标体系包括哪些？常用的生态评价方法有哪些？
4. 构建生态的园林绿地的前提条件有哪些？
5. 公园有哪些作用？其环境有哪些特点？
6. 公园绿地生态评价指标体系中包括哪些指标？各指标的生态目标是什么？
7. 附属绿地有哪些作用？其环境有哪些特点？生态评价的指标体系包括哪些？

第五章 生态学思想在园林绿地构建中的应用

图 5-99　桂林山水

8. 生产绿地的作用体现在哪些方面？存在哪些问题？该采取哪些对策？
9. 防护绿地的作用体现在哪些方面？存在哪些问题？该采取哪些对策？
10. 风景名胜区绿地的环境有什么特点？其生态评价的指标包括哪些？

中文—拉丁名检索表

桉树 *Eucalyptus* spp
凹叶厚朴 *Magnolia officinalis* Rehd. Et Wils. ssp. Biloba
八角金盘 *Fatsia japonica* (Thunb.) Decne. Et Planch.
八仙花 *Hydrangea macrophylla* (Thunb.) Seringe
白刺花 *Sophora davidii* (Franch.) Skeels
白花夹竹桃 *Nerium indicum* Mill. cv. Paihua
白桦 *Betula platyphylla* Suk.
白鹃梅 *Exochorda racemosa* (Lindl.) Rehd.
白蜡 *Fraxinus chinensis* Roxb.
白栎 *Quercus fabri* Hance
白皮松 *Pinus bungeana* Zucc. et Endi
白榆 *Ulmus pumila* L.
白玉兰 *Magnolia biondii* Pampan
柏木 *Cupressus funebris* Endl.
半枝莲 *Scutellaria barbata* D. Don
扁担杆 *Grewia biloba* G. Don
变叶木 *Codiaeum variegatum* (L.) A. Juss.
苍耳 *Xanthium sibiricum* Patrin ex Widder
草地早熟禾 *Poa pratensis* Linn.
侧柏 *Platycladus orientalis* (Linn.) Franco
茶花 *Camellia japonica* Linn.
茶条槭 *Acer ginnala* Maxim.
茶叶 *Camellia sinensis* (L.) O. Ktze
檫木 *Sassafras tzumu* Hemsl.
长春花 *Catharanthus roseus* (Linn.) G. Don
常春藤 *Hedera helix* L.
常夏石竹 *Dianthus plumarius* L.
柽柳 *Tamarix chinensis* Lour.
池杉 *Taxodium ascendens* Brongn
赤松 *Pinus densiflora* Sieb. et Zucc.
稠李 *Padus racemosa* (Linn.) Gilib.
臭椿 *Ailanthus altissima* (Mill.) Swingle
除虫菊 *Pyrethrum cinerariifolium* Trev.
雏菊 *Bellis perennis* Linn
垂柳 *Salix babylonica* L.
垂丝海棠 *Malus halliana* Koehne
刺柏 *Juniperus formosana* Hayata
刺槐 *Robinia pseudoacacia* L.
葱兰 *Zephyranthes candida* Herb
粗榧 *Cephalotaxus sinensis* (Rehder et E. H. Wilson) H. L. Li
粗肋草 *Aglaonema* spp.
大豆 *Glycine max* (Linn.) Merr.
大花金鸡菊 *Coreopsis grandiflora* Hogg
大花栀子 *Gardenia jasminoides* Ellis
大丽花 *Dahlia pinnata* Cav.
大麦 *Hordeum vulgare* Linn
大岩桐 *Sinningia speciosa* (Lodd.) Hiern
大叶黄杨 *Buxus megistophylla* Lévl
党参 *Codonopsis pilosula* (Franch.) Nannf.
倒挂金钟 *Fuchsia hybrida* Hort. ex Sieb. et Voss
灯台树 *Bothrocaryum controversum* (Hemsl.) Pojark
地锦 *Parthenocissus tricuspidata* (Sieb. et Zucc.) Planch
棣棠 *Kerria japonica* (L.) DC.
滇杨 *Populus yunnanensis* Dode
吊兰 *Chlorophytum comosum* (Thunb.) Baker
丁香 *Syringa* spp.
东京樱花 *Cerasus yedoensis* (Mats.) Yü et Li
冬青 *Ilex chinensis* Sims
豆梨 *Pyrus calleryana* Decne
杜鹃 *Rhododendron pulchrum* Smeet
杜梨 *Pyrus betulifolia* Bge.
杜仲 *Eucommia ulmoides* Oliver
鹅掌楸 *Liriodendron chinense* (Hemsl.) Sarg
栀子 *Gardenia jasminoides* Ellis
二月蓝 *Orychophragmus violaceus* (L.) O. E. Schulz
法国冬青 *Viburnum odoratissimum* Ker var. awabuki (K. Koch) Zab
番茄 *Lycopersicon esculentum* Miller
非洲菊 *Gerbera jamesonii* Bolus
丰花月季 *Rosa hybrida* Hort. 'Floribunda Roses'

枫香 *Liquidambar formosana* Hance
枫杨 *Pterocarya stenoptera* C. DC
凤仙花 *Impatiens balsamina* Linn.
凤眼莲 *Eichhornia crassipes* (Mart.) Solms Pontederia crassipes Mart.
浮萍 *Lemna minor* Linn
复叶槭 *Acer negundo* Linn.
复羽叶栾树 *Koelreuteria bipinnata* Franch
甘蓝 *Brassica oleracea* Linnaeus var. *capitata* Linnaeus
甘蔗 *Saccharum officinarum* Linn
柑橘 *Citrus reticulata* Blanco
珙桐 *Davidia involucrata* Baill
枸骨 *Ilex cornuta* Lindl. et Paxt
枸杞 *Lycium chinense* Miller
构树 *Broussonetia papyrifera* (L.) Lhér. Ex Vent
瓜叶菊 *Pericallis hybrida* B. Nord.
观音座莲 *Angiopteris* spp.
光叶石楠 *Photinia glabra* (Thunb.) Maxim
广玉兰 *Magnolia grandiflora* L.
龟甲冬青 *Ilex crenata* Thunb. var. *convexa* Makino
桂花 *Osmanthus fragrans* (Thunb.) Lour
桂香柳 *Elaeagnus angustifolia* Linn.
国槐 *Sophora japonica* Linn.
海桐 *Pittosporum tobira* (Thunb.) Ait.
含笑 *Michelia figo* (Lour.) Spreng
旱金莲 *Tropaeolum majus* Linn
旱柳 *Salix matsudana* Koidz.
旱伞草 *Cyperus alternifolius* L.
合欢 *Albizia julibrissin* Durazz.
核桃 *Juglans regia* L.
荷花 *Nelumbo nucifera* Gaertn
黑核桃 *Carya cathayensis* Sarg
黑松 *Pinus thumbergii* Parl.
红翅槭 *Acer fabri* Hance
红豆杉 *Taxus chinensis* (Pilger) Rehd
红枫 *Acer palmatum* Thunb. 'Atropurpureum'
红花酢浆草 *Oxalis rubra* St. Hil.
红檵木 *Loropetalum chinense* (R. Br.) Oliv var. *rubrum* Yieh
红松 *Pinus koraiensis* Siebold et Zuccarini
红叶石楠 *Photinia* × *frasery*
厚皮香 *Ternstroemia gymnanthera* (Wight et Arn.) Beddome
狐尾藻 *Myriophyllum verticillatum* Linn
胡桃 *Juglans regia* L.
胡颓子 *Elaeagnus pungens* Thunb.
胡杨 *Populus euphratica* Oliv.
胡枝子 *Lespedeza bicolor* Turcz
槲栎 *Quercus aliena* Blume
虎尾兰 *Sansevieria trifasciata* Prain
花椒 *Zanthoxylum bungeanum* Maxim
花曲柳 *Fraxinus rhynchophylla* Hance
花叶蔓长春花 *Vinca major* Linn. cv. Variegata Loud
华山松 *Pinus armandii* Franch
化香树 *Platycarya strobilacea* Sieb. et Zucc.
槐 *Sophora japonica* Linn.
黄檗 *Phellodendron amurense* Rupr.
黄刺玫 *Rosa xanthina* Lindl.
黄瓜 *Cucumis sativus* Linn.
黄花夹竹桃 *Thevetia peruviana* (Pers.) K. Schum
黄连木 *Pistacia chinensis* Bunge
黄栌 *Cotinus coggygria* Scop
黄山松 *Pinus taiwanensis* Hayata
黄杨 *Buxus sinica* (Rehd. et Wils.) Cheng
桧柏 *Sabina chinensis* (L.) Antoine
火棘 *Pyracantha fortuneana* (Maxim.) Li
火炬松 *Pinus taeda* Linn
芨芨草 *Achnatherum splendens* (Trin.) Nevski
鸡爪槭 *Acer palmatum* Thunb.
檵木 *Loropetalum chinense* (R. Br.) Oliver
加拿大杨 *Populus* × *canadensis* Moench
夹竹桃 *Nerium indicum* Mill.
接骨木 *Sambucus williamsii* Hance
金边常春藤 *Hedera nepalensis* K. Koch var. *sinensis* (Tobl.) Rehd 'Aureo – marginata'
金边黄槐 *Cassia bicapsularis* L.
金边六月雪 *Serissa japonica* Thunb. 'Aureo – marginata'
金钱松 *Pseudolarix amabilis* (J. Nelson) Rehder
金雀儿 *Cytisus scoparius* (Linn.) Link
金丝桃 *Hypericum monogynum* Linn
金银花 *Lonicera japonica* Thunb
金银木 *Lonicera maackii* (Rupr.) Maxim.
金鱼藻 *Ceratophyllum demersum* Linn.
金盏菊 *Calendula officinalis* L.
金钟花 *Forsythia viridissima* Lindl.

281

锦带花 *Weigela florida*（Bunge）A. DC
锦绣杜鹃 *Rhododendron pulchrum* Sweet
菊花 *Dendranthema morifolium*（Ramat.）Tzvel
榉树 *Zelkova schneideriana* Hand.–Mazz
君迁子 *Diospyros lotus* Linn.
君子兰 *Clivia miniata* Regel Gartenfl
可可 *Theobroma cacao* Linn.
孔雀草 *Tagetes patula* Linn
苦草 *Vallisneria natans*（Lour.）Hara
腊梅 改为蜡梅 *Chimonanthus praecox*（L.）Link
蓝桉 *Eucalyptus globules* Labill.
蓝果树 *Nyssa sinensis* Oliv
榔榆 *Ulmus parvifolia* Jacq
冷杉 *Abies fabri*（Mast.）Craib
李 *Prunus salicina* Linn
连翘 *Forsythia suspensa*（Thunb.）Vahl
楝树 *Melia azedarach* L.
凌霄 *Campsis grandiflora*（Thunb.）Loisel.
柳杉 *Cryptomeria fortunei* Hooibrenk
龙柏 *Sabina chinensis*（L.）Antoine 'Kaizuca'
龙爪槐 *Sophora japonica* L. var. *pendula* Loud.
芦苇 *Phragmites australis*（Cav.）Trin. ex Steud
绿豆 *Vigna radiata*（Linn.）Wilczek
栾树 *Koelreuteria paniculata* Laxm
罗汉松 *Podocarpus macrophyllus*（Thunb.）Sweet
萝卜 *Raphanus sativus* Linn.
落叶松 *Larix gmelinii*（Ruprecht）Kuzeneva
落羽杉 *Taxodium distichum*（L.）Rich.
麻栎 *Quercus acutissima* Carr
马尾松 *Pinus massoniana* Lamb.
满江红 *Azolla imbricata*（Roxb.）Nakai
毛白杨 *Populus tomentosa* Carr.
毛竹 *Phyllostachys pubescens* Mazel ex H. de Lehaie
玫瑰 *Rosa rugosa* Thunb.
梅 *Prunus mume* Sieb. et Zucc.
美国白蜡 *Fraxinus americana* L.
美国鹅掌楸 *Liriodendron tulipifera* L.
美女樱 *Verbena hybrida* Voss
美人蕉 *Canna indica* Linn.
蒙古栎 *Quercus mongolica* Fischer ex Ledebour
米兰 *Aglaia odorata* Lour.
棉 *Anemone vitifolia* Buch.–Ham.
牡丹 *Paeonia suffruticosa* Andr.

木芙蓉 *Hibiscus mutabilis* L.
木槿 *Hibiscus syriacus* L.
木兰 *Magnolia liliflora* Desr.
南天竹 *Nandina domestica* Thunb.
南迎春 *Jasminum mesnyi* Hance
柠檬 *Citrus limon*（L.）Burm. F.
女贞 *Ligusrtum lucidum* Ait.
欧洲七叶树 *Aesculus hippocastanum* Linn.
爬墙虎 *Parthenocissus tricuspidata*（Sieb. et Zucc.）Planch
爬行卫茅 改为爬行卫矛 *Euonymus fortunei*（Turcz.）Hand.–Mazz. var. *radicans* Rehd.
泡桐 *Paulownia fortunei*（Seem.）Hemsl
枇杷 *Eriobotrya japonica*（Thunb.）Lindl.
苹果 *Malus pumila* Mill
铺地柏 *Sabina procumbens*（Sieb. ex Endl.）Iwata Kusata
葡萄 *Vitis vinifera* Linn.
蒲公英 *Taraxacum mongolicum* Hand.–Mazz
蒲葵 *Livistona chinensis*（Jacq.）R. Br.
朴树 *Celtis sinensis* Pers.
漆树 *Toxicodendron vernicifluum* Stokes
麒麟花 *Euphorbia milii* Ch. des Moulins.〕
杞柳 *Salix integra* Thunb.
千屈菜 *Lythrum salicaria* Linn
千头柏 *Platycladus orientalis*（Linn.）Franco cv. Sieboldii Dallimore and Jackson
牵牛 *Pharbitis nil*（Linn.）Choisy
青冈 *Cyclobalanopsis glauca*（Thunb.）Oerst.
青冈栎 *Cyclobalanopsis glauca*（Thunb.）Oerst.
青钱柳 *Cyclocarya paliurus*（Batal.）Iljinsk
青桐 *Firmiana simplex*（L.）W. F. Wight
青杨 *Populus cathayana* Rehd.
雀舌栀子 *Gardenia jasminoides* Ellis var. *radicans* Mak.
忍冬 *Lonicera japonica* Thunb
日本扁柏 *Chamaecyparis obtusa*（Sieb. et Zucc.）Endl
日本赤松 *Pinus densiflora* Sieb. et Zucc
日本黑松 *Pinus thumbergii* Parl
日本女贞 *Ligustrum japonicum* Thumb
日本晚樱 *Prunus lannesiana* Carr
日本五针松 *Pinus parviflora* Sieb. Et Zucc

肉桂 Cinnamomum cassia Presl
软枝黄蝉 Allemanda cathartica Linn.
撒金东瀛珊瑚 改为洒金东瀛珊瑚 Aucuba japonica Thunb. 'Variegata'
三尖杉 Cephalotaxus fortunei Hooker
三角枫 Acer buergerianum Miq.
三角花 Bougainvillea spectabilis Willd.
三角槭 Acer buergerianum Miq.
三色堇 Viola tricolor Linn.
三叶草 Trifolium repens L.
桑 Morus alba Linn.
沙梨 Pyrus pyrifolia（Burm. F.）Nakai
沙松 Abies holophylla Maxim
沙枣 Elaeagnus angustifolia Linn
山茶 Camellia japonica Linn
山矾 Symplocos sumuntia Buch. – Ham. Ex D. Don Prod.
山槐 Albizia kalkora（Roxb.）Prain
山梨 Pyrus ussuriensis maxim
山梅花 Philadelphus incanus Koehne
山桃 Amygdalus davidiana（Carr.）C. de Vos
山酢浆草 改为山酢浆草 Oxalis acetosella Linn. subsp. griffithii（Edgew. Et Hook. f.）Hara
杉木 Cunninghamia lanceolata（Lamb.）Hook
珊瑚豆 Solanum pseudocapsicum Linn. var. diflorum（Vellozo）Bitter
珊瑚树 Viburnum odoratissimum Ker var. awabuki（K. Koch）Zab
湿地松 Pinus elliottii Engelm
十大功劳 Mahonia fortunei（Lindl.）Fedde
石栎 Lithocarpus glaber（Thunb.）Nakai
石榴 Punica granatum Linn.
石楠 Photinia serrulata Lindl.
石蒜 Lycoris radiata Herb
柿树 Diospyros kaki L. f.
栓皮栎 Quercus variabilis Blume
水葱 Scirpus validus Vahl
水蜡 Ligustrum obtusifolium S. Et Z.
水龙 Ludwigia adscendens（L.）Hara
水杉 Metasequoia glyptostroboides Hu et W. C. Cheng
水松 Glyptostrobus pensilis（Staunt. ex D. Don）K. Koch
水榆 Sorbus alnifolia（Sieb. Et Zucc.）K. Koch

水栀子 Gardenia jasminoides Ellis var. radicans Mak.
水竹 Phyllostachys heteroclada Oliver
睡莲 Nymphaea tetragona Georgi
丝棉木 Euonymus bungeanus Maxim
丝石竹 Gypsophila pacifica Kom
四季豆 Phaseolus vulgaris Linn.
苏铁 Cycas revoluta Thunb
梭鱼草 Pontederia cordata Linn.
糖槭 Acer saccharum Marsh
绦柳 Salix matsudana Koidz. 'Pendula'
桃 Amygdalus persica Linn.
天竺桂 Cinnamomum japonicum Sieb
甜菜 Beta vulgaris Linn
贴梗海棠 Chaenomeles speciosa（Sweet）Nakai
铁杉 Tsuga chinensis（Franch.）Pritz.
头状蓼 Polygonum nepalense Meisn
陀罗 Datura stramonium Linn.
弯叶画眉草 Eragrostis curvula（shrad.）Nees cv. spp
万年青 Rohdea japonica（Thunb.）Roth
万寿菊 Tagetes erecta Linn
薇甘菊 Mikania micrantha Kunth
卫矛 Euonymus alatus（Thunb.）Sieb
文冠果 Xanthoceras sorbifolia Bunge
文殊兰 Crinum asiaticum Linn. var. sinicum（Roxb. ex Herb.）Baker
文竹 Asparagus setaceus（Kunth）Jessop
蚊母树 Distylium racemosum Sieb. et Zucc
乌桕 Sapium sebiferum（Linn.）Roxb.
无刺构骨 Ilex cornuta Lindl. et Paxt. var. fortunei S. Y. Hu
无患子 Sapindus mukorossi Gaertn
梧桐 Firmiana platanifolia（Linn. f.）Marsili
五角枫 Acer mono Maxim.
五裂槭 Acer oliverianum Pax
五叶地锦 Parthenocissus quinquefolia（L.）Planch.
西府海棠 Malus micromalus Makino
西洋白花菜 Cleome spinosa L.
细叶美女樱 Verbena tenera Spreng
仙客来 Cyclamen persicum Mill
香柏 Sabina pingii（Cheng ex Ferre）var. wilsonii（Rehd.）Cheng et L. K. Fu
香椿 Toona sinensis（A. Juss.）Roem
香花崖豆藤 Millettia dielsiana Harms

香蒲 *Typha laxmannii* Lepech.
香樟 *Cinnamomum camphora*（Linn.）Presl
响叶杨 *Populus adenopoda* Maxim.
向日葵 *Helianthus annuus* Linn.
象牙红 *Pentstemon barbatus* Nutt.
橡胶 *Hevea brasiliensis*（Willd. ex A. Juss.）Muell. Arg
小檗 *Berberis thunbergii* DC.
小蜡 *Ligustrum sinense* Lour
小麦 *Triticum aestivum* Linn
小叶栎 *Quercus chenii* Nakai
小叶女贞 *Ligustrum quihoui* Carr
小叶朴 *Celtis bungeana* Bl.
小叶杨 *Populus simonii* Carr
杏 *Armeniaca vulgaris* Lam.
熊掌木 ×*Fatshedera lizei*（Cochet）Guillaum
绣线菊 *Spiraea salicifolia* Linn.
萱草 *Hemerocallis fulva*（Linn.）Linn.
悬钩子 *Rubus spp.*
悬铃木 *Platanus* ×*acerifolia*（Ait.）Willd
雪柳 *Fontanesia fortunei* Carr
雪松 *Cedrus deodara*（Roxburgh）G. Don
鸭茅 *Dactylis glomerata* Linn.
盐肤木 *Rhus chinensis* Mill
洋白蜡 *Fraxinus pennsylvanica* Marsh.
洋绣球 *Pelargonium hortorum* Bailey
椰子 *Cocos nucifera* Linn.
野慈姑 *Sagittaria trifolia* Linn.
银白杨 *Populus alba* Linn.
银桦 *Grevillea robusta* A. Cunn. ex R. Br.
银杏 *Ginkgo biloba* Linn.
樱花 *Prunus serrulata* Lindl.
樱桃 *Cerasus pseudocerasus*（Lindl.）G. Don
油菜 *Brassica campestris* Linn.
油茶 *Camellia oleifera* Abel
油橄榄 *Olea europaea* Linn.
油杉 *Keteleeria fortunei*（Murr.）Carr.
油松 *Pinus tabulaeformis* Carr.

油桐 *Vernicia fordii*（Hemsl.）Airy Shaw
榆树 *Ulmus pumila* Linn.
榆叶梅 *Amygdalus triloba*（Lindl.）Ricker
玉米 *Zea mays* L.
玉簪 *Hosta plantaginea*（Lam.）Aschers
郁李 *Cerasus japonica*（Thunb.）Lois
鸢尾 *Iris tectorum* Maxim.
圆柏 *Sabina chinensis*（Linn.）Ant.
月桂 *Laurus nobilis* Linn.
月季 *Rosa chinensis* Jacq.
越橘 *Vaccinium vitis-idaea* Linn.
云杉 *Picea asperata* Mast.
再力花 *Thalia dealbata* Fraser
枣 *Ziziphus jujuba* Mill.
皂荚 *Gleditsia sinensis* Lam.
柘树 *Cudrania tricuspidata*（Carr.）Bur. ex Lavalle
栀子 *Gardenia jasminoides* Ellis
中国水仙 *Narcissus tazetta* var. *chinensis* Roem.
重阳木 *Bischofia polycarpa*（Levl.）Airy Shaw
紫荆 *Cercis chinensis* Bunge
紫罗兰 *Matthiola incana*（Linn.）R. Br.
紫茉莉 *Mirabilis jalapa* Linn
紫杉 *Taxus cuspidata* Sieb. et Zucc.
紫穗槐 *Amorpha fruticosa* Linn
紫藤 *Wisteria sinensis*（Sims）Sweet
紫薇 *Lagerstroemia indica* Linn.
紫叶酢浆草 *Oxalis triangularis* DC. cv. Purpurea
紫叶李 *Prunus cerasifera* Ehrhart *f.* *atropurpurea*（Jacq.）Rehd
紫叶桃 *Amygdalus persica* Linn. var. *persica f. atropurpurea* Schneid
紫叶小檗 *Berberis thunbergii* DC. 'Atropurpurea'
紫云英 *Astragalus sinicus* Linn.
棕榈 *Trachycarpus fortunei*（Hook.）H. Wendl
棕竹 *Rhapis excelsa*（Thunb.）Henry ex Rehd
钻天杨 *Populus nigra* Linn. var. *italica*（Moench）Koehne
柞木 *Xylosma racemosum*（Sieb. et Zucc.）Miq.

参考文献

1. Aulay Mackenzie, Andy S. Ball and R. Virdee. Instant Notes in Ecology. Bios
2. Brower J E, Zar J H, Ende C N von. Field and Laboratory Methods for General Ecology (Rourth Edit.). WCB McGraw – Hill, Boston, Massachusetts, Burr Ridge, Illinois Dubuque, Iowa Madison, Wisconsin New York, New York San Francisco, California St. Louis, Missouri.
3. Chapman, J L, 2001, Ecology: principles and application. 清华大学出版社、Cambridge University Press（国外大学优秀教材，影印版），Company, New York. 2000
4. Manuel C. Molles, JR. Ecology: concepts and application. McGraw – Hill Companies, Inc. 1999. （生态学：概念与应用（影印版）. 北京：科学出版社，2000）
5. Odum E P. 孙儒泳，钱国桢，林浩然等译. 生态学基础[M]. 北京：人民教育出版社，1981
6. Rickleps R. E. The Economy of Nature (5th Edition). W H Freeman and Scientific Publishers Limited, 1998
7. 蔡晓明. 生态系统生态学[M]. 北京：科学出版社，2002
8. 曹凑贵. 生态学概论[M]. 北京：高等教育出版社. 2002
9. 常杰，葛滢. 生态学[M]. 杭州：浙江大学出版社，2001
10. 陈自新，苏雪痕. 北京城市园林绿化生态效益的研究(2). 中国园林，1998，14(2)：51 – 54
11. 陈自新，苏雪痕. 北京城市园林绿化生态效益的研究(4)：中国园林，1998，14(4)：46 – 49
12. 陈自新. 城市园林植物生态学研究动态及发展趋势. 中国园林，1991，7(2)：42 ~ 45
13. 丁圣彦主编. 生态学[M]. 北京：科学出版社，2004
14. 方精云. 全球生态学[M]. 北京：高等教育出版社，2000
15. 戈峰. 现代生态学[M]. 北京：科学出版社，2002
16. 国家自然科学基金委. 生态学[M]. 北京：科学出版社，1997
17. 何平，彭重华主编. 城市绿地植物配置及其造景[M]. 北京：中国林业出版社，2001
18. 贺锋，陈辉蓉，吴振斌. 植物间的相生相克效应. 植物学通报. 1999，16(1)：19 ~ 27
19. 冷生平，苏淑钗. 园林生态学[M]. 北京：气象出版社，2001
20. 冷生平. 城市植物生态学[M]. 北京：中国建筑工业出版社，1995
21. 李博. 生态学[M]. 北京：高等教育出版社. 2000
22. 李博等，生态学(面向21世纪教材)[M]. 北京：高等教育出版社，2000
23. 李博主编. 普通生态学[M]. 呼和浩特：内蒙古大学出版社，1990
24. 李景文主编. 森林生态学(第二版)[M]. 北京：中国林业出版社，1992
25. 刘常富，陈玮. 园林生态学[M]. 北京：科学出版社，2003，12
26. 潘瑞炽. 植物生理学(第四版)[M]. 北京：高等教育出版社，2000
27. 钱国桢，孙儒泳. 动物生态学(高等学校试用教材)[M]. 人民教育出版社，1981.
28. 任海，彭少麟. 恢复生态学[M]. 北京：科学出版社，2002
29. 尚玉昌，蔡晓明. 普通生态学. 北京：北京大学出版社，1992
30. 宋永昌主编. 城市生态学[M]. 上海：华东师范大学出版社，1998
31. 苏雪痕. 植物造景[M]. 北京：中国林业出版社，1994
32. 苏智先，王仁卿. 生态学概论[M]. 北京：高等教育出版社，1993
33. 孙儒泳，李博，诸葛阳，尚玉昌. 普通生态学[M]. 北京：高等教育出版社，1993

34. 孙儒泳,李庆芬,牛翠娟,娄安如. 基础生态学[M]. 北京：高等教育出版社,2002
35. 英 Aulay Mackenzie 等著. 孙儒泳,李庆芬,牛翠娟,娄安如(译). 生态学. 北京：科学出版社,2000
36. 美 R E Ricklefs 著. 孙儒泳,尚玉昌,李庆芬,党承林(译). 生态学. 北京：科学出版社,2004
37. 美 R May 著. 孙儒泳,陈昌笃等(译). 理论生态学. 北京：科学出版社,1980
38. 美 E Odum 著. 孙儒泳,钱国桢等(译). 生态学基础. 北京：人民教育出版社,1981
39. 孙文浩,俞子文. 城市富营养化水域的生物治理和凤眼莲抑制藻类生长的机理. 环境科学学报,1989,9(2)：188~195
40. 孙文浩. 相生相克效应及其应用. 植物生理学通讯. 1992,28(2)：81~87
41. 王浙蒲. 生态园林——二十一世纪城市园林的理论基础. 中国园林,1999,15(3)：35~36
42. 肖笃宁,李秀珍,高峻等. 景观生态学[M]. 北京：科学出版社,2003
43. 许绍惠,徐志钊. 城市园林生态学[M]. 沈阳：辽宁科学技术出版社,1993
44. 杨赉丽主编. 城市园林绿地系统规划[M]. 北京：中国林业出版社,1995
45. 张合平,刘云国主编. 环境生态学[M]. 北京：中国林业出版社,2002